敏捷测试价值观、方法与实践
——传统测试人员转型宝典

陈晓鹏　顾宇　陈能技　编著

电子工业出版社
Publishing House of Electronics Industry
北京·BEIJING

内 容 简 介

随着近几年敏捷开发方法的流行，市面上已经出现不少与敏捷相关的书籍。但遗憾的是，这些著作大多从开发或项目管理的角度阐述，没有从测试的视角阐述。在敏捷环境下测试该怎么做，测试人员依然没有答案。本书从敏捷与测试相融合的角度出发，通过对文化、组织、流程和实践 4 个维度层层剖析，总结出一套从瀑布模型到敏捷模式的转型框架，为广大测试人员提供借鉴。

本书理论与实践相结合，适用的读者非常广泛，可以是测试总监、测试经理、测试主管等测试行业的测试管理者，也可以是测试工程师、自动化测试工程师等具体执行层面的测试相关从业人员，对于敏捷教练或 Scrum Master 等敏捷从业人员来说，这也是一本难得的敏捷测试领域的图书。当然，这本书也适合计算机相关专业的学生阅读。

未经许可，不得以任何方式复制或抄袭本书之部分或全部内容。
版权所有，侵权必究。

图书在版编目（CIP）数据

敏捷测试价值观、方法与实践：传统测试人员转型宝典 / 陈晓鹏，顾宇，陈能技编著. —北京：电子工业出版社，2022.10
ISBN 978-7-121-44349-7

Ⅰ. ①敏… Ⅱ. ①陈… ②顾… ③陈… Ⅲ. ①软件开发—程序测试 Ⅳ. ①TP311.55

中国版本图书馆 CIP 数据核字（2022）第 176797 号

责任编辑：李　冰　　文字编辑：张梦菲
印　　刷：北京七彩京通数码快印有限公司
装　　订：北京七彩京通数码快印有限公司
出版发行：电子工业出版社
　　　　　北京市海淀区万寿路 173 信箱　　邮编 100036
开　　本：787×1 092　1/16　印张：21.25　字数：530 千字
版　　次：2022 年 10 月第 1 版
印　　次：2024 年 4 月第 3 次印刷
定　　价：105.00 元

凡所购买电子工业出版社图书有缺损问题，请向购买书店调换。若书店售缺，请与本社发行部联系，联系及邮购电话：(010) 88254888，88258888。
质量投诉请发邮件至 zlts@phei.com.cn，盗版侵权举报请发邮件至 dbqq@phei.com.cn。
本书咨询联系方式：libing@phei.com.cn。

业内专家点评

敏捷项目管理模式被越来越多的企业青睐并采用,而敏捷测试又是敏捷过程中极为重要的环节之一。传统测试人员如何向敏捷测试人员转型,本书给出了明确答案。

冷炜,中信银行总行软件开发中心副总经理

对精益敏捷或 DevOps 的实施来说,测试都是不可或缺的重要组成部分,它不再是单一的阶段和割裂的实践。测试需要在全链路的价值交付和全生命周期的质量工程下,被重新审视和重新构建。本书对此做出了有益探索,并且提供了实践指导。

何勉,阿里巴巴资深技术专家,《精益产品开发:原则、方法与实施》作者

全书既有对敏捷测试理论体系庖丁解牛般的概念解析,又有面向工程实践的实战技术指导和具体实践说明。这是敏捷测试领域的一本入门容易,但又不失技术先进性和工程实战性的好书,值得软件测试从业者细细品读。

茹炳晟,腾讯技术工程事业群基础架构部 T4 级专家,
腾讯研究院特约研究员,《测试工程师全栈技术进阶与实践》作者

本书的一大亮点是规模化敏捷框架(SAFe)实施案例,本土成功案例为大家提供了较高的借鉴价值。本书是测试从业人员、转型负责人及顾问进行敏捷测试转型的不二宝典,非常值得阅读。

薛梅,SAI(SAFe Provider)大中国区总经理

在敏捷测试领域,如果能有一本主题明确、标题醒目、中心聚焦的书,无疑是令人兴奋的。《敏捷测试价值观、方法与实践——传统测试人员转型宝典》就是这样的一本书,作者从组织、文化、理念、流程、实践、案例等维度进行了细致阐释,这是一把打开敏捷测试之门的钥匙。

王立杰,IDCF 资深敏捷创新教练,中国 DevOps 社区负责人

软件正在吞噬一切,而敏捷正在成为软件开发中越来越重要的部分。无论是对想实行敏捷测试的管理者,还是希望提升自己测试能力的测试工程师来说,本书都值得认真阅读。

徐琨,Testin 云测总裁

敏捷测试价值观、方法与实践——传统测试人员转型宝典

如何在有限的时间内最大限度地提升交付质量，是如今每个测试团队都必须解决的难题。将敏捷思想引入测试，有助于打破团队现有思维的局限性，寻找更合理的平衡点。书中介绍了互联网公司新一代的敏捷测试实践，相信会给读者带来许多启发。

吴穹，Agilean 首席咨询顾问，数字化转型专家

本书内容来自三位行业专家多年实战经验的积累，从理论到实践，结合案例分析，对敏捷测试的实践方法做出了详尽介绍，非常推荐大家阅读。

林冰玉，ThoughtWorks 首席质量咨询顾问

如果说软件是一门艺术，那么测试就是成就艺术之美的工具。在从"瀑布"到"敏捷"转型的过程中，测试如何能率先变美，从而成就艺术之美，这本书给了我们创新性的启示和教科书式的操作指引。

徐浩，华南理工大学教授，掌动智能董事长

在当前敏捷测试百家争鸣的时代，本书尝试从敏捷测试的各种基础实践开始，讲解到基于 Scrum 和 SAFe 的敏捷测试转型。对于基于 Scrum 和 SAFe 框架实施敏捷测试的团队来说，本书是必备参考书。

刘冉，ThoughtWorks 首席测试与质量咨询师

我们生活在一个客户要求越来越高、产品复杂度越来越高、竞争对手越来越厉害的时代，作为一个更能适应变化的方法论，敏捷模式正在吞噬着世界。在敏捷模式下，用传统思维对待测试已行不通，于是《敏捷测试价值观、方法与实践——传统测试人员转型宝典》应运而生。

王国良，真北敏捷社区发起人，广发银行高级敏捷教练

敏捷测试在国内已经开展了很多年，针对敏捷测试的知识多构建于方法论这一维度，缺乏从体系化的理论到实践，再到指导落地的全面贯通的书籍。本书作者为大量团队指导和实践过敏捷测试，从实践中得出真知，将团队转型敏捷测试归纳出模型，对转型过程中可能遇到的各层次障碍和困难一一总结并给出相应的解决方法，形成了本书。

殷柱伟，腾讯 PCG 工程效能部产品总监

本书内容丰富、案例翔实，不仅阐述了敏捷基础、敏捷测试转型等基础知识，还列举了大量敏捷测试的实践，具有很强的实用性，非常适合对敏捷测试感兴趣的读者阅读。

艾辉，知乎研发效能负责人，
《大数据测试技术与实践》《机器学习测试入门与实践》作者

数字化时代，如何保证软件的质量和提升软件开发的效率，是所有软件开发组织遇到的难题。敏捷测试是应对这些难题的重要手段。作者全面总结了全球敏捷测试领域的最新

技术进展，同时描述了自身参与的研发案例，形成了这本不可多得的敏捷测试领域的专著。

邵栋，南京大学软件学院副院长、副教授

本书作者把敏捷测试的理论知识与工作实践相结合，系统化、体系化地介绍了敏捷测试的概念、环境、应用、转型方法和实践。此外，还介绍了众多测试方法论、测试技术，值得每位测试从业者细细品读。

司文，《敏捷测试高效实践：测试架构师成长记》作者，招商银行信用卡中心技术经理

如何读懂敏捷，如何转型敏捷，如何驾驭敏捷成为横亘在传统测试人员面前的难题。本书作者将多年敏捷测试经验和实践，通过结构化的方式呈现出来，深刻地揭示了敏捷的本质。传统测试人员不仅可以通过本书一窥敏捷致胜的法宝，还可以通过本书完成从传统测试到敏捷测试的蜕变。

蔡超，《前端自动化测试框架——Cypress从入门到精通》作者，互联网测试开发社群VIPTEST联合创始人

本书不但通过硬核实例将TDD、BDD、ATDD、契约测试等敏捷测试实践变得简单易懂，而且从全领域视角将敏捷研发体系的活动娓娓道来，同时兼具企业规模化敏捷转型的干货案例和"爬坑"指南。

石雪峰，京东零售研发效能专家，极客时间"DevOps实战笔记"专栏作者

市面上一直缺少一本介绍如何在敏捷、精益、CI/CD、DevOps模式下开展测试工作的中文好书，现在出现了。只要你的工作跟软件开发相关，就值得阅读本书。

董越，资深DevOps专家，前阿里巴巴研发效能事业部架构师

这本书令我眼前一亮，其站在传统测试的角度详细讲解了如何走上敏捷，是一本实践之书。如果你是一位渴望拥抱敏捷的测试工程师，那么请翻开这本书，开启敏捷测试之旅。

陈磊，前京东测试架构师

本书系统地介绍了敏捷测试的文化、流程和全方位实践，想从传统测试转型到敏捷测试的团队和组织，可以在这本书中找到理论与实践相结合的方法，减少在转型过程中的"踩坑"。

张涛，前网易传媒测试总监

随着企业数字化转型不断深入，IT组织逐步从成本中心演进为发展的助推器。质量团队在整个IT组织中的角色也在发生变化，一方面要为业务系统提供全方位的质量保障，另一方面逐渐承担起研发效能提升的重任。敏捷测试包含一系列先进的方法、策略和工程实践，能助力质量团队在提升自身测试效能的同时，把测试能力赋予整个团队。本书值得大家阅读。

熊志男，测试窝社区联合创始人

敏捷测试价值观、方法与实践——传统测试人员转型宝典

本书理论和实践相结合，深入浅出地讲解了如何将测试工作敏捷化，以产生更大的价值，我在阅读本书后也从中获得了很多改进研发工作的灵感，推荐各位阅读。

冯斌，ONES 联合创始人&CTO

该书具备完整的敏捷测试知识体系，而且见解独到，可谓独树一帜，值得一品！

王斌，IT 东方会联合发起人&PerfMa 合伙人

只有真正理解了敏捷测试的内涵，才能在敏捷项目的测试过程中更好地运用敏捷测试知识来指导工作。本书围绕敏捷测试的核心内涵，阐述了几种不同类型的企业在引入敏捷测试过程中所采用的不同方法，以及相关的最佳实践，非常值得阅读。

雷涛，北京华佑科技有限公司首席咨询师

随着客户需求变化频率逐渐增快，敏捷研发体系正在成为主流。与敏捷研发快交付模式所配对的是质量管理缺乏，其已成为提升交付效率的瓶颈。如何构建与当前敏捷模式配对的质量团队、技术、流程，本书给出了详细的实践方案。

陈霁，TestOps 创始人

《敏捷测试价值观、方法与实践——传统测试人员转型宝典》的三位作者都是行业大咖，具有丰富的敏捷测试经验，本书兼具专业性、系统性和可读性，诚意推荐。

陈永康，平安集团测试专家

本书详细介绍了敏捷测试体系与方法论，通过真实案例剖析了传统测试向敏捷转型的关键要素，首次提出了敏捷测试转型的参考模型，使读者能够享受敏捷测试带来的乐趣。

王磊，《微服务架构与实践》作者

这是一本难得的兼具深度和广度的书，不浮于表面的理论知识宣贯，而对在敏捷转型中实际可能会遇到的困惑、问题、误区进行了一定深度的探讨，以及给出了可行的解决方案和建议。这是一本可以伴随着你成长的书，常读常新。

颜婧，埃森哲资深业务架构师，SAFe SPC

敏捷是时代需要，也是发展需要，敏捷测试走在时代前沿，作为"先行部队"统一的价值观，将带给研发和测试人员广阔的发展空间，同时为千千万万研发人员带来可观的价值提升！

郑亚琴，平安银行总行科技管理部项目经理

本书最难能可贵的是作者根据自己的实际经历为大家提供了敏捷测试转型的具体案例，为准备转型或正在转型的团队提供了可以借鉴的经验。

秦五一，前 ThoughtWorks 资深质量咨询师，软件教练

推荐序 1

两年前,在某微信群里聊到敏捷测试时,了解到当时有多位测试同仁在写作或计划出版敏捷测试方面的图书,我就在微信朋友圈发了一条消息:"2020年是敏捷测试年。"本书作者之一晓鹏留言:"我要避开锋芒,选择2021年。"其实,写一本书不容易,每位作者都有日常工作在身,只能利用业余时间写作,况且出版社这几年也严抓图书质量,出版周期明显变长,最终2020年国内未能出版一本敏捷测试的图书,只等到2021年,三本原创的敏捷测试图书才相继出版,而这本就是国内原创的第四本敏捷测试图书,今年才和大家见面。"敏捷测试年"就从2020年顺延到了2021年、2022年,此时距离敏捷宣言发布已超过20年。是不是有点儿不寻常?倒也正常,请容我慢慢道来。

敏捷实践,如水晶开发模式、Scrum、极限编程、FDD等,在20世纪90年代就已经开展,只是百花齐放、百家争鸣,直到2001年敏捷宣言发布,人们才有了统一的敏捷价值观和开发原则。

为何近20年后国内才开始关注敏捷测试呢?一方面,软件开发的敏捷方法论是舶来品,引入国内需要时间,一开始还会水土不服,需要结合国情进行更多实践,才能慢慢适应环境,为我们所用;另一方面,在敏捷开发实践中,大家一开始更关注开发实践、关注持续集成/持续构建(CI/CD)流水线的建立,严重忽视了测试,直到有一天发现测试才是敏捷、持续交付的最大瓶颈,才不得不回头审视测试。即使到了今天,有人还觉得敏捷测试是一个伪命题,这说明要改变人们的意识和认知是很难的,正如本书在敏捷测试转型的测试金字塔模型中,将"文化"放在最底层,强调"文化"是最难的,但也是最重要的。

许多企业软件开发仍旧属于伪敏捷,不仅在思维、认知上较为传统,团队缺乏共识,而且在流程和实践上也比较扭曲,使敏捷开发模式形成一系列"迷你瀑布",开发和测试不能同步,甚至开发和测试分离,依旧保留了"开发人员提测"这样的传统研发环节,从而造成敏捷落地实施的效果不理想,甚至更糟糕——"测试人员每天都在赶""根本测不过来""工作很累"等。

如果想要改变这种糟糕的状态,不仅要改变人们的思维和认知,而且要改变其开发的流程和实践,这样才能把其研发拉上"正道"。这也就是为什么本书的副标题是"传统测试人员转型宝典",以及在第2篇用了两章的篇幅从文化、组织、流程和实践等多个维度讨论如何进行敏捷测试转型,进一步彰显了敏捷测试的核心内涵——"遵守敏捷开发原则、开发和测试融合、团队协作和价值交付"。

本书一大亮点是其实践及其案例。除了给出整体的实践框架，本书还介绍了 CI/CD、持续反馈和 DevOps 等知识，详细讨论了在敏捷测试环境中如何开展功能测试和非功能性测试，并且根据企业的不同规模给出不同的案例，为读者提供更多参考与借鉴价值。

本书作者曾在 IT 咨询公司之一埃森哲公司工作，较早接触到敏捷开发模式。为了解决在大型敏捷团队下如何进行测试的问题，作者还特意学习了 SAFe、LeSS 等不同的规模化敏捷框架，梳理出在多团队环境下测试该如何进行的套路。三位作者做事非常认真，从 2017 年开始就不断收集敏捷测试方面的资料，一边探索、实验和总结敏捷环境下测试的方法和实践，一边写作本书，之后和编辑一起一遍遍打磨稿件，历时 4 年，终于将心血凝聚成书。

相信读者一定能从本书中获益匪浅，从此在测试工作中顺风顺水，轻松应对。

朱少民

同济大学特聘教授

《敏捷测试：以持续测试促进持续交付》《全程软件测试》作者

推荐序 2

测试是软件开发绕不开的话题,也是研发人员心中永远的痛。测试是一个专项领域,其重要性不言自明,不可或缺,但又总被忽视,一旦(或者说是经常)时间紧、任务重,往往第一个被牺牲。

敏捷开发与 DevOps 是大势所趋,业务人员与开发人员要频繁沟通,开发与运维要一体化,测试人员应该何去何从?总会有测试人员询问职业发展方向,眼前过于真实的"苟且",看不清楚的"诗和远方",谁能够指点迷津?好的测试人员不多,既要懂技术,又要了解业务,上能体验产品,下能写脚本,明明是全能型选手,却往往被视为全天候救火队员,如何找到自己的定位,并且体现出测试真正的价值?

关于测试的相关实践,你能想到无数的问题:如何在敏捷开发中践行测试?如何敏捷地进行测试?敏捷测试会是"银弹"吗?敏捷的测试需要注意哪些问题?DevOps 与测试的关系是什么?如何将测试融入 DevOps 流程?手工与自动化如何共存?测试是越多越好吗?测试如何"左移"又如何"右移"?

我是提问题的人,而本书的三位作者则负责答疑解惑,我们一直苦苦探寻的答案,也许在眼前这本书中就能够找到启示。

与三位作者相识相知多年,他们均是本领域的专家,如今携手共撰本书,强强联合的产出,绝对是值得庆幸并仔细研读的一本好书!

姚冬

华为云应用平台部首席技术架构师

中国 DevOps 社区 2021 年度理事长

IDCF 社区联合发起人

推荐序 3

没有敏捷测试，就没有敏捷交付！我们经常说敏捷开发，表面上只强调开发（代码编写），但其实是要实现敏捷交付，敏捷测试是重要的环节之一，也是难点之一。

所谓敏捷，就是快速反馈和及时响应。敏捷测试就是在敏捷交付过程中，不断给予交付团队快速、及时的质量反馈，确保交付的正确性和稳定性，但这件事情知易行难。

很多人会把敏捷测试等同于自动化测试。自动化对于提升效率、减少无价值的重复人工操作、避免人工失误起到非常重要的作用。但是，自动化只是实现敏捷测试的支持性因素，它是我们漫漫敏捷测试转型的"最后一公里"工程，并不是敏捷测试转型的决定性因素。

敏捷测试，或者说测试的决定性因素，还是在测试用例本身的质量上，包括其有效性和完整性。而测试用例的编写，其实和开发一样，需要针对每个具体需求下工夫，没有捷径。一个好的测试用例和一段好的代码同样弥足珍贵，但其重要性和挑战性，以及完成其所需要花费的时间和精力却往往被轻视。业内需要把对测试能力的重视程度与开发能力对齐，特别是在敏捷测试的环境下，否则敏捷交付将无法实现，成为"半吊子"工程。

如果你的组织或团队想实现真正的敏捷交付，对敏捷测试的深入理解不可或缺。本书从文化、组织架构、流程和实践等多个方面系统剖析和讲解了敏捷测试及转型，是不可多得的敏捷测试方面的宝典。

我和本书作者之一陈晓鹏相识多年，他在测试和敏捷测试领域深耕多年，也是国内敏捷圈的活跃分子和著名讲师，经常在国内多个敏捷论坛、技术大型论坛发表主题演讲。本书是他与其他几位作者多年呕心沥血的结晶，不可错过。

刘华

汇丰科技公共服务与云平台中国区总监

《猎豹行动：硝烟中的敏捷转型之旅》作者

《图数据库实战》译者之一

前　言

　　随着近几年业务诉求的快速变化，以及敏捷开发方法的流行，越来越多的组织都采用敏捷模式进行项目开发。这种间隔时间极短、发布极其频繁的迭代让习惯传统瀑布模型开发的测试人员感到应对吃力、心力交瘁，不少测试人员抱怨做敏捷项目需要经常加班，压力更大，测试也更累了。长久以往，项目将面临极大的风险。那么，如何才能改变这种现状，让测试人员能够顺利在敏捷项目下保质保量地工作呢？本书将从文化、组织架构、流程和实践4个方面为读者系统剖析和讲解。

　　本书一共分为4篇。

　　第1篇是敏捷测试基础篇，包括第1章敏捷的定义和第2章敏捷测试。在第1章中，读者可以了解到软件工程发展史、敏捷的起源和定义、敏捷Scrum介绍，以及规模化敏捷的3种流行框架。第2章是对敏捷测试的介绍，读者可以了解传统测试在敏捷环境下面临的挑战、敏捷测试的概念、特点与价值等。

　　第2篇是敏捷测试转型篇，包括第3章敏捷测试转型框架及第4章敏捷测试执行。在第3章中，读者可以了解传统测试如果要进行敏捷转型需要关注哪些维度，包括敏捷测试文化、敏捷测试组织与个人、敏捷测试流程等。第4章根据敏捷测试执行的先后顺序介绍了敏捷中的测试需求、测试视角下的用户故事生命周期、敏捷中的测试计划、敏捷中的测试任务，以及敏捷测试度量等。

　　第3篇是敏捷测试实践篇，包括第5章敏捷测试实践框架、第6章敏捷功能性测试实践、第7章敏捷非功能性测试实践，以及第8章敏捷测试延伸实践。第5章主要介绍敏捷测试整体的实践框架，为读者构建完整的知识体系。第6章主要介绍敏捷测试中的各种功能性测试实践，如TDD、ATDD、BDD、探索式测试等。第7章主要介绍性能测试、安全测试和可用性测试等非功能性测试。第8章主要介绍与测试密切相关的持续集成、持续部署、持续反馈和DevOps等相关知识。

　　第4篇是敏捷测试案例篇，包括第9章小型敏捷团队的测试实践案例和第10章规模化敏捷软件开发团队的测试实践案例。第9章主要介绍小型敏捷团队该如何开展测试工作。第10章则分享了一个在SAFe环境下的大型敏捷测试团队如何进行质量管控及测试的案例。

　　本书内容由易到难、层层递进，建议普通读者从前到后、循序渐进地阅读。如果读者已经具备一定的敏捷背景，掌握一定的敏捷知识，则可以跳过第1章，直接从第2章开始阅读。另外，如果读者认为自己的代码基础比较薄弱，也可以将重点放在前5章，相信能够有所收获。

本书适合测试总监、测试经理、测试主管及测试工程师等相关从业者阅读。对于敏捷教练或 Scrum Master 来说,这也是一本难得的敏捷测试领域的图书。当然,本书也同样适合相关专业及感兴趣的高校师生阅读参考。

接下来就让我们开启传统测试的敏捷转型之旅吧!

目 录

第 1 篇 敏捷测试基础

第 1 章 敏捷的定义 ···002
- 1.1 软件工程发展史 ···002
  - 1.1.1 软件工程的前世今生 ·······················002
  - 1.1.2 瀑布模型的局限 ·······························003
- 1.2 什么是敏捷 ···004
  - 1.2.1 敏捷的起源 ·······································004
  - 1.2.2 敏捷的定义 ·······································006
- 1.3 敏捷 Scrum 介绍 ·······································008
  - 1.3.1 Scrum 的起源 ···································008
  - 1.3.2 Scrum 核心内容 ·······························009
- 1.4 规模化敏捷 ···012
  - 1.4.1 SAFe 框架 ·······································012
  - 1.4.2 Scrum@Scale 框架 ··························013
  - 1.4.3 LeSS 框架 ·······································013
- 1.5 本章小结 ···014

第 2 章 敏捷测试 ···016
- 2.1 在敏捷环境下的传统测试 ·························016
  - 2.1.1 在敏捷环境下传统测试面临的困境 ···016
  - 2.1.2 在敏捷环境下传统测试面临的挑战 ···016
- 2.2 敏捷测试的概念 ·······································017
  - 2.2.1 敏捷测试的定义 ·······························017
  - 2.2.2 敏捷测试的核心内涵 ·······················018
- 2.3 敏捷测试宣言 ···018
  - 2.3.1 什么是敏捷测试宣言 ·······················018
  - 2.3.2 敏捷测试宣言解读 ···························019
- 2.4 敏捷测试的特点与价值 ···························021
  - 2.4.1 敏捷测试的特点 ·······························021
  - 2.4.2 敏捷测试与传统测试的差异 ···········022
  - 2.4.3 敏捷测试的价值 ·······························023
- 2.5 本章小结 ···024

第 2 篇　敏捷测试转型

第 3 章　敏捷测试转型框架 ········· 026

- 3.1 敏捷测试转型模型 ········· 026
  - 3.1.1 敏捷测试转型模型概述 ········· 026
  - 3.1.2 敏捷测试转型模型要素与形状 ········· 027
  - 3.1.3 敏捷测试转型模型的实施重要程度与实施困难程度 ········· 028
  - 3.1.4 敏捷测试转型模型实施顺序 ········· 028
- 3.2 敏捷测试文化 ········· 029
  - 3.2.1 组织文化转变 ········· 029
  - 3.2.2 管理文化转变 ········· 030
  - 3.2.3 文化转型障碍及解决方法 ········· 031
- 3.3 敏捷测试组织与个人 ········· 032
  - 3.3.1 敏捷测试组织架构转变 ········· 032
  - 3.3.2 组织架构转变后的测试人员的归属感问题 ········· 033
  - 3.3.3 传统测试人员的转变法则 ········· 034
- 3.4 敏捷测试流程 ········· 036
  - 3.4.1 Scrum 层级与需求抽象层级 ········· 036
  - 3.4.2 敏捷测试的类型 ········· 038
  - 3.4.3 敏捷测试角色 ········· 040
  - 3.4.4 敏捷测试角色所需技能 ········· 041
  - 3.4.5 敏捷测试流程 ········· 043
  - 3.4.6 敏捷测试交付物 ········· 045
- 3.5 本章小结 ········· 045

第 4 章　敏捷测试执行 ········· 047

- 4.1 敏捷中的测试需求 ········· 047
  - 4.1.1 为什么会使用用户故事 ········· 047
  - 4.1.2 用户故事的 INVEST 原则 ········· 048
- 4.2 测试视角下的用户故事生命周期 ········· 052
  - 4.2.1 用户故事生命周期测试的关注点 ········· 052
  - 4.2.2 用户故事相关术语比较 ········· 053
- 4.3 敏捷中的测试计划 ········· 054
  - 4.3.1 敏捷测试计划策略 ········· 054
  - 4.3.2 敏捷测试计划过程 ········· 054
- 4.4 敏捷中的测试任务 ········· 055
  - 4.4.1 测试任务管理与跟踪 ········· 055
  - 4.4.2 通过看板可视化任务 ········· 057
  - 4.4.3 案例：某大型国外客户敏捷测试活动日历 ········· 058

4.5 敏捷中的测试度量 060
4.6 本章小结 061

第 3 篇 敏捷测试实践

第 5 章 敏捷测试实践框架 064

5.1 敏捷测试象限 064
  5.1.1 敏捷测试象限起源 064
  5.1.2 敏捷测试象限介绍 065
5.2 测试金字塔 066
  5.2.1 传统测试 V 模型存在的问题 066
  5.2.2 测试金字塔介绍 067
  5.2.3 分层自动化测试 068
5.3 测试自动化与自动化测试 069
  5.3.1 测试自动化与自动化测试的区别 069
  5.3.2 测试自动化的目的 069
  5.3.3 增强的分层自动化 070
  5.3.4 自动化测试工具的选型策略 071
  5.3.5 自动化测试框架介绍 072
  5.3.6 什么样的项目适合测试自动化 075
5.4 敏捷测试实践框架 075
  5.4.1 敏捷测试实践框架概述 075
  5.4.2 敏捷测试实践活动与赋能 076
5.5 本章小结 077

第 6 章 敏捷功能性测试实践 078

6.1 测试驱动开发（TDD） 078
  6.1.1 什么是单元 078
  6.1.2 什么是单元测试 078
  6.1.3 什么是 TDD 079
  6.1.4 TDD 实例 081
  6.1.5 模拟对象 089
  6.1.6 采用自动化构建工具管理自动化测试任务 100
  6.1.7 生成单元测试分析报告 101
  6.1.8 代码覆盖率的意义 104
6.2 验收测试驱动开发（ATDD） 106
  6.2.1 什么是验收测试 107
  6.2.2 验收测试和单元测试的关系 109
  6.2.3 ATDD 的实践 110
  6.2.4 采用 Robot Framework 实现自动化验收测试 112

- 6.3 行为驱动开发（BDD） ···120
  - 6.3.1 什么是 BDD ···120
  - 6.3.2 使用 Cucumber 进行 BDD ··122
  - 6.3.3 使用 Cucumber 和 Selenium 对 Web 页面的行为进行测试 ·············135
  - 6.3.4 BDD 的落地策略 ···145
- 6.4 API 测试 ···151
  - 6.4.1 API 基础介绍 ··151
  - 6.4.2 介绍 Web Services ···152
  - 6.4.3 在项目中如何进行 API 测试 ··155
  - 6.4.4 服务虚拟化和测试替身 ··159
  - 6.4.5 API 测试工具需要具备的功能 ··164
  - 6.4.6 API 测试实例 ··165
- 6.5 微服务测试 ···169
  - 6.5.1 微服务介绍 ··170
  - 6.5.2 微服务测试难点 ··170
  - 6.5.3 契约测试 ···171
  - 6.5.4 契约测试与其他测试的区别 ···172
  - 6.5.5 契约测试常见测试框架与测试实例 ··173
  - 6.5.6 契约测试的价值 ··196
- 6.6 探索式测试 ···197
  - 6.6.1 传统脚本测试的局限 ···197
  - 6.6.2 探索式测试介绍 ··197
  - 6.6.3 探索式测试与脚本测试的区别 ··198
  - 6.6.4 探索式测试与随机测试的区别 ··199
  - 6.6.5 探索式测试的适用场景 ··200
  - 6.6.6 探索式测试执行实例 ···200
- 6.7 本章小结 ···204

第 7 章 敏捷非功能性测试实践 ···206

- 7.1 性能测试 ···206
  - 7.1.1 性能测试定义 ···206
  - 7.1.2 性能测试目标 ···206
  - 7.1.3 性能测试的类型 ··207
  - 7.1.4 性能测试的流程 ··209
  - 7.1.5 敏捷中的性能测试 ···210
  - 7.1.6 敏捷性能测试实例 ···212
- 7.2 安全测试 ···217
  - 7.2.1 安全威胁的类型 ··217
  - 7.2.2 安全测试的定义与分类 ··218

		7.2.3 安全测试技术介绍	219
		7.2.4 常见 Web 应用系统安全测试工具	222
		7.2.5 敏捷 Web 安全测试实例	222
	7.3	可用性测试	229
		7.3.1 可用性原则	229
		7.3.2 可用性测试的定义	230
		7.3.3 可用性测试的价值	230
		7.3.4 可用性测试技术	231
		7.3.5 可用性测试实验室	232
		7.3.6 寻找测试参与者	232
		7.3.7 时间线	233
		7.3.8 可用性测试过程实例	234
	7.4	本章小结	240

第 8 章 敏捷测试延伸实践 241

	8.1	持续集成	241
		8.1.1 持续集成的定义	241
		8.1.2 持续集成与测试	242
		8.1.3 与测试相关的持续集成实践	243
		8.1.4 基于 Jenkins 和 Docker 的微服务持续集成案例	244
	8.2	持续部署	260
		8.2.1 持续部署实践	260
		8.2.2 基于环境的部署	261
		8.2.3 基于应用的部署	263
	8.3	持续反馈	263
		8.3.1 A/B 测试	263
		8.3.2 混沌工程	265
		8.3.3 生产环境测试	269
	8.4	DevOps	271
		8.4.1 DevOps 的由来	271
		8.4.2 DevOps 三步工作法	271
		8.4.3 DevOps 与测试	272
		8.4.4 DevOps 与敏捷测试的集成指导原则	273
	8.5	本章小结	274

第 4 篇 敏捷测试案例

第 9 章 小型敏捷团队的测试实践案例 276

	9.1	项目背景	276
	9.2	团队成员	277

XVII

    9.2.1 团队角色和组织 ·· 277
    9.2.2 价值交付责任人 ·· 278
  9.3 测试策略和测试流程 ·· 278
    9.3.1 测试用例策略 ·· 280
    9.3.2 ATDD 流程 ·· 281
  9.4 持续集成策略 ·· 282
  9.5 本章小结 ·· 283

第 10 章 规模化敏捷软件开发团队的测试实践案例 ························· 284
  10.1 规模化敏捷框架简介 ·· 284
  10.2 案例背景 ·· 286
  10.3 根据 SAFe 需求模型重新梳理需求，提升需求质量 ······················ 288
    10.3.1 史诗及其质量要点说明 ······································ 290
    10.3.2 特性及其质量要点说明 ······································ 292
    10.3.3 故事及其质量要点说明 ······································ 295
  10.4 建立各粒度需求的管理组织和流转机制，将质量要求逐级分解 ············ 297
    10.4.1 从精益敏捷卓越中心开始 ···································· 297
    10.4.2 成立精益投资组合管理委员会并形成史诗看板 ·················· 298
    10.4.3 成立产品和解决方案管理委员会并建立产品开发看板 ············ 302
    10.4.4 组建敏捷发布火车、解决方案火车和各敏捷软件开发团队看板 ···· 304
    10.4.5 各级别需求看板的级联流转机制 ······························ 306
  10.5 启动敏捷发布火车，构建质量的反馈闭环 ···························· 308
    10.5.1 PI 规划会 ··· 310
    10.5.2 PI 执行中的发布火车同步会 ································· 315
    10.5.3 PI 的系统演示会 ··· 315
    10.5.4 准备 PI 规划会 ·· 316
    10.5.5 检查和适配会 ·· 316
  10.6 规模化敏捷团队的测试策略和转型建议 ································ 318
    10.6.1 让企业高管参与提升软件质量的相关活动 ······················ 318
    10.6.2 采用 BDD 作为开发流程 ····································· 318
    10.6.3 维持敏捷团队中测试人员的占比，促进测试"左移" ·············· 319
    10.6.4 组建共享测试团队，并使其参与产品管理委员会 ················ 319
    10.6.5 通过 DevOps 流水线维持单元测试覆盖率基线 ··················· 320
    10.6.6 调整度量考核体系 ·· 320
  10.7 本章小结 ·· 321

参考文献 ·· 322

第 1 篇
敏捷测试基础

第1章 敏捷的定义

1.1 软件工程发展史

1.1.1 软件工程的前世今生

从古至今，人类创造了许多伟大奇迹，例如，中国的万里长城和京杭大运河等。我们无法知道当初人们是怎样在不具备现代化设备的情况下建造出这些令人叹服的人类奇迹的，但可以确定的是，人们一定有一套行之有效的方法来管理这些浩大的工程，只是由于时代久远没有保留下相关的资料。1776年，英国的亚当·斯密在《国富论》中首次提出劳动分工的概念，成为工程管理相关思想的萌芽和发展的里程碑。到了20世纪初，美国的泰勒及吉尔布雷斯夫妇等工程师们经过不断研究和探索，提出了科学管理和提高生产力的原则，为工业工程的发展做出了极大贡献，而泰勒更被誉为"工业工程之父"。

最早享受到工业工程带来的巨大好处的公司是一家汽车制造企业——美国著名的福特公司。1913年，福特公司实验了第一条汽车流水线，如图1-1所示。流水线使汽车的组装制造时间大大缩短，工人的效率也极大提升，福特公司的T型车产量因此占据当时全世界汽车总产量的一半以上。

图1-1 福特汽车流水线

工业工程的实践探索为后来软件工程的发展提供了理论基础和借鉴,甚至在现在流行的敏捷开发模式中,很多好的理念和实践也来自工业制造业,如包含 JIT(Just-In-Time)的精益理念和看板(Kanban)等。

软件工程是在 20 世纪 60 年代提出的,但是世界上第一个程序早在 1842 年就被设计出来了,负责设计程序的人是 Ada Lovelace。如果对这个名字感到陌生,那么她的父亲、英国著名诗人拜伦的名字你一定听过。Ada 设计了一种计算伯努利数字的算法,这个算法被认为是世界上第一个计算机程序,而 Ada 也因此成为历史上首位程序员,同时也是历史上首位女程序员。为了纪念 Ada 对后世做出的贡献,美国国防部主持开发了一款新的高级计算机编程语言并以她的名字命名,这就是著名的 Ada 语言。

20 世纪 40—50 年代,随着计算机的出现,计算机软件的概念也开始形成。当时人们对于软件开发没有太多的方法,态度也比较随意,更多的是以一种软件作坊的方式进行开发。随着软件数量的急剧增加,需求复杂度和软件维护难度也越来越高,但软件的质量却越来越低,开发成本不断增加,失败的项目越来越多,导致了软件危机的发生。1968 年,为了解决软件开发的混乱状态,当时的北大西洋公约组织(NATO)在德国小城举行了一次学术会议,这次会议被命名为"软件工程大会",标志着软件工程学科的诞生。

1970 年,美国计算机科学家温斯顿·罗伊斯(Winston Royce)在发表的文章《管理大型软件系统的开发》中首次提出了著名的瀑布模型,如图 1-2 所示。这是在软件危机之后提出的第一个软件开发模型,而且在之后的几十年中,瀑布模型一直是众多企业软件开发的首选模式。瀑布模型的核心思想是把软件开发的生命周期按工序思想划分成不同的阶段,每个阶段都有输出物,而每个阶段的输出物都会成为下一阶段的输入依赖。同时,每个阶段只有在经过严格的评审、验证确认通过之后,才能结束并进入下一阶段。这种模型使软件开发的无序状态变得规范化、标准化和体系化,使软件质量得到了保证。

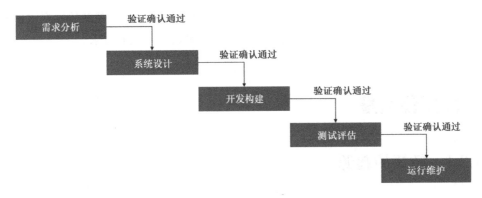

图 1-2 瀑布模型

1.1.2 瀑布模型的局限

在 20 世纪 90 年代,由于业务系统具有不确定性,以及市场变化使需求频繁变化,原来的瀑布模型受到了很大的挑战,其存在以下 3 个严重问题。

1. 只有到最后阶段才能见到开发成果，增加了项目风险

瀑布模型在各阶段遵循固定的执行顺序，只有通过了测试评估，在上线部署时，客户才能看到真实可用的产品，在之前的几个月，甚至几年的时间里，客户接触不到真实产品。这种方式带来了很大的风险：如果在项目的最初阶段没有正确理解客户的意图，做出来的产品不满足客户需求，那么只能在项目的最后阶段才发现，这时再想做任何形式的修补都为时已晚。

2. 对用户需求变化的适应性不强

瀑布模型比较适用于前期需求明确固定且后期不会出现频繁变动的场景，基于这一前提，我们可以在需求阶段确定和基线化需求，并把它作为后续开发和测试的基准，这就是典型的预定义过程控制模式。当然，瀑布模型也并非不能出现任何需求变动，但是所有的需求变动都必须遵循一套严格的需求变更控制流程，以此保证因需求变化带来的影响能够得到控制。随着软件行业的迅速发展，以及商业环境竞争的日益残酷，这种需求的不确定性及频繁变化不可避免，并且愈演愈烈，如果还继续遵循瀑布模型的变更控制方式，那么在应对这种频繁变化的不确定需求时将感到非常吃力。

3. 每个阶段产生大量过程文档，极大地增加了工作量

在产品还没上线时，我们在瀑布模型的各阶段都看不到真实的产品，所以每个阶段都需要有大量的文档来描述所做的工作，而这些文档又成为下一阶段的工作输入。例如，在需求阶段需要有需求规格说明书，在设计阶段需要有概要设计说明书和详细设计说明书等。但这些文档对于用户来说其实没有太大的价值，用户需要的是可用的产品，而不是一堆项目人员花费很大精力做出来的工作文档。

业界的一些软件开发实践者在意识到瀑布模型的局限和问题后，就开始抛弃这种方式，并且思考和探索新的开发模式，以应对新时代环境下对软件开发的要求。

1.2 什么是敏捷

1.2.1 敏捷的起源

鉴于瀑布模型的种种弊端，自 20 世纪 90 年代开始，许多软件行业领袖和从业者开始进行各种轻量级软件开发模式的探索和实践。1994 年，英国一个由 17 家公司发起的联盟提出了动态系统开发方法（Dynamic Systems Development Method，DSDM）；1995 年，美国软件开发专家 Jeff Sutherland 和 Ken Schwaber 共同提出了 Scrum 开发框架；1996 年，美国软件开发大师，同时也是 JUnit 作者的 Kent Beck 提出了极限编程（Extreme Programming，简称 XP）；同年，Alistair Cockburn 和 Jim Highsmith 共同提出了水晶方法（Crystal）；1997 年，Jeff De Luca、Eric Lefebvre 和 Peter Coad 一起提出了特性驱动开发

（Feature Driven Development，FDD），等等。一时间，各流派的理论与实践百花齐放。

2001 年，17 位来自 DSDM、Scrum、XP、FDD 等流派的专家代表在美国犹他州一个名为雪鸟的滑雪胜地齐聚一堂，分享了各自的想法。虽然参会者推崇的框架和实践存在互相竞争的可能，但是这些框架相对于瀑布模型来说都属于轻量级的软件开发模式，其核心思想都是使用更简单、更快捷的开发模式来适应快速变化的环境。参会者们虽然没有在方法上实现统一，但其中一位参会者正好在看 *Agile Competitors and Virtual Organizations: Strategies for Enriching the Customer* 这本书，他提出使用"敏捷"（Agile）一词作为这次运动的名称，得到了大家的一致认同。最终，17 位行业专家共同起草和发表了著名的敏捷软件开发宣言，"敏捷"一词在软件业内正式流传开来。敏捷软件开发宣言如图 1-3 所示。

敏捷软件开发宣言

我们一直在实践中探寻更好的软件开发方法，在身体力行的同时也帮助他人。由此，我们建立了如下价值观：

个体和互动　高于　流程和工具
工作的软件　高于　详尽的文档
客户合作　　高于　合同谈判
响应变化　　高于　遵循计划

也就是说，尽管右项有其价值，但我们更重视左项的价值。

Kent Beck　　　　　　James Grenning　　　Robert C. Martin
Mike Beedle　　　　　Jim Highsmith　　　　Steve Mellor
Arie van Bennekum　 Andrew Hunt　　　　 Ken Schwaber
Alistair Cockburn　　 Ron Jeffries　　　　　Jeff Sutherland
Ward Cunningham　 Jon Kern　　　　　　 Dave Thomas
Martin Fowler　　　　Brian Marick

图 1-3　敏捷软件开发宣言

在雪鸟会议后，专家们又通过几个月的时间制定了敏捷宣言遵循的 12 条原则，如图 1-4 所示。这些原则更具体、更有操作指导性，使得敏捷宣言在贯彻时有了更清晰的准则。

敏捷宣言遵循的原则

我们遵循以下原则：
1.我们最重要的目标，是通过持续不断地及早交付有价值的软件使客户满意。
2.欣然面对需求变化，即使在开发后期也一样。为了客户的竞争优势，敏捷过程掌控变化。
3.经常地交付可工作的软件，相隔几星期或一两个月，倾向于采取较短的周期。
4.业务人员和开发人员必须相互合作，项目中的每一天都不例外。
5.激发个体的斗志，以他们为核心搭建项目。提供所需的环境和支援，辅以信任，从而达成目标。
6.不论团队内外，传递信息效果最好、效率最高的方式是面对面交谈。
7.可工作的软件是进度的首要度量标准。
8.敏捷过程倡导可持续开发。责任人、开发人员和用户要能够共同维持其步调稳定延续。
9.坚持不懈地追求技术卓越和良好设计，敏捷能力由此增强。
10.以简洁为本，它是极力减少不必要工作量的艺术。
11.最好的架构、需求和设计出自自组织团队。
12.团队定期反思如何能提高成效，并以此调整自身的举止表现。

图 1-4　敏捷宣言遵循的 12 条原则

在雪鸟会议后,敏捷运动收获了越来越多人的支持和追随,敏捷也在全世界迅速传播。进入 VUCA 时代(VUCA 由四个单词的首字母组成,即 Volatile、Uncertain、Complex、Ambiguous,其起源于军事术语,现在被用来描述已成为"新常态"的、混乱的和快速变化的商业环境),敏捷开发更是成为众多软件企业进行软件开发的首选模式。

1.2.2 敏捷的定义

那么,究竟什么是敏捷?其定义可以概括为以下三句话。

(1)敏捷是一系列方法,如 XP、Scrum、Lean 等的总称,其目的是通过迭代和增量的开发,以及经常性地检视和调整来提升项目的管理和交付水平。

(2)敏捷不只是一个新的流程,还要用新的文化方式来进行软件开发。

(3)需求和解决方案通过自组织、跨职能团队之间的协作而发展。

我们先来解读第一句话。

首先,敏捷并不是某种具体的方法,而是各种方法的总称。业界经常用敏捷伞来表示敏捷和各种具体方法(框架)的关系。如图 1-5 所示,敏捷就像一把伞,各种各样的框架和实践都被覆盖在伞下。

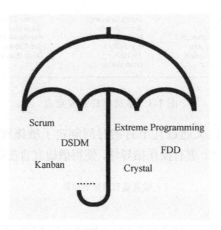

图 1-5 敏捷伞

其次,敏捷是通过迭代和增量的方式来进行开发的。很多人或许都听说过迭代开发和增量开发,但不一定能准确地说出它们之间的区别。尽管增量和迭代都是分步进行开发的,但其实是两种不同的开发方式,而且适用的场景和使用目标也不同。迭代开发主要应对产品内部的不确定因素,如一开始根本不知道未来要构建的产品是什么样的,这种情况在当前的互联网行业非常普遍。我们不能指望一次就能构建出准确的产品,而是可以通过迭代的方式,先开发一个基础版本,然后投放到市场上观察效果,根据市场的反馈进行修改和优化,之后再次投放市场,再根据反馈优化,精益求精,最终打造出客户想要的产品。迭代开发如图 1-6 所示,如果用一个词语来形容这个过程,就是"渐进明细",即产品随着不断迭代而越来越清晰。

第 1 章 敏捷的定义

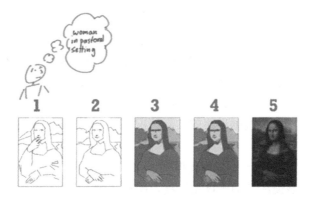

图 1-6　迭代开发

而增量开发应对的是产品之外的不确定因素，如在资源短缺的情况下，当资金或人员不能一步到位时，我们需要分步开发。在这种情况下，我们对于如何开发产品其实已经心中有数了，只是外部因素的限制让我们只能以增量的方式开发，如图 1-7 所示。如果用一个词语来形容这个过程，那就是"胸有成竹"，也就是一开始就需要对要开发的产品有比较清晰的认识。

图 1-7　增量开发

而敏捷则是结合了两种开发方式的优点，同时使用增量和迭代的方式进行开发。敏捷开发如图 1-8 所示。

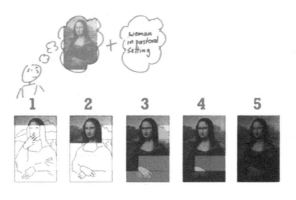

图 1-8　敏捷开发

最后，敏捷通过经常性地检视和调整来提升项目管理和交付水平，这一点道出了传统瀑布式开发和敏捷开发的一个重大区别。传统瀑布式开发主要是采用预定义的过程控制方式，就像火箭发射一样，需要预先计算和设定好发射运行轨道，才能确保将卫星准确送入太空；而敏捷开发更多地是采用经验性的过程控制方式。经验性过程控制方式包括适应性、灵活性、自下而上等原则，其核心是根据不同的环境和相关的经验不断自我调整，以适应当前变化，就像开车一样，要根据道路的实际情况不断灵活地调整路线。

我们再来解读第二句话。

很多组织或项目以为把一个 Scrum 框架搬进项目，再按照流程执行就是敏捷，这其实是一个错误的认识。敏捷涉及的不仅是流程，还有文化、理念、组织等方面的转变，如果这些方面没有做出相应的改变而只是实施了流程，那么可以想象，这种转型是不会成功的，很有可能会成为所谓的"伪敏捷"（Fake-Agile），这一点将在 3.2 节进行深入讨论。

最后再来解读第三句话。

这句话强调敏捷团队需要是自组织且跨职能的团队，因为只有跨职能的团队才能最大限度地提升沟通和执行效率，这一点将在 3.3 节进一步展开讨论。

1.3 敏捷 Scrum 介绍

1.3.1 Scrum 的起源

有些人认为敏捷就是指 Scrum，这其实是一种错误的认识，敏捷并不等同于 Scrum。我们从 1.2 节中已经了解到，敏捷其实是一系列方法如 XP、Scrum、FDD、Lean 等的总称。很多人认为敏捷就是 Scrum 的一个很重要的原因是在敏捷众多的方法中，Scrum 是被使用得最多的一种。根据 CollabNet VersionOne 在 2019 年公布的第 13 届年度敏捷状态报告，Scrum 在敏捷方法的使用占比高居第一，达到了 54%，如图 1-9 所示。其实 Scrum 只是敏捷的一个实践框架，它们是包含关系，而不是等同关系。

Scrum 一词原意是在英式橄榄球比赛中，当发生意外犯规或球出界后，在犯规地点重新开始比赛时要先进行对阵争球，两队队员在橄榄球前围成一圈，互相将胳膊搭在一起准备争球。Scrum 在软件产品开发领域的应用可以追溯到 1986 年《哈佛商业评论》中的一篇文章。当时，日本学者竹内弘高和野中郁次郎在其文章《新型的新产品开发策略》中写道："传统的接力赛一样的开发模式已经不能满足快速灵活的市场需求，而整体或'橄榄球式'（Scrum）的方法——团队作为一个整体前进，在团队的内部传球并保持前进，可以更好地满足当前激烈的市场竞争。"

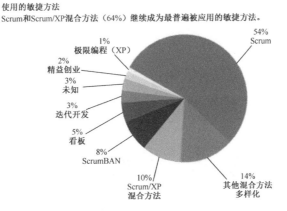

图1-9 CollabNet VersionOne 关于敏捷方法的使用占比统计

1995 年，Jeff Sutherland 和 Ken Schwaber 根据这篇文章的理念，结合增量开发、迭代开发和经验性过程控制等实践，创建了轻量级的软件开发管理框架 Scrum。Scrum 相对轻量级的流程框架让使用者在执行和操作时都获得了较大便利，其流程框架如图 1-10 所示。

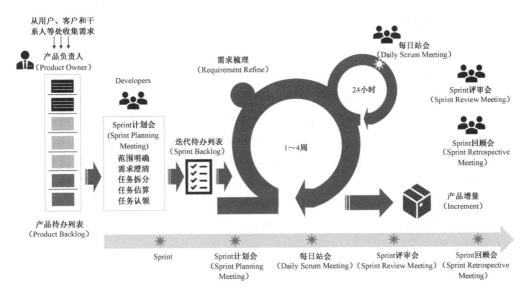

图 1-10 Scrum 的流程框架

1.3.2 Scrum 核心内容

敏捷业内人士喜欢用 "3355" 来总结 Scrum 的核心内容。所谓 "3355"，是指 Scrum 框架体系里面的 3 个重要角色、3 个重要工件、5 个重要事件和 5 个价值观，如图 1-11 所示。

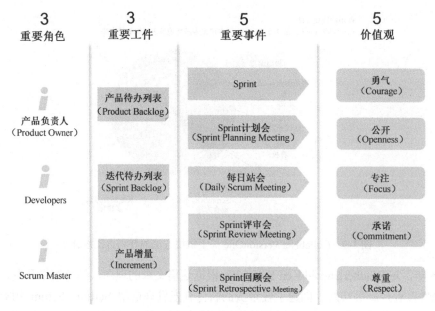

图 1-11 Scrum 框架 "3355"

1. 3 个重要角色

在 Scrum 中，一个 Scrum 团队只存在以下 3 个角色。

（1）产品负责人（Product Owner）：其主要职责是确定产品待办列表中需求的优先级，督促团队优先开发最具价值的功能，确保最具价值的开发需求始终被安排在最近的 Sprint 中。

（2）Developers：其主要职责是找出在一次 Sprint 中可以将迭代待办列表转化为潜在可交付的产品增量的方法，并且通过管理自身工作实现目标。产品负责人设定目标和方向，Developers 对每次迭代和项目负责。在 Developers 中可能包含架构师、开发人员和测试人员等，但是他们的工作职责不会再有明确的界定，他们都属于一个团队，有共同的目标，那就是在规定的迭代时间内完成每次迭代需要实现的产品增量。

（3）Scrum Master：其主要职责是维护 Scrum 流程，确保团队与产品负责人对 Sprint 的目标保持一致。

2. 3 个重要工件

在 Scrum 中，还有如下 3 个非常重要的工件。

（1）产品待办列表（Product Backlog）：即产品的需求列表，由 PBI（Product Backlog Item）组成。PBI 一般包括新特性、变更、缺陷或技术改进需求等。Scrum 并没有为 PBI 指定任何标准格式，但是一般倾向以用户故事（User Story）的形式来表述每个需求，具体内容详见 4.1 节。

（2）迭代待办列表（Sprint Backlog）：这是每次 Sprint 迭代需要完成的需求列表集，以及这些需求被分解成的要具体实现的每组任务列表。这些需求需要在本次迭代中实现。

（3）产品增量（Increment）：这是在当次迭代中完成的可交付的工作输出件。每个产品增量都是实现产品目标的一块坚实的垫脚石。

3. 5 个重要事件

在 Scrum 中,有以下 5 个重要事件会在每次 sprint 中循环出现。

(1) Sprint:Sprint 是所有其他事件的容器。它是时长固定的事件,通常为期一个月或更短的时间,以保持一致性。前一次 Sprint 结束后,下一次 Sprint 立即开始。

(2) Sprint 计划会(Sprint Planning Meeting):这是在每次迭代开始时举行的计划会,在会上将确定本次迭代的目标和需要完成的需求,同时确定实现本次目标所需完成的任务和对工作量进行估算。

(3) 每日站会(Daily Scrum Meeting):一般为 15 分钟站立会议,每位成员主要回答 3 个问题:昨天做了什么?今天要做什么?有什么需要帮助的地方?

(4) Sprint 评审会(Sprint Review Meeting):团队成员向产品负责人及其他干系人演示本次迭代内完成的工作。

(5) Sprint 回顾会(Sprint Retrospective Meeting):周期性的回顾,总结工作经验和教训,同时一起讨论哪些工作应该开展,哪些应该停止,以及哪些需要继续保持。

另外,还有一个活动,虽然在《Scrum 指南》(*Scrum Guide*)2020 版中没有被提到,但却非常重要,那就是需求梳理(Requirement Refinement)。需求梳理是对下次迭代需要处理的需求进行梳理和细化,其中包括确定和细化需求、对需求进行估算和进行优先级排序等。进行需求梳理时需要遵从"DEEP"原则,如下所示。

- 适当的细节(Detail Appropriately):将马上要开发的需求放在列表顶部,稍后开发的需求放在底部。待开发的需求需要细化,而未来才开发的需求可以暂时以粗粒度的形式存在,所以不用在一开始就要求所有需求都很详细,原则上是刚好够用(Just-In-Time)。
- 不断涌现(Emergent):只要有正在开发或维护的产品,产品待办列表就永远不会是完成或冻结状态。随着时间的推移,产品待办列表将渐渐变得有条理。
- 经过估算(Estimated):需求需要进行估算。靠近产品待办列表顶部的需求小、内容详细,所以估算要更细致、更精确,可以用故事点来表示需求的大小,靠近列表底部的大条目需求一般比较粗糙,暂时还无须细化,此时以故事点来表示并不恰当,可以考虑以 T 恤衫的尺码进行类比,例如,以 S、M、L、XL 等进行粗略估算。
- 经过排序(Prioritized):产品待办列表是一个排列好优先顺序的需求列表。当然,不可能所有需求都已经排好优先顺序,为远期条目排列优先顺序就是在浪费时间。

4. 5 个价值观

在 Scrum 中,我们还必须坚持以下 5 个价值观。

(1) 勇气(Courage):团队成员都需要有勇气面对和接受挑战。

(2) 公开(Openness):团队所有的状态、问题、风险和阻碍等都得是公开的、可视的,对所有人透明,这样才能随时暴露问题。

(3) 专注(Focus):每次迭代只专注该次迭代要完成的事情,尽量避免受到来自外部环境的干扰,在有限的时间内专注于最有价值的事情。

(4)承诺(Commitment):自组织团队在迭代开始时就要做出承诺,并且尽最大努力完成迭代任务。

(5)尊重(Respect):团队成员互相尊重、理解和信任,有问题随时沟通。

1.4 规模化敏捷

我们知道 Scrum 团队的人数一般为 5~9 人,亚马逊公司最早将其称为"two-pizza"团队,意思是 2 张比萨饼刚好能喂饱的人数。显然,这是小团队的规模,这种规模的团队沟通非常高效。但是,随着软件行业的不断发展,软件在众多企业中扮演了越来越重要的角色,现在很多软件项目的团队规模已经远不止 5~9 人,不少已经达到数十人,甚至数百人。在如此庞大的人员基数下,如果还是用 Scrum 这种小规模团队的开发管理方式,项目在进行时将会举步维艰。因此,业界许多专家开始研究在大规模团队下的敏捷该如何进行,主要解决团队扩展和协调的问题。目前的规模化敏捷主要有 3 套比较流行的框架,分别是 SAFe 框架、Scrum@Scale 框架和 LeSS 框架。

1.4.1 SAFe 框架

SAFe 是 Scaled Agile Framework 的简写,该框架的主导设计者 Dean Leffingwell 曾经工作于 Rational 公司(后被 IBM 公司收购),他是公认的需求领域的权威人士,曾经主导开发了需求管理工具 RequisitePro,对于大型企业软件开发的特点非常了解。SAFe 框架如图 1-12 所示。

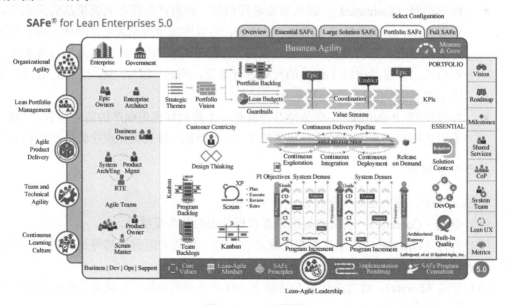

图 1-12 SAFe 框架

SAFe 对于大规模团队管理的核心理念是，通过在 Scrum 的基础上增加不同的层级和角色来应对大项目、大型复杂解决方案，甚至是产品组合管理对于敏捷的需要。SAFe 分层结构是从团队级（Team Level）到项目群级（Program Level）再到价值流级（Value Stream Level），最后到投资组合级（Portfolio Level），并且在此过程中糅合了精益-敏捷、质量内建、系统思考、排队论等知识体系。

1.4.2 Scrum@Scale 框架

Scrum@Scale 框架如图 1-13 所示。对于 Scrum@Scale 框架的创建者 Jeff Sutherland，大家更熟悉的可能是他和 Ken Schwaber 共同创建的 Scrum 框架，两人在规模化敏捷方面其实专注的是不同的研究领域，Sutherland 主要研究 Scrum@Scale 框架，而 Schwaber 主要研究另一个规模化框架 Nexus。

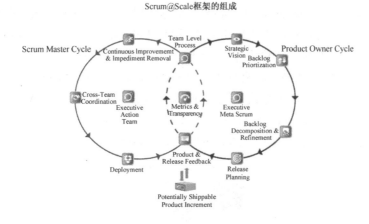

图 1-13　Scrum@Scale 框架

Scrum@Scale 框架的基础是 Scrum，是一个对 Scrum 进行扩展的框架，通过使用 Scrum 来扩展 Scrum，并且彻底简化了规模扩展。在 Scrum@Scale 框架中存在 2 个循环：Scrum Master 循环（Scrum Master Cycle）和产品负责人循环（Product Owner Cycle）。Scrum Master 循环整合了如何做事，也就是"How"的问题；而产品负责人循环整合了做什么事，也就是"What"的问题。Scrum@Scale 框架可以扩展到整个组织，这是一个为组织的整体扩展而设计的规模化敏捷框架。

1.4.3 LeSS 框架

LeSS 框架是基于 Scrum 扩展的另一个规模化敏捷框架，如图 1-14 所示。

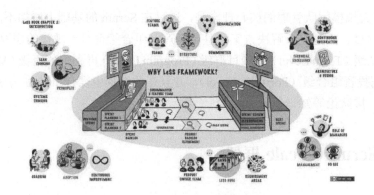

图 1-14　LeSS 框架

LeSS 是 Large Scale Scrum 的简写，由 Bas Vodde 和 Craig Larman 共同设计并率先在诺基亚公司的网络部门进行实践。他们还合著了 *Large-Scale Scrum: More with LeSS* 等 LeSS 相关的书籍。

LeSS 框架的基础是 Scrum，其核心理念是尽量保持在原有的 Scrum 基础框架上，在尽量不增加内容的同时，解决大规模团队的问题。LeSS 框架认为"less is more"，并且不随意增加角色，因为增加一个角色容易，但是"请神容易送神难"，以后想要去掉这个角色就会非常困难，所以，LeSS 框架的理念和 SAFe 框架存在很大不同。

除了前面提到的 3 个主流规模化敏捷框架，还存在其他框架，如 DAD、Spotify、Nexus 等。根据 CollabNet VersionOne 在 2019 年公布的第 13 届年度敏捷状态报告，SAFe 框架在众多规模化敏捷体系中的占比最高，达到 30%，如图 1-15 所示。

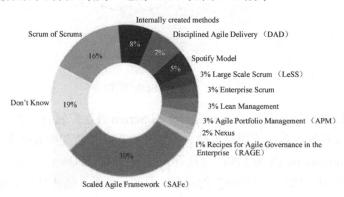

图 1-15　规模化敏捷框架占比统计

1.5　本章小结

本章讨论了软件工程的发展及敏捷的由来，并且简单介绍了敏捷 Scrum 及规模化敏捷等相关内容。

本章的主要内容如下。

(1) 瀑布模型的核心思想是把软件开发生命周期按工序思想划分成不同的阶段，每个阶段都有输出物，而每个阶段的输出物都会成为下一阶段的输入依赖。

(2) 传统方法基于预定义过程控制模式，而敏捷方法基于经验性过程控制模式。

(3) 敏捷不等同于 Scrum，敏捷其实是一系列方法如 XP、Scrum、Lean 等的总称，其目的是通过迭代开发和增量开发，以及经常性地检视和调整来提升项目的管理和交付水平。

(4) 增量开发应对的是产品之外的不确定因素，需要"胸有成竹"；迭代开发应对的是产品之内的不确定因素，需要"渐进明细"。

(5) 敏捷 Scrum 中的"3355"是指 Scrum 框架体系里面的 3 个重要角色、3 个重要工件、5 个重要活动和 5 个价值观。

(6) 规模化敏捷包括 SAFe、Scrum@Scale、LeSS 等主流框架，其目的主要是解决团队扩展和协调的问题。

第 2 章 敏捷测试

2.1 在敏捷环境下的传统测试

2.1.1 在敏捷环境下传统测试面临的困境

在第 1 章中我们介绍了敏捷开发模式和瀑布模型的特点有很大的区别。如果在敏捷项目中还是使用瀑布模型的测试方法和实践，那么测试人员将会面临非常大的困境。我曾经遇到过这样一个例子。

几年前，当我在某国际著名 IT 公司领导测试中心的时候，为了掌握项目现状，我组织了各项目的测试骨干召开座谈会。在座谈会上，我询问大家："目前在项目上碰到了什么棘手的问题？"其中一位同事有些沮丧地回答："目前，我们的项目正在采用敏捷开发模式，但我觉得实施敏捷后，我们的测试人员更累了。以前在迭代开发时，在每个版本上线后，测试人员至少可以有一两天的时间稍作休整，但是采用敏捷之后每天都在赶时间、赶进度，很疲惫。"我听了之后有些好奇，追问道："为什么呢？"他回答："我们每两周迭代一次，开发人员经常在第二周的周三才统一提测，测试人员根本测不过来！"

这个例子就是典型的使用瀑布模型的思维方式执行敏捷项目的案例，它存在的问题是，在 Sprint 迭代内还划分了开发阶段和测试阶段，开发人员在某个时间点统一提测给测试人员，这种被称为"迷你瀑布"的方式并不是真正的敏捷，其结果是使测试人员的测试时间被严重压缩，而让测试人员在这么短的时间内完成所有测试是非常痛苦的，最终只会得出"敏捷无用"的结论。

2.1.2 在敏捷环境下传统测试面临的挑战

传统测试在敏捷环境下究竟存在什么问题？归根结底，其主要面临以下 4 个方面的挑战。

1. 时间极短

敏捷强调快速，一般一个迭代周期为 2～4 周，有些项目甚至只有 1 周时间。在如此短的周期中，除去前面的 Sprint 计划会、后面的 Sprint 评审会和 Sprint 回顾会、中间的程序设计与代码开发，以及下次迭代需求梳理等过程，留给测试的时间寥寥无几。如何在短时间内保质保量完成测试任务,对测试人员来说是一个极大的考验。

2. 文档极少

敏捷的特点是轻文档,这就意味着测试人员能看到的文档信息内容不会太详细。而在传统测试中,详细的需求规格说明书等文档对于测试人员来说是非常重要的输入,也是测试人员衡量测试是否能通过的依据。因此,在缺乏详细文档的情况下,如何进行测试用例设计及判断测试执行是否通过,将是测试人员面临的巨大挑战。

3. 变更极频繁

敏捷强调拥抱变化,所以在软件开发过程中存在不断变更的可能。在传统模式中,频繁的变化对于测试人员来说,无论是做测试计划还是执行测试,都会带来很大的挑战。特别是在测试过程中,如果遇到变更,不仅意味着在测试环境中可能存在多套测试版本,版本管理和环境管理具有极大的复杂性,而且很可能会使之前已经做了一半的测试工作付诸东流,所以,测试人员在敏捷项目下如果还使用瀑布模型,将会举步维艰。

4. 资源极缺

敏捷项目提倡跨功能团队,并且淡化专职测试人员这一角色。敏捷团队已经不可能像传统项目一样按 3:1 或 4:1 配比开发人员与测试人员,很多时候,在一个 7~9 人的敏捷团队中只有 1 个功能测试人员。在测试人员极少的情况下,如何保障整个项目按时保质完成,已经成为测试领域非常棘手的课题。

所以,在敏捷环境下,如果还执行传统的测试方法,测试人员一定会焦头烂额、无所适从。一个很好的比喻是如果整个项目都采用敏捷开发模式,如每两周迭代一次,但测试人员还在执行传统的测试方法,就好像存在两个不同转速的齿轮,二者根本无法匹配,因为两周的时间根本无法按部就班地完成所有测试。因此,必须使用新的测试方法和实践来取代原有的模式,更好地适应敏捷的快节奏的特点。

2.2 敏捷测试的概念

2.2.1 敏捷测试的定义

既然在敏捷环境下不能再按照传统的方式执行测试,那么就需要使用一套适合敏捷环境的新的测试实践,我们称其为敏捷测试。

什么是敏捷测试?敏捷测试是遵从敏捷软件开发原则的一种测试实践。敏捷开发模式把测试集成到整个开发流程中,而不再把它当成一个独立的阶段,因此,测试变成了整个软件开发过程中非常重要的环节。敏捷测试需要由具备专业测试技能的人员组成的跨职能团队组织进行,该团队能更好地交付价值,满足项目的业务、质量要求和实现项目的进度目标。

2.2.2 敏捷测试的核心内涵

根据上面的定义，敏捷测试的核心内涵主要有以下 4 点。

（1）敏捷测试遵从敏捷开发的原则，强调遵守。敏捷价值观和敏捷宣言遵循的 12 条原则同样适用于敏捷测试。

（2）测试被包含在整个开发流程中，强调融合。敏捷开发的过程不再像传统项目那样存在开发阶段和测试阶段之分，开发和测试将被当作一个整体过程看待。在敏捷环境中，所谓的"开发完成"并不是开发人员编码完成，而是开发完成且测试和验证通过，才算真正开发完成。

（3）跨职能团队，强调协作。众所周知，"跨职能团队"无论是在敏捷中还是在 DevOps 中都被频繁提及，跨职能意味着团队不再按照传统的职能型部门的组织方式组织，而是将具备不同专业技能的人才组成一个团队，彼此之间互相协作、互相帮助，每个人都在团队中发挥自己的优势，使团队绩效最大化。

（4）敏捷测试是为了交付业务价值，强调价值。为客户带来业务价值是敏捷的目标，也是敏捷测试的目标，所以要避免为了敏捷而敏捷，杜绝流于形式的做法，一切以客户所需为导向，实实在在地为客户提供业务价值。

以上是敏捷测试最重要的 4 点核心内涵，也是区分传统测试和敏捷测试的 4 条最基本的核心准则。只有真正理解了敏捷测试的内涵，才能在敏捷项目的测试过程中更好地运用敏捷测试的知识指导工作。

2.3 敏捷测试宣言

2.3.1 什么是敏捷测试宣言

在第 1 章中，我们已经清楚地介绍了著名的敏捷软件开发宣言和所需遵循的 12 条原则，那么，敏捷测试是否也存在相应的敏捷测试宣言呢？国外两位敏捷专家 Karen 和 Samantha 在 *Growing Agile: A Coach's Guide to Agile Testing* 中提出了敏捷测试宣言，如图 2-1 所示。

敏捷测试宣言
Agile Testing Manifesto

测试是一个活动　胜于　测试是一个阶段
Testing is an activity Over Testing is a phase

预防缺陷　胜于　发现缺陷
Prevent Bugs Over Finding Bugs

做测试者　胜于　做检查者
Be a tester Over Be a checker

帮助构建最好的系统　胜于　破坏系统
Helping to build the BEST system Over Breaking the system

团队为质量负责　胜于　测试者为质量负责
Whole team takes responsibility for quality Over Tester is responsible for quality

图 2-1　敏捷测试宣言

2.3.2　敏捷测试宣言解读

接下来将详细解读这 5 条敏捷测试宣言。

1. 测试是一个活动胜于测试是一个阶段

在传统的瀑布模型中，测试作为单独的一个阶段存在，并且一般存在于开发阶段之后、上线阶段之前，如果在敏捷中，开发已经进行了改进，如完成的开发单元更小了，但是测试仍然在最后阶段才进行，那么其实没有从根本上改变测试的方式。在敏捷项目中如何判断测试是否被当成一个阶段来处理呢？方法很简单，我们可以查看项目的任务板，如果任务板中有一个单独的"测试"列（分栏），如图 2-2 所示，就表示测试可能仍然被认为是一个阶段，或者有可能变成"小瀑布"，如 2.1 节中所举的例子。

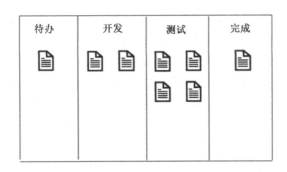

图 2-2　含有"测试"列的任务板

相比之下，测试在敏捷开发中被看成一种活动，它与编写代码等活动没有太大区别。《Google 软件测试之道》中写道："当你把开发过程和测试放到一起，将它们像在搅拌机里一样混合搅拌，直到不能区分彼此的时候，你就得到了质量。"

如何把测试当成开发过程中的活动？秘诀是在开发工作开始之前，先想清楚有什么测试任务可以做，然后把它们展示在任务板上。在任务板上，可视化的一个关键是不要有单独的"测试"列，而是使用不同颜色的便利贴，把测试任务粘贴在"待办"列中，把包括开发任务在内的所有任务放在一起做，这样处理的好处是能够确保在测试任务完成之后，整个用户故事才算开发完成。

另一个技巧是设置"评审"列，把它放在"处理中"列之后、"完成"列之前。大多数团队都会对每个用户故事进行代码评审、文档评审，以及测试用例评审。设置"评审"列背后的思想是，一旦任务完成，就对每个任务进行评审，如果任务很小，这些微评审可能只需几分钟。这至少确保了一点，即团队中至少有两个人已经查看了每一项工作，这种方式有助于更早地捕获和修复问题。不包含"测试"列的任务板如图 2-3 所示。

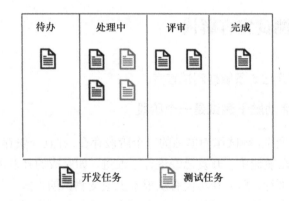

图 2-3 不包含"测试"列的任务板

2. 预防缺陷胜于发现缺陷

传统上,人们认为测试的目的是发现缺陷(Bug)。一些组织甚至基于测试人员发现(或没有发现)的缺陷数量来衡量他们的工作效率,这种思维上的局限性会强化"测试是最后阶段才会开展的事情"这一想法。

敏捷测试的目的是在开始编写代码之前就查找和消除所有假设和未知,以防止缺陷出现,其目的是确保从客户到开发人员,再到测试人员,每个人对需求的理解都完全相同。防止出现缺陷的最佳方法是提问,并且通过沟通来消除彼此理解上的差异。需要注意的是,不要忽略一些大家都认为答案"显而易见"的问题。

3. 做测试者胜于做检查者

传统的测试人员通常不喜欢敏捷,因为缺少详细的规范文档使他们无从下手。测试人员认为自己的工作就是检查被测系统是否符合需求规范,并报告存在差异的地方,认为自己唯一要做的就是检查开发出来的产品是否严格遵守需求规范。实际上,他们对产品本身的质量并未加以关注,只重点关注了产品是否真的满足用户需求。

我们称这项工作为检查。其实最擅长做检查的应该是计算机而不是人,检查 1+1=2 对计算机来说非常容易且不会出错,因为它永远不会感到无聊、疲倦或注意力分散。在敏捷测试中,简单的检查应该被自动化,这样就可以将测试人员从中解放出来,转而投入计算机无法处理的工作,如探索式测试或可用性测试。

在敏捷中,测试人员需要成为客户的代言人,每当客户要求增加一个功能时,可以询问测试人员:"你将如何测试它?"或"你怎么判断它是可工作的?"这有助于理解客户所期望得到的实际结果。同时,还需要把它翻译成验收标准给团队,确保团队能够开发正确的产品。

4. 帮助构建最好的系统胜于破坏系统

在传统模式下,测试人员采用的是破坏性思维,这种思维使开发人员和测试人员之间产生了隔阂。开发人员构建系统,然后测试人员试图破坏系统,这是在强化在传统思维模式下测试仅作为一个阶段存在的观念。

敏捷思维认为测试人员应该帮助构建尽可能高质量的系统,而不应该等到缺陷出现后再去发现它,以显示测试存在价值。事前预防远比事后控制重要。对于敏捷测试人员来说,更应该在开发之前尽力帮助团队构建正确的系统。

5. 团队为质量负责胜于测试者为质量负责

在传统模式下,只有测试人员或测试团队对质量负责,一个产品是否能够发布,他们拥有最终的决定权。这种思维意味着只有测试人员关心质量,也只有测试人员肯花时间确保质量。

而在敏捷中,整个团队都要对质量负责,这有助于团队意识到测试是一种活动,他们都需要参与其中,并且将测试贯穿整个工作过程。如果客户在产品中发现了问题,没有人会质问测试人员为什么没有发现,相反,整个团队会讨论如何共同防止这种情况再次发生。一旦采用了这种思维,测试人员就不再是上线前唯一忙碌的人,整个团队都会参与其中。

2.4 敏捷测试的特点与价值

2.4.1 敏捷测试的特点

既然我们已经知道了敏捷测试是一种新的测试实践,那么它到底有什么特点呢?我认为可以用 5 个 "更" 来归纳总结。

1. 更强的协作

在传统的开发模式中,大部分的沟通模式是 "n" 型模式。例如,开发人员有事情需要测试人员帮忙处理,他们不是第一时间找测试人员,而是先向自己的开发主管提出配合申请,再由开发主管与测试主管协调,测试主管再把事情传达给测试人员并指示配合,这种 "n" 型模式的沟通效率有多低可想而知。当然,出现这种问题的根源是职能型组织架构不合理。而敏捷强调的是跨职能团队,团队内部既有开发人员,又有测试人员,他们在同一个团队中有更多的协作,工作也更加紧密,并且喜欢面对面沟通,而不是通过邮件、文档反复沟通,所以效率自然就提高了。

2. 更短的周期

在传统的开发模式中,一般测试阶段的周期都是按月计算并计划的,比如,系统测试 2 个月、用户验收测试 1 个月等。但是在敏捷中,需求验证或测试的周期不再按月计算,而是按天,甚至按小时计算。同时,用户验收测试也不在最后阶段才进行,而是在每次 Sprint 的结尾都会进行。整个测试被分割成多个小的测试活动,并且分布在每一个 Sprint

迭代周期中，而每个迭代周期中的测试就变得非常短。

3. 更灵活的计划

敏捷宣言强调响应变化，敏捷测试同样也需要拥抱变化。测试计划不再像传统模式一样，由测试经理编写一份非常详细的文档，然后放入文档管理配置库中，最终变成"死"文档。在敏捷测试中，测试计划在最初阶段接受粗粒度文档，因为敏捷项目在开始时，自身的需求并不清晰，而在需求不明确的情况下很难制订一份具体且详细的测试计划。当然，随着时间的推移，我们也需要不断地更新优化，根据业务价值的交付顺序灵活调整测试计划，所以测试计划应该是渐进明细且刚好够用（Just-In-Time）的。

4. 更高效的自动化

相比传统测试，自动化在敏捷测试中扮演了极其重要的角色，是在实现快速交付的同时又能确保质量的一种非常有效的手段。传统测试由于测试的周期较长，测试的资源相对充足，所以通过大量的手工测试人员进行"人海战术"是可行的。但在敏捷测试中，在短时间内仅依靠人工测试来保障产品质量，只会让测试人员疲于奔命，承受巨大的压力，最终带来质量风险和隐患。自动化通过机器代替人工执行操作过程，可以帮助测试人员减少人工操作，将其从重复烦琐、枯燥单调的测试操作中解放出来，让他们更专注于容易出错、存在质量盲区的地方，如通过探索式测试确保整个软件的质量。

5. 更广泛的技能要求

在敏捷环境中，测试人员只执行测试是不够的，因为敏捷团队中的角色职责已经变得模糊。通过 1.3 节的介绍，我们知道在开发团队中没有明确区分开发人员、测试人员等，所以如果出现开发人员做测试、测试人员做开发的情景也不要觉得奇怪。敏捷环境要求具备复合型的跨领域测试专家，而对于复合型人才，目前听到比较多的称呼是"T"型人才，也就是说，除了纵向有一个钻研得比较深的主打领域，还要发展横向的跨领域技能。对于测试人员来说，除了测试领域，还可以发展如业务能力、开发能力或敏捷 DevOps 能力等，用一个词来形容就是"一专多能"。

2.4.2 敏捷测试与传统测试的差异

敏捷测试与传统测试相比，有相同之处，也有不同之处。相同之处在于无论是传统测试还是敏捷测试，其基本的测试方法和测试技术是一样的，如白盒测试方法和黑盒测试方法都可以在敏捷测试中使用，等价类、边界值、错误猜测等测试技术也同样适用于敏捷测试。但是，传统测试和敏捷测试在很多方面也存在差异，可以从测试发生的时间节点、团队沟通、自动化测试等 10 个重要维度进行对比分析，如表 2-1 所示。

表 2-1 传统测试与敏捷测试的差异

重要维度	传统测试	敏捷测试
测试发生的时间节点	测试发生在软件生命周期的最后阶段，在软件发布上线前	测试发生在每次 Sprint 迭代内，以及跨 Sprint 的集成过程中
团队沟通	团队之间的沟通是正式的，很多时候以邮件为载体	团队之间除了正式沟通，还有很多非正式沟通，如口头沟通
测试自动化	测试自动化是可选项	测试自动化被高度推荐。测试自动化是决定敏捷测试成功的重要因素之一
测试标准	测试以需求规格文档为准，用户真正的需求很多时候在转换成需求文档时会失真	测试以用户最终需求为准，敏捷中的行为驱动开发（BDD）实践等就是以用户最终需求为准的
测试计划的详细程度	详细的测试计划。传统模式属于"预定义"过程控制模式，需求相对清晰明确	精益化的测试计划。在最初阶段，需求本身比较模糊，无法也没有必要编写详细的测试计划
测试计划的制订方式	做计划是一次性的活动，因为传统模式按阶段划分，做计划会被安排在最初阶段，后面不再进行相关的计划工作	做计划是持续性的活动，分为不同的级别： • 最初阶段做粗粒度的计划 • 在后续的迭代中不断优化为刚好够用（Just-In-Time）的计划
测试计划制订人	测试主管计划整个团队的测试工作，一般做计划时采用"自顶向下"的方式	团队被授权并主动参与计划，一般做计划时采用"自底向上"的方式，团队成员会更具主动性
需求的详细程度	在最初阶段就要求给出详细的需求，并且需求需要经过严格评审，不欢迎需求变更	在最初阶段允许提出粗粒度的需求，在后面的迭代阶段逐渐细化，欢迎需求变更
需求呈现的方式	标准的需求规格说明书	需求以用户故事的方式呈现
客户参与	在需求被定义后，客户只是有限地参与，只有在需求调研的时候会较多地参与	客户参与贯穿整个项目生命周期，包括每次迭代的计划会和评审会等

2.4.3 敏捷测试的价值

在敏捷项目中，一方面，我们不得不转型为敏捷测试，不能继续使用传统开发模式下的测试方法；另一方面，敏捷测试本身也具有特定的价值。

1. 加快上市时间，缩短价值交付周期

敏捷测试可以帮助加快上市时间（Time-to-Market），从而缩短价值交付的周期。首先，敏捷把产品开发划分为多次迭代，并且在每次迭代交付潜在可用的、有价值的产品给客户，没有经过测试的产品不能发布给客户。敏捷测试确保每次迭代都有测试活动，从而保证每次迭代的有价值输出都是经过测试的，以便尽早达到发布条件，让最终用户尽快得到最小可行产品（Minimum Viable Product，MVP），尽快获取业务价值。其次，敏捷测试对自动化的要求更迫切，可以通过全栈式的自动化测试提高测试效率，从而缩短测试周期。最后，更早、更频繁地测试，及时修复缺陷，避免所有的问题都堆积在最后的测试阶段，造成"大爆炸"（Big-Bang）式的灾难性后果，同时降低整体返工的可能，避免在缺陷修复循环中打转，缩短价值交付周期。

2. 质量由团队保障，提高整体产品质量

质量是构建出来的，不是测试出来的。敏捷测试强调，质量是团队所有人的责任，除了测试人员，包括开发人员、产品负责人在内的所有团队成员都有义务对产品的质量负责，这样才能确保项目的整体质量。敏捷团队判断一个需求特性被完成的标准不再是开发人员把代码编写出来，而是开发完成且测试确认没有问题后才算完成，这样才能提高整体的产品质量。

3. 化繁为简，节省成本

首先，敏捷测试不要求详细的测试计划和测试文档，也没有定义繁复冗长的测试流程和缺陷管理流程，在测试管理方面完全遵循敏捷思想中的轻量级管理模式，从而为测试人员减少了不必要的负担，节省了工作量及成本。其次，敏捷测试提倡尽早测试，越早发现缺陷，修复的代价越低，以此有效降低了不良质量成本（Cost of Poor Quality，COPQ）。最后，敏捷测试分小批量迭代执行，可以有效地应对变更带来的影响，减少变更造成的浪费，从而节省变更成本。

2.5 本章小结

本章讨论了传统测试在敏捷环境下面临的挑战，并且对敏捷测试进行了介绍，包括敏捷测试的定义、敏捷测试宣言、敏捷测试的特点与价值等。同时，还介绍了敏捷测试与传统测试的差异，使测试人员能够通过敏捷测试与传统测试的比对，对二者有更全面地了解。

本章的主要内容如下。

（1）传统测试在敏捷环境下会面临时间极短、文档极少、变更极频繁、资源极缺的挑战。

（2）敏捷测试是一套遵循敏捷软件开发原则的软件测试实践。敏捷开发将测试集成到开发过程中，而不是将其作为单独的阶段。因此，测试是核心软件开发的一个组成部分，并且融入软件开发过程。

（3）敏捷测试宣言包括测试是一个活动胜于测试是一个阶段；预防缺陷胜于发现缺陷；做测试者胜于做检查者；帮助构建最好的系统胜于破坏系统；团队为质量负责胜于测试者为质量负责。

（4）敏捷测试具有更强的协作、更短的周期、更灵活的计划、更高效的自动化、更广泛的技能要求等特点。

（5）敏捷测试的价值包括缩短价值交付周期、提高整体产品质量、节省成本等。

第 2 篇
敏捷测试转型

第 3 章 敏捷测试转型框架

3.1 敏捷测试转型模型

3.1.1 敏捷测试转型模型概述

前面的内容讨论了传统测试在敏捷环境中需要进行转型,才能应对快速迭代的工作模式。但是,传统测试究竟需要在哪些领域做出转变呢?我们知道,转型并不是一件简单的事情,不是简简单单在某一方面做些改变就能成功的。转型这个词本身是指事物的结构形态、运转模型和人们观念的根本性转变过程,而根本性转变是从内到外的,不只是做事方式的转变,还涉及意识、思想观念等方面的转变。传统测试往敏捷测试转型亦如此,不仅"形"要转变,更重要的是"神"也要转变,而这个"神",指的就是文化,具体来说,就是整个团队需要具备敏捷文化,这将会在 3.2 节中具体讨论。

当然,仅文化转变还不够,除了文化,组织架构、流程、实践等方面也要做出相应的转变,这些都将与传统测试有很大不同,如图 3-1 所示为一个可以指导行动的敏捷测试转型模型。

图 3-1 敏捷测试转型模型

值得注意的是,除文化外,上述敏捷测试转型模型还涉及 3 个要素:组织、流程和实践。其实,在质量领域也有一个非常著名的模型,叫作"质量铁三角",是指影响质量的 3 个要素:组织(人)、流程、技术(工具)。可以看出,敏捷测试转型模型和质量铁三角考虑的领域不谋而合。

3.1.2 敏捷测试转型模型要素与形状

1. 敏捷测试转型模型要素

接下来进一步讲解这个模型,先来介绍模型涉及的 4 个要素。

(1)文化。

正如上文所述,文化转变是敏捷测试转型的基础,脱离了文化,敏捷测试转型就像无根之木、无源之水,最终可能变成"伪敏捷"。文化转变可具体到人的意识和思想观念的转变,是整个敏捷测试转型体系中最重要的要素。但是,转变人的思想和意识是一件非常困难的事情,是一个漫长的过程,很难通过开几个宣讲会、做几次培训"洗脑"就实现,所以文化转变在敏捷测试转型模型中既是最重要的,也是最困难的要素。

(2)组织。

整个转型过程都离不开组织,只有组织结构与未来的目标匹配,才能确保转型成功,所以转型一定会涉及组织这个要素。组织非常重要,其会对敏捷测试转型的成功产生重大的影响。因此,在图 3-1 的敏捷测试转型模型中,组织是在文化要素之上的一个要素。敏捷本身强调的是跨职能团队,因此传统的职能型组织结构将是实施敏捷时面临的一个较大阻碍,我们需要做出改变,以更好地适应敏捷。

(3)流程。

组织涉及的是人,而人需要改变做事的方式和过程,也就是工作流程。在敏捷模式下的流程和传统测试的流程存在较大不同,这就需要对测试角色、职责、流程等进行调整,以适应敏捷的快速迭代的开发特点。

(4)实践。

除了文化、组织和流程,还有一个要素是实践,也就是在技术层面是否有落地的手段。在传统测试中,自动化测试并不是不可或缺的,但是在敏捷环境中,自动化测试被高度推荐,并且扮演着非常重要的角色。此外,敏捷还有许多不同的实践,这些实践很多都与测试有关,如测试驱动开发(TDD)、行为驱动开发(BDD)、验收测试驱动开发(ATDD)等。我们在测试时可以借鉴和采纳这些好的实践,在测试过程中充分利用这些已经被证明有效的实践,从而更加自信地进行敏捷测试转型。

2. 敏捷测试转型模型形状

接下来讨论模型的形状。为什么把文化放在敏捷测试转型模型的底层,上层是组织,再上层是流程,顶部是实践?大家看到的敏捷测试转型模型是一个三角形的形状,很容易联想到敏捷大师 Mike Cohn 提出的测试金字塔(详细内容见 5.2 节)。测试金字塔分为 3 层,底层是单元测试,中间层是 API 服务层测试,顶层是 UI 界面测试。底层的面积占三角形总面积的比例最大,这说明需要把较多的精力放在单元测试上。其实,敏捷测试转型模型和测试金字塔的表达原理是一样的。文化是整个敏捷测试转型中最重要也是最困难的要素,所以它也是我们需要花费最多精力和给予最多关注的要素。同理,实践与其他要素相比是相对容易实现的,所以我们把它放在了顶部,最终形成了图 3-1 所示的金字塔形状。

3.1.3 敏捷测试转型模型的实施重要程度与实施困难程度

1. 实施重要程度

在讨论完形状后，再来分析实施重要程度这个维度。如图 3-1 所示，在敏捷测试转型模型中，对于文化、组织、流程和实践这 4 个要素，如果从实施的重要程度来看，重要性排序应该是文化>组织>流程>实践。这带给我们的启示是，在敏捷测试转型中，切忌抛弃文化转变而只关注后面的流程或实践，并不是团队照搬了 Scrum 的流程就能说这个团队已经是敏捷的了，这是很多组织或团队对敏捷的误解。以下是我亲身经历的一个例子。

我曾经给一家企业做过短暂的测试咨询，当时这家企业宣称其项目是按敏捷 Scrum 的模式进行开发的，我在访谈该项目测试经理时曾询问："你们项目的一些问题有没有在 Sprint 回顾会上讨论过？"测试经理回答："以前我们是有 Sprint 回顾会的，但是后来发现在会上大家都不怎么发言，就觉得是在浪费时间，于是就取消了。"我又追问："为什么大家在会上都不发言呢？"测试经理回答："大家觉得提的问题很多时候都解决不了，提了也没用；而且老板有时候也会参加，大家就不想说话了。"

在这个例子中，尽管项目照搬了敏捷 Scrum 框架，但是至少在 Sprint 回顾会这一部分并没有做好，而且老板参会就无人敢发言，其根源在于整个组织缺乏免责文化，大家都不敢说，不敢提意见，怕说多错多，久而久之，Sprint 回顾会就流于形式而不产生效果了。这是一个典型的忽视文化转变而只注重流程转变的例子，其结果是项目一定无法收获敏捷带来的好处。

2. 实施困难程度

再来分析另外一个维度，也就是实施困难程度。如图 3-1 所示，如果从实施困难程度来看，其排序应该是文化>组织>流程>实践。与前面的观点相同，采纳一个新流程、新实践并不难，例如，我们花费几天时间就能搭建出一条 CI/CD 部署流水线，但若要转变人的思想观念，或者转变整个组织的文化，则并非一朝一夕就可实现，而是需要持续不断地努力。虽然这一转变过程很艰难，但如果在这点上不做改变，那么转型极大概率会以失败告终。

3.1.4 敏捷测试转型模型实施顺序

还有一个备受关注且非常有必要讨论的内容就是实施顺序。依照敏捷测试转型模型，到底是采用"自顶向下"的顺序，还是采用"自底向上"的顺序实施呢？在这一点上没有严格的标准和建议，因为每个企业和组织的情况都不一样，而不一样的环境可能会影响实施策略的选择，比如，某组织的老板魄力很大、很强势，而且也非常支持敏捷测试转型，那么就可以实施"自底向上"的策略。而如果某组织的老板相对比较保守，是希望能慢慢摸索和试验，等看到一些成果后再做决定的稳健型风格，那么就可以采取"自顶向下"的策略，通过先实施一些小的"Quick-Win"的实践，得到快速反馈和获得收益后再大力推广。还有一种策略就是双头并进,即"自底向上"和"自顶向下"相结合。在组织的基因与敏捷理念比较吻合、敏捷基础比较好,同时也具备一些能够实施自动化测试等敏捷实践的资源时,比较适合使用这种策略。所以,实施顺序并没有唯一标准,每个企业需要根据实际情况制订适合自己的最佳转型实施策略。

3.2 敏捷测试文化

3.1 节整体介绍了敏捷测试转型模型,接下来对该模型进行深入介绍。首先,讨论文化的转变。

敏捷文化是敏捷测试转型的基础,只有具备敏捷文化的氛围,对组织架构、流程和相关测试实践的调整才能起作用。在前面的敏捷测试定义中,敏捷测试是遵从敏捷软件开发原则的一种测试实践,这意味着敏捷的价值观、敏捷软件开发宣言和敏捷宣言遵循的 12 条原则等同样适用于敏捷测试。此外,从传统测试到敏捷测试的文化转变还包括组织文化转变、管理文化转变,以及在转变过程中可能遇到的障碍等。

3.2.1 组织文化转变

1. 小心变成"质量警察"

在传统测试中,测试部门或测试团队是产品发布到产品生产前的最后一道屏障,因此,测试人员在项目中充当了"质量警察"的角色。在项目测试过程中,项目管理办公室或项目经理会咨询测试经理的意见,判断产品是否达到了上线的条件和要求。测试经理的反馈将影响项目管理层的上线决策。

而在敏捷测试中,测试人员不再被赋予这样的权力和职责,项目的发布与否也不再依赖某个人或某个组织,而是整个敏捷团队的决策。因此,测试人员必须转变思想,不要抱有测试人员是决定项目上线的判官这一心理,而是要从实际出发,根据敏捷测试的实践要求进行测试。

2. 保持可持续的速度,而不是在项目的最后阶段进行快速激烈的测试

在传统项目中,测试发生在产品上线前的最后阶段,所以经常看到测试人员在上线前的一段时间非常繁忙,压力很大,甚至经常加班完成测试任务,而组织也默认这种加班文化,认为牺牲项目成员的休息时间来"死守"上线时间也无可厚非。可想而知,测试人员在极度疲惫的情况下,测出来的质量是无法保证的。

而在敏捷测试中,长期加班的文化是不被认可的。在敏捷中,判断团队能否加班的原则之一就是团队能否保持可持续的速度。如果只是偶尔加班处理紧急的事情,不影响整体的交付速度,那无伤大雅;而如果是长期加班使测试人员处于一种疲劳、沮丧、情绪低落

的状态，如何还能保证可持续的速度呢？因此，传统模式最后阶段的测试需要被切分成不同的迭代片段，并且融入每次 Sprint 中，这样才能使整个测试工作趋于平均，从而保证可持续的速度。

3. 合作伙伴式的客户关系

在传统测试中，客户与测试人员是甲方与乙方的关系，因此，很多测试人员都不愿意主动和客户沟通交流，遇到需要澄清的问题不是直接找客户咨询，而是找开发人员或业务分析师（BA）沟通，然后再让开发人员或业务分析师与客户沟通，从而失去了掌握第一手资料的机会，也增加了沟通成本。

而在敏捷测试中，客户与测试人员不再是甲方与乙方的关系，而是合作伙伴关系，大家拥有共同的目标，那就是使项目获得成功，所以客户会更频繁地参与项目各方面，而测试人员也需要更主动地与客户沟通，了解客户需要什么、关注什么、担心什么，从而更好地开展测试工作。

3.2.2 管理文化转变

1. 每个团队都有能力做出决策

在传统测试中，决策往往取决于项目中的少数人，如项目经理或项目管理办公室（PMO）等，但是在敏捷团队中，已经没有项目经理或项目管理办公室这类角色，那么谁来做决策呢？答案是团队。

每个团队都有能力做出决策，这个能力有两层含义：一是外部相关，是指组织或公司需要赋权给团队，让团队有权利自己做出相关的决策；二是内部相关，是指团队必须有能力判断并做出正确的决策。

2. 提倡免责文化

在传统测试中，我们经常会看到版本上线后的回顾会变成了追责会，会议的重点是讨论上线后的缺陷应该谁来负责？需求部门把责任推给开发部门，开发部门把责任推给测试部门，测试部门把责任推给需求部门，大家不是在讨论下次如何避免再出现同样的问题，而是想方设法把责任推给别人。出现这种情况的原因在于很多组织的绩效考核都与上线后的缺陷挂钩，大家为了各自的利益而拼命"甩锅"。

无论是敏捷还是 DevOps 领域都提倡免责文化，也就是不把犯错误和绩效考核挂钩，原因在于敏捷是基于经验的，在敏捷的环境中，我们需要保持不断创新、不断尝试的勇气，而创新尝试具有很高的风险。在这种情况下，如果还是把失败与绩效挂钩，就会打击尝试者的积极性，久而久之，大家宁愿墨守成规，也不愿意尝试创新，整个组织或项目最终将失去不断自我改进的活力。所以，在敏捷中不但应该不怕犯错，而且应该尽早犯错，以便及时调整后续策略。

3. 管理层需要具备敏捷知识

有些领导觉得敏捷是员工应该学习的内容，因为他们是具体工作的人，而管理层没必要学习，这其实是一个错误的想法。Richard Knaster 和 Dean Leffingwell 在《SAFe4.0 精粹：运用规模化敏捷框架实现精益软件与系统工程》中提道："企业的领导者必须拥抱'精益-敏捷'思维。如果领导者只是通过语言而不是自身的行动来支持'精益-敏捷'思维，人们很快就会认识到他们不是在全心全意地推动变革。他们必须知晓方法，强调终身学习，需要用新的行为践行这些价值观、原则和实践。所以在规模化敏捷 SAFe 的系列培训课程中，专门有一门课程叫作 Leading SAFe，主要对管理层和主管级别以上的领导进行培训。"

管理层必须知道与敏捷过程相关的度量标准，如 Scrum 中使用 Sprint 和 Release 燃尽图跟踪用户故事的完成情况，同时还需要通过分享他们的业务观点来鼓励团队将投资回报率（ROI）最大化。总之，管理层如果具备敏捷知识，并且积极支持和践行敏捷，那么对敏捷测试的转型将会带来非常大的帮助，也会大大提高敏捷测试转型的成功率。

3.2.3 文化转型障碍及解决方法

任何转型都不是一帆风顺的，可以预料，在转型实施的过程中一定会碰到各种障碍，以下是部分可能存在的障碍和解决方法。

1. 组织变化带来的恐惧

在敏捷环境中，组织架构不再与传统的职能型部门架构一样，测试人员也不再属于测试部门，这迫使测试人员离开了熟悉的组织环境。新环境会让测试人员感到陌生，从而令他们感到恐惧，例如，以前测试人员碰到问题可以直接向测试部门经理反映，很多事情测试部门经理会帮忙协调和处理，而在新环境中，没有这样的角色可以为测试人员提供帮助，很多事情可能需要他们自己协调团队解决，这种改变会让测试人员无所适从，对未来感到害怕，从而迷失自我。

要移除这个障碍有以下两种解决方法。一是在 Sprint 回顾会上正面讨论测试人员的恐惧，团队集思广益，共同解决。要让测试人员知道，如果遇到问题，团队一定不会袖手旁观，从而消除测试人员的恐惧感。二是组织需要规划和制订属于测试人员的职业发展路线，让测试人员能够清晰地知道未来的发展方向，减少其对未来的迷茫感。

2. 缺乏对敏捷概念的基本认识

许多测试人员没有接触过敏捷，也没有参加过相应的敏捷知识培训。不少企业在安排敏捷培训时往往会重点安排开发人员参加，而忽略了测试人员。他们天真地认为敏捷开发，顾名思义，是开发人员的事，测试人员只需和以前一样编写测试用例、点击鼠标执行测试即可。所以，当突然被安排了某个敏捷项目时，一方面因为自身对敏捷流程不熟悉，另一方面项目也没有指南可以帮助克服角色之间的文化差异，测试人员最终无法跟上整个项目的开发节奏和进度。

要移除这个障碍可以参考以下两种解决方法：一是为测试人员提供敏捷相关知识的培训，让测试人员至少了解什么是敏捷，以及敏捷开发和传统开发的差异等基础知识，一旦测试人员了解了相关知识，就会消除恐惧，并且逐渐适应这样的环境；二是 Scrum Master 或敏捷教练在辅导团队的时候，需要对这些没有敏捷经验的测试人员多加关注，耐心地引导和教导他们，让他们能够在相对宽松的实战项目中逐渐进步，提升敏捷知识。

3. 无法满足更高的技能要求

在传统职能型部门，测试人员的任务相对单一，只需要做好相关的测试工作即可。而在敏捷跨职能团队中，测试人员的任务并不局限在测试范畴，还有可能要处理任何对团队有益、能帮助团队更快速交付的活动，如帮助开发人员与业务部门澄清需求、参加开发人员的代码评审等。这些工作都需要测试人员拥有除测试技能外的更广泛的技能，如代码阅读能力、需求沟通能力等，对测试人员的综合能力要求变得更高了。而这些对于以前只有单一技能的测试人员来说，在短时间内想要提高的难度很大。

要移除这个障碍可以参考如下两种解决方法。一是可以成立测试实践社区，让测试人员能找到组织，在组织中，大家互相学习、共同进步，从而提升测试人员的技能；二是对于部分技能要求较高的岗位，可以考虑从外部招聘合适的人员来补充团队力量。

总体来说，企业需要为团队的测试人员给予更多的培训和指导，帮助他们尽快学习敏捷相关知识，克服因为不懂敏捷而带来的恐惧，尽快完成角色转换，以适应项目需要。

3.3 敏捷测试组织与个人

3.3.1 敏捷测试组织架构转变

传统的项目组织基于职能型组织架构，团队成员来自不同的职能部门，如需求部门、开发部门、测试部门等。团队成员的管理如绩效考核等，并不取决于项目，而是取决于各职能部门。这种组织架构带来的问题之一就是沟通模式成为"n"型模式，效率非常低，比如，部门 A 的成员 X 有问题需要部门 B 的成员 Y 协助，成员 X 不是直接与成员 Y 沟通，而是先向部门 A 的领导反映，然后由部门 A 的领导和部门 B 的领导沟通反馈，再由部门 B 的领导把信息转给部门 B 的成员 Y。在这个过程中，信息绕了大半圈才传递给成员 Y，沟通效率非常低。

而在敏捷环境中，组织架构需要转变为跨职能团队，如图 3-2 所示，也就是在团队中存在掌握不同技能的人员，可能包括业务分析师、开发人员、测试人员、架构师，甚至是数据管理员（DBA）等角色。这些角色会紧密地共同协作，同时，他们作为自组织的团队，拥有自主管理权和项目决策权，能够为整个项目负责。在这种模式下，团队沟通会变得更加直接且更加有效，成员之间无须经过第三方传话，而是面对面沟通，大大提高了沟通效率。

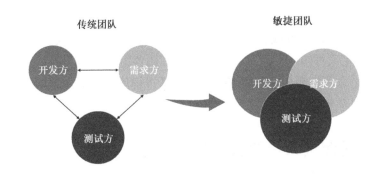

图 3-2 组织架构转变

3.3.2 组织架构转变后的测试人员的归属感问题

接下来再讨论关于组织架构调整后敏捷测试人员的归属感问题，这也是我在做完敏捷测试讲座后，测试人员经常问的问题。

在传统开发模式中，测试人员归属测试部门，测试人员的管理和绩效评定也由测试部门负责，这种模式的好处在于测试人员归属感强，因为掌握相同的技能，所以测试人员之间可以很好地学习和分享，但是在敏捷项目中，其缺点非常明显，整个团队的沟通和协作会受到很大阻碍，不适用于敏捷这种快速的交付方式。

在敏捷开发模式中，测试人员归属项目，测试人员的日常工作安排都是由项目自发组织安排的，绩效评定很可能由负责这个项目的领导管理，这种模式的好处是对于项目而言，整体的沟通和协作机制非常有效，能够提升整个团队的敏捷交付能力，其缺点在于测试人员对于未来比较焦虑，担心当前项目结束后该如何发展，以及他们的个人职业发展和技能培养谁来关心？

那么，有没有两全其美的方法呢？有两种解决方法可供参考。

一是在组织内成立卓越测试中心（Testing Center of Excellence）。卓越测试中心是测试人员的资源池，同时也肩负着培养测试人员技能和规划职业生涯发展的职责，它和以前的职能型测试部门的最大区别是当测试人员做项目时，卓越测试中心不能干涉和管理测试人员，测试人员完全属于项目；而当项目结束后，测试人员从项目中解放出来并回归卓越测试中心的资源池，在还没有安排下一个项目的时候，卓越测试中心应该负责对他们进行日常管理，同时也需要对他们进行技能培养和帮助他们实现技能提升，这样，测试人员无论是否在项目中，都有一种归属感，同时也不会影响项目的具体协作与交付。而在绩效评定的时候，应由卓越测试中心牵头，但是具体的输入由各项目的负责领导决定。为什么需要这样处理呢？因为一名测试人员在一年当中有可能会做多个项目，如果绩效评定由最后那个项目的负责领导决定，那么他在前面几个项目的表现就会被忽视，所以建议由卓越测试中心牵头，按照每个项目的工作时长，以及项目的重要性设置简单的权重比例，然后综合各项目的反馈对测试人员进行全面的绩效考评。

二是成立测试实践社区（Testing Communities of Practice，TCoP）。在规模化敏捷 SAFe

中，测试实践社区是被如此定义的：测试实践社区是一个由团队成员和其他专家组成的非正式团体，他们在一个项目群或企业环境中活动，并且拥有在一个或多个相关领域分享实践知识的使命。由定义可知，TCoP 不是一个正式的团体组织，所以与卓越测试中心相比，测试人员在其中不会产生那么强的归属感，但是其可以成为测试人员的"精神乐园"，测试人员可以在里面互相学习与分享，减少迷茫感。

3.3.3 传统测试人员的转变法则

文化的转变具体体现为人的意识和思想观念方面的转变。美国著名敏捷测试专家 Lisa Crispin 和 Janet Gregory 在合著的 *Agile Testing: A Practical Guide for Testers and Agile Teams* 中列出了对于敏捷测试人员来说非常重要的 10 条法则。

- 提供持续反馈：测试人员天生就是信息反馈者。
- 为客户创造价值：测试人员比开发人员更了解客户需要什么。
- 进行面对面沟通：业务团队和开发人员经常使用不同的语言，测试人员可以帮助他们拥有一种共通语言。
- 勇气：要有勇气允许自己失败、他人失败，要有勇气寻求帮助。
- 简单化：通过最简单的方法验证功能已经达到客户的质量要求。
- 持续改进：努力把工作做得更好。
- 响应变化：响应变化是敏捷实践的重要价值。
- 自我组织：团队文化贯彻于敏捷测试理念。
- 关注人：敏捷团队成员互相尊重并认可个人成就。
- 享受乐趣：保持对工作的激情。

关于每条法则的详细内容，本书中不再一一介绍，读者可以自行查阅上述经典著作。这 10 条法则对于已经身处敏捷项目的测试人员来说可以称得上是黄金法则，但是对于正在转型中的传统测试人员，有什么类似的法则可以为他们提供帮助呢？我总结了包括勇气、自我提升、主动沟通、发挥长处和融入团队在内的 5 条传统测试人员转变法则，为那些想转型或正在转型的测试人员提供帮助。

1. 勇气

这里提到的勇气和 *Agile Testing: A Practical Guide for Testers and Agile Teams* 一书中所说的勇气有相似之处，但也存在一些差异。这里提到的勇气更强调在转型过程中所需要的信心和决心，因为任何转型都会带来一定的不确定性。人们需要离开自己的舒适区，进入自己不能把握和未知结果的区域，因此会产生恐惧。此时如果没有坚持到底的恒心、没有对未来获得成功的信心，那么很可能遇到困难就会放弃，从而使转型半途而废。所以，在转型过程中，最重要的一点就是要有勇气，有勇气坚持转型，最终才可能收获成功。

2. 自我提升

在转型过程中，如果自身没有过硬的本领，只靠勇气也是行不通的。在传统职能型组织部门，很多测试人员只需专门负责某项工作，这导致测试人员的技能十分单一。而在敏捷型项目中，每个人都需要成为"T"型人才，也就是除了拥有一技之长，还需要有一定的知识面。所以，测试人员需要尽快地学习和补充其他领域的知识，特别是敏捷方面的知识，只有不断提升自我，才能在敏捷项目中做到游刃有余。

3. 主动沟通

虽然在前面我们已经强调了测试人员需要尽快提升个人技能，但是从实际的情况来看，罗马不是一天建成的，知识与技能也不可能在短时间内马上学会并运用自如，需要时间和经验的不断累积。但是，很多项目不会留给测试人员足够的自我学习和提升时间，它们需要的是"招之即来，来之即战"的"即插即用式"的测试人员，此时如果测试人员匆忙"上马"，肯定会遇到很多困难和问题。为了应对和减少因此产生的风险，测试人员需要主动沟通，遇到困难需要尽快告知团队。不少测试人员或许对自己非常自信，以为自己能解决困难，或许为了不让领导觉得自己不能胜任工作，碰到问题不尽早提出，往往等到最后一刻解决不了了才说出来这个"惊喜"，此时即使团队其他成员想帮忙，也可能无力回天。所以，测试人员一定要主动沟通，有问题尽早提出，大胆寻求帮助，从而减少在转型过程中带来的各种风险。

4. 发挥长处

测试人员和开发人员的区别其实只是工作内容上的区别，很多人认为他们在能力上也有差别，认为开发人员的综合技能比测试人员强，这其实是一个误解。原因在于很多项目经理认为开发工作比较难，只有高端人才才能胜任，而测试工作简单，只是点点鼠标，是"熟练工种"，因此，他们在招聘的时候，给开发人员的工资会比测试人员的工资高很多。而在人才市场上，"一分钱一分货"，什么样的工资决定招到什么样的人才，你不能期望一个工资比开发人员少很多的测试人员能力还与开发人员处于同一水平，这显然是不合理的。一位优秀的测试人员能给项目带来的价值和贡献绝对不会比一位开发人员少。对于测试人员来说，最重要的是找到自己的核心竞争力，需要经常审视自己在项目上具备哪些优势，以及能给项目带来哪些价值。例如，测试人员比开发人员更懂得模块之间的上下游关系、对整体的系统架构更有全局感、更熟悉端到端的业务流和数据流等。测试人员还需要考虑如何最大限度地发挥自己的长处，为项目带来一些开发人员无法提供的价值，这样才能在项目中奠定自己的地位，而不是经常抱怨测试人员不受重视，却无能为力。

5. 融入团队

测试人员在加入项目后，需要转变以前在传统职能型组织架构下的惯性思维，不要把自己当作"质量警察"，而是应该作为团队中的一分子，将自己融入团队。在敏捷项目中，开发与测试没有明确的界限划分，开发人员有可能做测试的工作，而测试人员也有可能帮助做开发的工作。所以，作为测试人员，一定要摆正心态，不能因为这不是测试的工作而拒绝，而是应该在项目出现瓶颈时尽全力帮助团队克服瓶颈，为项目创造价值。

3.4 敏捷测试流程

3.4.1 Scrum 层级与需求抽象层级

在讨论完敏捷测试文化、组织架构后，接下来讨论敏捷测试流程。在介绍敏捷测试流程之前，我们需要了解 Scrum 的不同层级和需求的不同抽象层级。

1. Scrum 的不同层级

Jeff Sutherland 和 Ken Schwaber 共同发布的《Scrum 指南》相对较简单，内容只有 20 页左右，其中主要阐述一次 Sprint 的具体执行过程，对版本层级与产品层级并未进行详细介绍。Kenneth S. Rubin 的《Scrum 精髓：敏捷转型指南》对此做了很好地补充。Kenneth 在书中介绍了 Scrum 的多层级规划，从高到低分别是产品组合规划、产品规划、版本规划、Sprint 规划和日常规划，如图 3-3 所示。

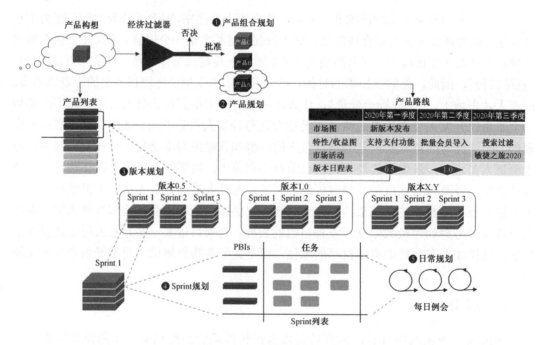

图 3-3 Scrum 的多层级规划

（1）产品组合规划主要用来确定需要完成什么产品、按照什么顺序完成，以及需要持续多长时间，是考虑将不同产品通过最优组合实现组织利益最大化的过程。一个产品组合包含多个产品。

（2）产品规划主要是获得潜在产品的基本特性并为创建该产品制订大致计划。一个产品规划包含多个版本。

（3）版本规划主要是针对产品按版本的增量交付而实现范围、日期和预算之间的平衡。一个版本包含 1 次或多次 Sprint。

（4）Sprint 规划是在每次 Sprint 开始时进行的，是对团队在本次 Sprint 中需要做哪些特定的产品待办事项（Product Backlog Item，PBI）达成一致意见的过程。

（5）日常规划其实就是团队的每日例会，它形成的是 Scrum 中最详尽、最具体的计划。

2. 需求的不同抽象层级

我们再来看需求的抽象层级结构。在敏捷中，根据需求颗粒度的大小及详细程度的不同，可以划分出不同级别的需求。这是为什么呢？前面已经介绍了 Scrum 的不同层级，如果在做产品规划或版本规划时使用的是 Sprint 级别的用户故事，那么需求会显得太细致、太多。试想一下，如果在做产品规划时拿着 500 个 Sprint 层级的用户故事向高管介绍，这会让他们湮没在大量无关的细节中，从而迷失重点；而如果用户故事只有一种大小，就必须在一开始把所有需求的细节定义到较小颗粒度的级别，这明显不符合敏捷"刚好够用"（Just-in-Time）的原则。所以在做产品规划或版本规划时，我们不需要这么细致的需求，需要的是更少、更粗略、更抽象的条目。

因此，根据需求抽象程度的不同，可以把用户需求分成以下 5 个层级，其结构如图 3-4 所示。

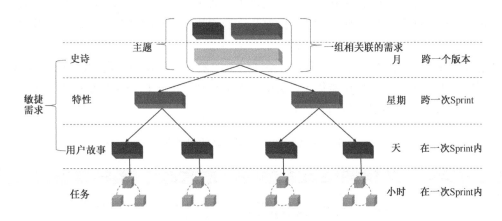

图 3-4 用户需求抽象层级结构

（1）史诗：属于最高层级的需求，通常颗粒度比较粗。一般一个史诗为一至几个月，可跨一个或多个版本。

（2）特性：属于第二级别的需求，通常以周为单位，但是对于单次 Sprint 来说还是有些大。

（3）用户故事：最小粒度的用户需求，以天为单位，必须在一次 Sprint 内完成。

（4）任务：位于用户故事的下个层级，但是任务不是需求，而是为了完成用户故事需要做的工作。通常任务是一个人独立完成的工作，有时也有可能需要两个人结对完成，一般以小时为单位。

(5)主题:是一组相关联的需求的总称,通常这些需求具有共性或属于同一个功能域。

3.4.2 敏捷测试的类型

在了解了 Scrum 层级及需求抽象层级后,再来看看其对测试有什么影响。不同的敏捷工件需要的测试范围和测试策略也不同。

- 代码:在 Sprint 层级中,需要对代码进行质量扫描和单元测试,主要测试独立的代码单元是否正确。这个测试将在单次 Sprint 内完成,不会跨 Sprint 进行。
- 用户故事:在 Sprint 层级中,主要的测试对象是用户故事。我们需要根据用户故事的验收标准进行测试,这个测试是在 Sprint 迭代的过程中执行的,不会跨 Sprint 执行。
- 特性:在版本发布层级中,测试的对象是特性,主要测试一些用户故事之间如何协同工作,以向用户交付更大的价值。在这个测试中,部分可以在 Sprint 内完成,部分需要跨 Sprint 完成。
- 史诗:在版本发布层级中还会以史诗为对象进行测试,主要是测试跨多个特性的核心业务流程,通常需要进行端到端的集成测试。这个测试通常要跨 Sprint 才能完成。

此外,对于非功能性的性能测试,无论是用户故事、特性还是史诗,都需要考虑进行性能测试。在敏捷中,性能测试也需要提前并分迭代执行,不能只在最后阶段才考虑。关于性能测试的具体内容可以阅读 7.1 节。

通过上述介绍,读者可以了解到,对不同层级的敏捷工件使用不同的测试策略将有助于把测试集中在交付的完整功能集上,从单元测试级别粒度一直到端到端核心业务流,敏捷测试中不同级别的测试类型如表 3-1 所示。

表 3-1 敏捷测试中不同级别的测试类型

敏捷工作	测试类型	描述	是否在Sprint内
史诗	端到端集成测试	在更进一步的抽象层级操作,通常跨越多个特性并表示组织的核心业务流程。在"程序增量"过程中执行(例如,发布Release)	否
特性	特性或能力验收测试	在用户故事的更高抽象层级进行操作,通常测试一些用户故事之间如何协同工作以向用户交付更大的价值。在"程序增量"过程中执行(例如,发布Release)	部分
用户故事	用户故事验收测试	功能测试旨在确保每个新用户故事的实现都交付了预期的行为(由验收标准定义)。测试是在迭代过程中执行的(例如,Sprint)	是
代码	单元测试和代码质量扫描	独立地测试小的、定义良好的代码单元,根据已知的输入检查期望的结果。每次代码检入时执行常规的代码质量扫描	是
代码、用户故事或史诗(L1、L2或L3级别性能测试)	性能测试	测试一个组件、用户故事或版本的响应时间、可伸缩性和其他非功能性考虑	部分(L1级别性能测试)

注:L1 级别主要是针对代码单元组件模块级别进行的性能测试,L2 级别主要是针对用户故事级别进行的性能测试,L3 级别主要是针对整个版本端到端级别进行的性能测试。

从表 3-1 中可以看出，有些测试类型是在 Sprint 内进行的，而有些测试类型是需要跨 Sprint 执行的，因此，可以简单地把敏捷测试分成两大测试类型：一类是 Sprint 内测试（In-Sprint Testing），另一类是跨 Sprint 测试（Cross-Sprint Testing），如图 3-5 所示。

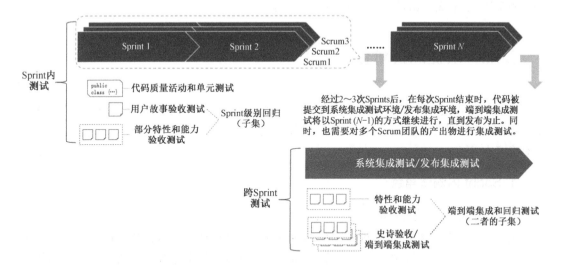

图 3-5　两大敏捷测试类型

1. Sprint 内测试

Sprint 内测试，顾名思义，就是在单次 Sprint 内可以完成的测试，主要包括如下测试活动。

（1）代码质量活动，如代码扫描等。
（2）单元测试。
（3）用户故事验收测试。
（4）部分特性和能力验收测试。

2. 跨 Sprint 测试

与 Sprint 内测试对应，跨 Sprint 测试需要对多次 Sprint 或多个 Scrum 团队的产出物进行集成与端到端的测试，主要包括如下测试活动。

（1）特性和能力验收测试。
（2）史诗验收测试。
（3）端到端集成测试。
（4）回归测试。

从图 3-5 中可知，在最开始的 2～3 次 Sprint 内，因为项目刚刚开始，测试人员更多会考虑 Sprint 内测试，包括单元测试、代码质量活动、用户故事验收测试，以及部分特性和能力的验收测试等。在进行了 2～3 次 Sprint 后，因为有些特性或史诗已经被全部完成，所以在每次新的 Sprint 结束后，就要把代码提交到系统集成测试环境或发布集成环境中进行端到端的集成测试，如在 Sprint 3 时需要对 Sprint 1 和 Sprint 2 进行端到端集成和回归测试，在 Sprint 4 时需要对 Sprint 1～Sprint 3 进行端到端集成和回归测试，以此类推，以 Sprint（N-1）集成测试的方式一直到发布为止。另外，多个 Scrum 团队的潜在可交付产品可能也需要进行集成测试，这些测试统称为跨 Sprint 测试，包含特性和能力验收测试、史诗验收/端到端集成测试，以及回归测试，等等。

3.4.3 敏捷测试角色

针对上述两种不同的敏捷测试类型，敏捷测试领域已定义了两组和测试相关的角色。需要特别说明的是，这些角色并非一成不变，而是会不断变化，并且更好地支持敏捷交付。具体角色如下。

1. Sprint 内测试角色

（1）Sprint 内测试工程师。

Sprint 内测试工程师是指拥有深厚的业务知识、BA 技能、探索式测试等专业知识和自动化工具技能的人员，其主要职责是对 Sprint 内的用户故事进行手工或自动化的功能验收测试。

（2）测试开发工程师。

测试开发工程师（Software Development Engineer in Test，SDET）是指对技术有深入了解的人员，其主要对自动化工具有比较深入的研究，特别是非 UI 自动化测试工具和测试早期阶段（单元测试/集成测试）的自动化测试工具。其主要职责是开发自动化测试工具或框架，以支持开发人员或 Sprint 内测试工程师更好地进行自动化测试。测试开发工程师更多的是在做为测试赋能的工作，有时测试开发工程师也可以被多个 Scrum 团队共享，跨多个 Scrum 团队做贡献。

在 Scrum 框架中只明确定义了产品负责人、Scrum Master 和开发团队 3 个角色，实际上，上述角色也属于开发团队中的成员。

2. 跨 Sprint（版本发布级别）测试角色

（1）自动化架构师。

自动化架构师指高级自动化人员，他们对自动化策略、工具市场，以及如何跨产品生命周期和应用程序不同层级技术栈的自动化有广泛的见解，其主要职责是建设自动化测试体系，包括制订分层自动化的策略、选择自动化测试工具、设计自动化测试框架等。

（2）测试架构师。

测试架构师是指具有敏捷交付、DevOps、测试方法、自动化、环境和数据方面的深入技能的资深测试人员，其主要职责是从整体考虑项目的测试策略和测试设计，包括测试方法制订、测试环境管理、测试数据管理、自动化与 CI/CD 集成等。通常，测试架构师关注的是更具有战略性的重点，而不是负责日常的测试交付。

（3）回归/发布/集成/UAT 测试工程师。

回归/发布/集成/UAT 测试工程师是指对组织的核心业务流程、集成/接口点，以及通过应用程序的数据流的相关知识有深刻认识的人员，是业务用户或产品负责人的测试代表，其主要职责是进行端到端的业务流回归测试或用户验收测试。他们与 Sprint 内测试工程师有两个区别：一是主要聚焦于端到端的业务，进行联调/集成/回归/验收等测试；二是代表真正的用户，是更接近用户、更了解用户行为的人。

（4）测试经理。

此处的测试经理不是传统意义上的具有管理权限的角色。众所周知，联调时有许多需要协调的工作，而测试经理的主要职责是负责跨 Sprint 集成和回归测试的日常交付工作。测试经理可以对 Sprint 内的测试工作提出建议，但是不会干涉 Sprint 内测试。

跨 Sprint 的测试角色不在 Scrum 团队中，而是独立于 Scrum 团队之外。在 SAFe 框架的跨层级面板中，有一个元素叫作系统团队。系统团队是一种特殊的敏捷团队，负责协助构建和使用敏捷开发环境基础设施，包括持续集成和测试自动化，以及自动化交付流水线和执行端到端的集成测试等。跨 Sprint 的测试角色都属于系统团队。

值得强调的是，这些角色不是一成不变的，他们会根据项目的实际情况进行变化，同时也可以被裁剪，以适应项目的需要。例如，可以把测试架构师和测试经理合并为一个角色，或者把自动化架构师和测试架构师合并为一个角色等。

如图 3-6 所示为两种敏捷交付类型的敏捷测试组织架构样例，在这种模式下，测试资源可以被充分使用，同时可以为组织各业务线提供专业的测试服务。

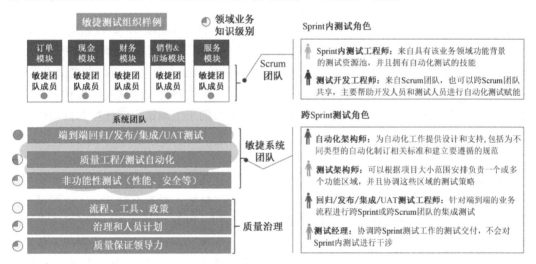

图 3-6　两种敏捷交付类型的敏捷测试组织架构样例

3.4.4　敏捷测试角色所需技能

接下来介绍各敏捷测试角色所需的技能。上述不同的敏捷测试角色会面临不同的测试技能要求，如图 3-7 所示为敏捷测试角色所需的技能图谱，包括知识域、角色聚焦和工具参考 3 个方面：知识域列出了敏捷测试人员可能会涉及的技术知识；角色聚焦说明了该测试角色需要掌握的技能，其中，实线区域为该角色必须掌握的技能，虚线区域为该角色最好具备的技能；工具参考列出了不同知识域目前可能会使用的常用商业或开源工具。

图 3-7 敏捷测试角色所需的技能图谱

（1）自动化架构师。

自动化架构师必须完全掌握包括技术架构和 DevOps、环境/数据/监控、非 UI 和服务虚拟化、UI 自动化测试、测试执行、测试设计和测试管理等知识技能。开发领域的自动化架构师一般不会自己写代码，但是会安排和指导测试开发工程师按照自动化架构设计进行编程。

（2）测试开发工程师。

测试开发工程师必须完全掌握包括开发、技术架构和 DevOps、环境/数据/监控、非 UI 和服务虚拟化、UI 自动化测试、测试执行等知识技能。对于测试设计和测试管理，在一般情况下，测试开发工程师对于业务的熟悉程度没有功能测试人员（Sprint 内测试工程师、回归/发布/集成/UAT 测试工程师）那么高，所以更多的是依赖功能测试人员进行测试用例设计和管理。测试开发工程师需要把功能测试人员编写的手工测试用例转换为自动化测试用例（脚本）。

（3）Sprint 内测试工程师。

Sprint 内测试工程师必须完全掌握包括 UI 自动化测试、测试执行、测试设计和测试管理等知识技能。对于非 UI 和服务虚拟化方面的知识技能，虽然不对 Sprint 内测试工程师做硬性要求，但是如果 Sprint 内测试工程师具备类似 API 测试的技能，就可以为实施测试带来较大帮助。特别是在开发前期，很多时候没有完整的测试环境，如果测试人员懂得服务虚拟化，就可以尽早开展持续集成测试，从而尽早发现缺陷，并以最小的代价进行修复。

（4）回归/发布/集成/UAT 测试工程师。

回归/发布/集成/UAT 测试工程师必须完全掌握包括非 UI 和服务虚拟化、UI 自动化测试、测试执行、测试设计和测试管理等知识技能。对于需要进行端到端测试的工程师来说，稳定而联通的测试环境、清晰而贯通的数据流等至关重要。虽然可能会有专门的运维人员进行环境或数据管理，但是回归/发布/集成/UAT 测试工程师如果掌握环境/数据/监控方面的知识技能，将给测试带来很大帮助。

（5）测试架构师和测试经理。

测试架构师和测试经理必须完全掌握包括环境/数据/监控、非 UI 和服务虚拟化、UI

自动化测试、测试执行、测试设计和测试管理等知识技能。技术架构和 DevOps，特别是 DevOps 部分，是近年来非常流行且重要的内容，自动化测试只有融入 DevOps 的交付流水线，才能最大化地发挥价值。所以，测试架构师最好能具备这方面的知识，才能设计出与 DevOps 更加匹配且更加兼容的整体测试方案。

3.4.5 敏捷测试流程

在明确了敏捷测试角色后，再来看敏捷测试转型模型中的流程。敏捷测试的流程根据敏捷测试类型可分为两类：一类是 Sprint 内敏捷测试流程，另一类是跨 Sprint 敏捷测试流程。敏捷测试流程如图 3-8 所示，其中，灰色区域部分表示 Sprint 内测试流程，而白色区域部分则表示跨 Sprint 测试流程。Sprint 内测试流程主要是针对每个用户故事的验证测试，而跨 Sprint 测试主要是针对集成和回归的版本测试。需要强调的是，本节提供的敏捷测试流程只是作为参考的模板，并非一成不变，读者可以根据自己的组织和项目特点对流程进行剪裁，定制适合自己项目环境的流程。

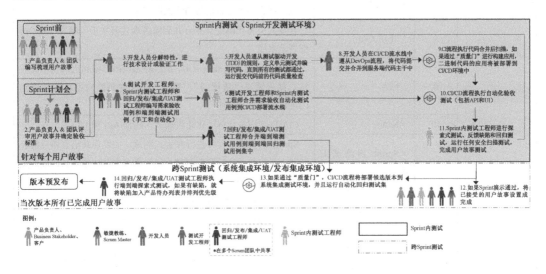

图 3-8　敏捷测试流程

敏捷测试流程步骤如表 3-2 所示。

表 3-2　敏捷测试流程步骤

类型	步骤	角色	描述
Sprint 内测试流程（针对每个用户故事）	1	产品负责人、团队	在本次 Sprint 开始前，产品负责人和敏捷实施团队一起梳理和准备用户故事（《Scrum 精髓：敏捷转型指南》建议开发团队花费不超过 10%的工作时间参与需求梳理工作）
	2	产品负责人、团队	在 Sprint 计划会上，产品负责人和敏捷实施团队一起评审用户故事并确定验收标准
	3	开发人员	在 Sprint 计划会后，开发人员针对需求进行特性分解，或者针对用户故事进行技术设计或验证工作

续表

类型	步骤	角色	描述
Sprint 内测试流程（针对每个用户故事）	4	Sprint 内测试工程师、测试开发工程师、回归/发布/集成/UAT 测试工程师	与步骤 3 同时进行： • Sprint 内测试工程师编写需求验收测试用例 • 回归/发布/集成/UAT 测试工程师编写端到端验收测试用例 • 测试开发工程师与 Sprint 内测试工程师、回归/发布/集成/UAT 测试工程师共同编写需求验收和端到端的自动化测试用例（脚本）
	5	开发人员	在 Sprint 内的开发环境中，开发人员须遵从测试驱动开发（TDD）的规则，定义单元测试并编写代码，直到所有的单元测试通过。另外，还需要运行代码扫描工具进行代码质量检查
	6	开发人员、测试开发工程师、Sprint 内测试工程师	与步骤 5 同时进行： 测试开发工程师和 Sprint 内测试工程师合并需求验收自动化测试用例到 CI/CD 部署流水线
	7	回归/发布/集成/UAT 测试工程师	与步骤 5 同时进行： 回归/发布/集成/UAT 测试工程师把准备好的端到端验收自动化测试用例合并到端到端回归测试用例集
	8	开发人员	开发人员将代码提交并合并到服务端代码主干，触发 DevOps 部署流水线
	9	N/A	CI 流程自动构建被测应用，执行静态代码扫描和自动化单元测试。如果通过"质量门"，那么二进制代码的应用将被部署到 CI/CD 的测试环境中
	10	N/A	CI/CD 流程执行自动化验收测试（包括 API 和 UI）
	11	Sprint 内测试工程师	Sprint 内测试工程师进行探索式测试，如发现缺陷立即反馈给开发人员修复并执行回归测试。运行所有安全扫描测试，最后完成用户故事的测试
跨 Sprint 测试流程（本次版本所有已完成用户故事）	12	产品负责人、团队、利益干系人等	在本次 Sprint 的所有用户故事通过测试后，进行 Sprint 演示。如果演示通过，那么表示本次 Sprint 结束，此时将已接受的用户故事设置为已完成
	13	N/A	如果通过"质量门"，CI/CD 流程将部署候选版本到系统测试环境，并且运行端到端的自动化回归测试集
	14	回归/发布/集成/UAT 测试工程师	回归/发布/集成/UAT 测试工程师执行端到端探索式测试。如果有缺陷，就将缺陷加入产品待办列表并排列优先级
	15	N/A	达到预发布状态

注：团队即敏捷实施团队，包括开发人员、Sprint 内测试人员和跨 Sprint 测试人员等。

跨 Sprint 敏捷测试流程一般应用在版本发布级别，主要适用于多 Scrum 团队和多 Sprint 环境下统一协作的情况。跨 Sprint 敏捷测试流程需要对不同 Scrum 团队和不同 Sprint 的交付物进行集成和回归验证测试，最终达到预发布的状态。

但在集成的过程中，主要还是依靠 CI/CD 流程，同时辅以人工探索式测试来实现。通过 CI/CD 把多个 Scrum 团队的应用部署到系统集成环境中，同时运行回归测试，如果验证了这些应用集成不存在问题且顺利通过了人工的探索式测试，就达到了预发布的状态。

3.4.6 敏捷测试交付物

根据敏捷测试类型的不同，可将测试交付物分为 Sprint 内测试交付物和跨 Sprint 测试交付物。值得注意的是，如表 3-3 所示的 Sprint 内测试交付物列表，仅供读者参考，读者可以根据项目的实际情况自行删减。

表 3-3　Sprint 内测试交付物列表

测试交付物	描述
测试工件	Sprint 内测试的输出物（测试计划、测试用例、测试报告等），并且通过测试管理工具记录，或者根据需要检入配置管理工具
测试自动化工件	自动化配套结构，包括： • Page Objects（模块/组件） • 已封装的通用功能 • 步骤定义（如果正在使用 BDD/ATDD） • 已评审的自动化脚本
测试数据	需求定义的业务数据，以及团队需要准备或提供的数据
缺陷	可能不会作为正式缺陷在缺陷管理系统中进行跟踪，但会在 Sprint 中得到处理。当需要延迟解决时，可以作为一个用户故事添加到产品待办列表中
虚拟服务	为支持 Sprint 内测试而开发的可以使用的虚拟服务

如表 3-4 所示为跨 Sprint 测试交付物列表，同样仅供参考，读者可以根据实际情况自行删减。

表 3-4　跨 Sprint 测试交付物列表

测试交付物	描述
版本发布级别测试策略	版本发布级别的总体测试策略，定义将要进行的所有类型的测试，同时概述包括工具、度量标准和沟通计划等公共部分
测试工件	跨 Sprint 范围内测试的输出物（测试计划、测试用例、测试报告等），并且通过测试管理工具记录，或者根据需要检入配置管理工具。 利用来自 Sprint 内功能测试(不是单元测试)的可重用部分，如可重用的 Page Objects
测试数据	对于跨 Sprint 测试范围，团队能够很好地理解并准备或提供数据
缺陷	缺陷记录在缺陷管理系统中并进行跟踪，同时报告质量度量
发布测试计划	定义发布的测试范围、环境、依赖、资源、时间框架和退出标准
虚拟服务	为支持集成/回归测试而开发的可以使用的虚拟服务
发布测试结束备忘录	测试结果和交付/质量度量的总结

3.5　本章小结

本章讨论了传统测试向敏捷转型需要考虑的领域，总结并提出了敏捷测试转型模型，其中，需要从文化、组织、流程和实践等方面进行剖析和探讨。另外，还提供了敏捷测试的流程及流程所对应输出的测试交付物供读者参考。

本章的主要内容如下。

（1）传统测试向敏捷转型的敏捷测试转型模型介绍，包括文化、组织、流程和实践领域的转变。

（2）从组织文化转变和管理文化转变两方面阐述并讨论了敏捷文化的改变，同时指出了敏捷文化转变可能会遇到的障碍。

（3）探讨了组织架构转变，以及转变后通过建立卓越测试中心或测试实践社区解决测试人员的归属感问题。

（4）针对测试人员在转变过程中遇到的挑战，提出了勇气、自我提升、主动沟通、发挥长处和融入团队 5 个转变法则。

（5）介绍了 Scrum 的不同层级与需求的不同抽象层级。

（6）介绍了敏捷的 Sprint 内测试及跨 Sprint 测试 2 种测试类型，同时定义了敏捷测试的角色、职责和所需技能。

（7）根据不同的敏捷测试类型，提供了不同的敏捷测试流程及敏捷测试交付物。

第4章 敏捷测试执行

4.1 敏捷中的测试需求

4.1.1 为什么会使用用户故事

与传统测试不同,在敏捷测试中,测试的基准不再是需求规格说明书,而是用户故事。用户故事是在敏捷开发模式中针对需求名称所使用的一个专业术语,强调要从用户的角度出发来识别和获取用户真正的需要和诉求。

传统软件开发方法论的假设是基于"用户认知不会发生变化"且"软件系统设计人员能够正确理解"这两个假设建立的,我们通过详细设计的过程能够得到更好的产品。而现实情况是,越复杂的系统,需要的设计时间越长且设计成本越高。在软件诞生之前,用户或客户要承担巨大的风险,因为在软件开发完成并交付使用之前,所有的成本都是没有回报的投资,如果这一过程中出现了变化,就会产生更大的风险。

此外,用户或客户的想法往往是模糊且易变的,加之软件本身是一个抽象模型,并不像客观的物理实体一样拥有统一的度量标准和解释。例如,一根一米长的钢管,通过长度和材质就可以将其限定为一类物理实体,这些物理实体的范围虽然可能很大,不过不同人的认知很容易统一。但是,"一个登录按钮"这一抽象概念在不同人的理解中有很大差异。

因此,敏捷软件开发的核心思想就是使用较短的时间交付一个有价值的(Valuable)、工作中(Working)的软件,基于已经构建的客观基础进行增量开发。用已投入工作的软件进行沟通,可以减少抽象概念的不一致性。用户或客户通过不断交流对齐理解,从而实现共赢——客户能够有效地传递信息,软件开发团队可以正确地理解信息。所以,敏捷软件开发的过程实际上是通过频繁且有效地持续沟通,缩小期望所得与实际所得的差异,从而获得风险更小且感受更好的投资回报。

以前的开发人员会根据文档而不是用户的直接描述进行理解和开发,这种开发被称为"瞎猜",因为从用户提出想法到开发人员拿到文档,这一过程已经历了多次传递,信息会失真,用户的期望将与收获的结果不一致。最好的解决方法是开发团队和用户一起进行设计并时时沟通,这样开发人员将直接获得一手用户信息,而不是通过中间人传递。因此,为了时刻把用户——使用软件的人放在软件开发的核心位置,敏捷社区发明了"用户故事"实践,这是用户以其自身需要为出发点提出的一个场景化概念。

用户故事有两个好处。一是人类本身就是用户故事驱动的动物,人类对用户故事的印象远比对结构化知识的理解更加迅速和深刻。例如,"牛顿被一颗苹果砸中,从而提出了万有引力定律",这是一个用户故事,而"任意两个质点由通过连心线方向上的力相互吸引,该引力大小与它们质量的乘积成正比,与它们距离的平方成反比,与两物体的化学组成和其介质种类无关",这是万有引力定律的定义,也是一个结构化的知识。为了让这个结构化的知识更方便记忆,人们提出了万有引力定律的公式:$F=(G \times M_1 \times M_2)/R^2$。相信苹果砸牛顿的用户故事会比万有引力定律的定义及公式更加吸引人。

二是传统的文档本身就是一种结构化的描述,这种描述缺乏实践序列的因果关系,不能使开发人员产生代入感,也不便于记忆。因此,当开发人员拿到需求时,就会按照其规格,以自己而不是以用户为中心来开发软件。而用户故事是一种话术,它将时刻提醒软件开发团队以用户而不是以自己为中心开发软件。

用户故事的编写遵循一定的格式规范,这点与传统测试大相径庭。传统测试的需求描述多数采用叙述性描述,不仅描述冗长、事无巨细,而且容易无法聚焦客户的真正诉求。相反,在敏捷模式中对需求的描述应采用如下格式。

As……(作为一名用户/客户)
I want to……(我想要达到的目标是什么)
so that……(以及达成目标的原因)

例如:

作为一名银行用户
我需要拥有一个账户
以便我可以存钱、取钱,并且显示当前余额

如果可能,建议测试人员也参与用户故事的梳理和编写,以便能够更加深刻地理解用户真正的需求。如果不具备相关条件,那么至少测试人员需要参与用户故事的讨论和评审。

4.1.2 用户故事的 INVEST 原则

什么样的用户故事是合格的用户故事呢?答案是遵循 INVEST 原则。INVEST 由 6 个单词的首字母合并组成,具体说明如下。

1. Independent(独立的)

一个用户故事应该尽量保持相对独立,尽可能避免用户故事之间相互依赖。用户故事之间的依赖性会为编排计划、确立优先级和估算故事点等增加难度。在通常情况下,可以通过组合用户故事或拆分用户故事的方式减少依赖性。

在实践中,独立性往往是指在一次迭代中,开发团队无论先开始哪个任务,都不需要等待或不会被阻塞,如果出现等待或被阻塞的情况,就证明这个用户故事是有依赖的。注意,此处以一次迭代作为度量依据,也就是说,如果在实现一个用户故事之前,需要在一次迭代内先完成其他用户故事，那么这个用户故事就不是独立的。依赖性可能出现的场景和解决方法分为以下 4 种。

（1）用户故事粒度太细：这会导致用户故事间的依赖明显。解决方法是合并依赖的用户故事。

（2）依赖用户故事错序：可以把依赖的用户故事先放入此迭代实现，再把其他用户故事放到下一次迭代。

（3）团队成员太多：这可能导致以上 2 个原因同时存在。可以根据速率（Velocity）重新调整用户故事数量，以此匹配团队规模。

（4）迭代长度太长：如果交付能力已经得到提升，如用户故事交付的数量或速率已提升，那么就可以缩短迭代长度，毕竟，更快地交付客户满足的软件是我们追求的目标。

2. Negotiable（可协商的）

一个用户故事是可协商的。用户故事的卡片包含对其功能的简短描述。可以通过注释来增加用户故事的细节，但是不能有过多的注释，需要简化成一两句短记录，这样才能提醒团队需要和客户进行讨论。此外，用户提出的想法开发团队不一定能够实现，所以在沟通过程中，开发人员可以尽量避免给出不切实际或有风险的承诺。传统软件开发的一个特点就是"DDD"——Deadline Driven Development（截止时间驱动开发），这一特点本身没有问题，问题是在预算、时间和知识有限的情况下，项目范围不能变，于是团队被迫以加班的方式完成软件开发任务，而用户对软件的期望高于实际所得，最终双方都不满意。

客户往往会希望以更低的成本得到更多的投资回报，因此会在有限的预算下做出超出团队交付能力的估计。然而，质量、时间和范围三者很难同时拥有，常见的情况是保证实现后两点，往往牺牲了质量。但是，牺牲质量就意味着牺牲了价值，因此在时间和质量要求固定的情况下，比较好的方式是更倾向于减少范围。

此外，可协商的另外一个意思是不能有具体的规格和描述，否则，这个用户故事就不能讨论了。用户故事不是新的需求规格，而是引导协商讨论的方式。需要注意的是，可协商的意思不是必须协商，而是可以被协商。如果与客户彼此之间的信任度很高，就不需要逐一协商用户故事，但一定要进行确认。

3. Valuable（有价值的）

每个用户故事对客户或最终使用者来说必须是具有价值的，我们需要避免只对开发人员有价值的用户故事，因此，最好的方式是让客户写下这些用户故事，以确保它们对客户来说是真正有价值的。有价值的含义包含以下 2 点内容。

（1）用户迫切想要解决的问题，这是一个以时间为参数的函数，也就是说，按照客户描述的用户故事在实现后，一定能以时间价值作为其衡量尺度，例如，节约了搜索时间、节约了记忆时间、节约了操作时间、减少了错误频率。此外，货币价值也可以看作一种以时间为尺度的度量，如节约了 10 万元，相当于减少了公司雇佣 1 个人 10 个月所付出的人力成本。

（2）可以根据价值大小和紧急程度进行排序，这里面包括即时价值和固定价值（或最终价值）。即时价值是指用户故事的价值评判尺度会根据时间而减少，换句话说，这个用户故事在这两次迭代交付时是有价值的，而经过两次迭代后，它的价值就没这么大了，或者就根本不具备价值了；而固定价值或最终价值是指无论什么时候完成，这个用户故事都是有价值的，这个价值不会因为交付的时间变化而变化。

4. Estimable（可估计的）

每个用户故事必须是可估计的，这样才可能安排下一步的开发计划。在一般情况下，让团队感到难以估计可能是因为用户故事的规格较大、所包含的内容较多，这就需要对用户故事进行进一步拆分，分解成能够进行估计的粒度；或者是对领域知识的缺乏，这就需要和客户进行更多沟通，以便充分理解相关需求。

可估计基于有信心的承诺。当团队认为有信心完成用户故事的时候，就会给出一个估计的时间。如果缺乏必要的信息（包括团队自身的开发能力和对用户故事的理解程度），团队就无法进行估计。团队对用户故事可估计的判断直接体现出这个用户故事的风险，这个风险包含两个方面：一方面是团队自身对用户故事的理解及实现技术的信心程度；另一方面是有没有足够的细节支撑。当然，"估计"这一方式本身就是不准确的，我们要允许团队在实践中通过不断回顾反思来提升估计的准确性。

每个用户故事都有完成的定义（Definition of Done，DOD）和验收标准（Acceptance Criteria，AC），如果缺乏完成的定义或验收标准，用户故事就会因为永远"完不了"而变成"不可估计"，这也说明用户故事一定要具有完成的定义或验收标准。在实践过程中，我们更倾向于让验收标准变得可测，换句话说，一定要具备测试规格。比如，正确保存账户余额，如何定义"正确保存"？不同的开发人员、测试人员的理解不同，对用户故事的估计也不一样。虽然我们会在迭代规划会议之前做出估计，但如果估计的差异太大，理解不一致，仍然属于"不可估计"。所以，"不可测试"一定是"不可估计"。

在实践中，我们可以用以下3种方法在不同的阶段估计用户故事的大小。

（1）在团队刚成立或接收了新需求的时候，可采用T恤的型号作为衡量单位，来估计用户故事跨迭代的数量（粗略估计）。

- XS：一天之内可以完成。
- S：一天可以完成。
- M：一周可以完成。
- L：两周可以完成。
- XL：超过两周可以完成。

（2）可以根据更加细节的内容进行精细化估计，一般采用斐波那契数列来表示，在开始的时候，用数字代表人天：0.5,1,2,3,5,8,13……需要注意的是，如果团队采用"结对编程"的方式，那么2个人算作1人天。

（3）如果团队比较成熟，估计会比较稳定，这时候就会采用上一次迭代的某个用户故事作为1点来估计本次迭代的用户故事，此时1点是一个比较单位，意思是基于上次迭代的某个用户故事为这次迭代进行估计，此时1点就不代表1人天，可能代表2人天，也可能代表0.5人天，具体数值应具体参考团队速率。所以，用户故事的点数不是一个用来评估工作量的工具，而是一个评估交付风险的工具。

5. Small（小的）

一个好的用户故事应该在工作量上保持比较小的规模，而且需要确保在一次迭代内能够完成，超过这个范围的用户故事可能会在估计时出现很多错误，这时就需要将其拆分为更小粒度的用户故事。

用户故事的粒度决定了交付的风险，当我们认为一个用户故事很大的时候，往往是指无法保证将其按期交付，此时应将用户故事拆分成更小的用户故事，直到团队有信心按期交付，否则会给团队带来交付压力，增加交付风险。

在实践中，我们会根据故事点和迭代综合考虑用户故事的最小粒度范围，然后让团队承诺能够完成的用户故事数量。测试人员一定要启发团队成员考虑和讨论各种细节，并且积极与用户确认，切忌承诺无法实现的交付时间。

6. Testable（可测试的）

一个用户故事必须是可测试的，只有通过测试才能验证用户故事是否已经完成。我们不能开发一个不可测试的用户故事，不然怎么才能知道这个用户故事是完成了，还是没有完成呢？

一般来说，用户故事需要设定验收标准。测试人员最好能和客户一起讨论和制订验收标准，这样才能更好地了解这个用户故事到底需要测试什么、测试完成的标准是什么等关键信息。另外，在验收标准中，除了针对正常的"快乐路径"相关场景，还特别需要注意增加异常的场景，使整个验收标准更加完善。

在实践过程中，我们会将验收标准转化为验收测试。验收标准是用户的语言，而验收测试是开发团队的语言。验收标准往往很模糊，需要通过测试的方式明确，在这个过程中，用户能够进一步想清楚自己要什么。例如，用户故事的验收标准是"我可以隐藏登录界面"，这个验收标准描述的是一种能力，于是验收测试可以写为"当我在登录界面时，我点击'隐藏'按钮，登录界面消失；再点击'登录'按钮，登录界面出现"。

当然，关于登录界面、"隐藏"按钮、界面消失的方式和方法还需要进行进一步讨论与确认，直至与用户就最终的解决方案达成一致。在实践中，不同用户对于验收标准的明确程度有不同的要求，有些用户关注细节，所以与这类用户讨论用户故事所需要的周期就会相对较长，而另外一些用户就不太介意具体的实现方式，这也和相互之间的信任程度有关，敏捷软件的开发过程也是一个不断提升信任程度的过程。

还有一个关键点，即我们假设提出参与用户故事讨论的用户和最终验收的用户是同一个人。但如果提出人和验收人不是同一个人，就会出现问题，例如，在集体讨论时，所有的意见都由业务代表负责提出，但业务代表未必是最终负责验收的人。这往往会导致信息失真，双方不能达成一致，最后开发出来的软件也不是最终用户想要的。

以上问题的解决方法有如下3种。

（1）让验收人参与用户故事讨论。

（2）促使提出人和验收人之间达成验收一致。如果他们之间存在矛盾，那么开发团队不承担责任。

（3）若验收标准变更，则重新开始。

关于验收测试驱动开发（TDD），我们会在6.2节中详细介绍。

一句话总结，用户故事不是一个新的需求，而是开发人员和用户讨论需求的一种沟通工具。

4.2 测试视角下的用户故事生命周期

4.2.1 用户故事生命周期测试的关注点

在了解了用户故事后,接下来从测试的角度分析一个用户故事在全生命周期下,测试应该如何进行。用户故事将会按照生命周期的不同阶段被分成 2 种状态:当用户故事还在产品待办列表中时、当用户故事被放到一个 Sprint 待办列表中时。而当用户故事在 Sprint 待办列表中时,我们又可以再将其划分为不同的状态,细分情况如下。

(1)已定义:是指该用户故事被确定在本次 Sprint 中开发。
(2)处理中:是指该用户故事被开发和测试的过程。
(3)已完成:是指该用户故事已经被开发和测试完成。
(4)已接受:是指该用户经过产品负责人和利益干系人的验收。

当用户故事处于以上 4 种不同的状态时,测试人员需要执行什么活动,以及需要关注哪些点,可以参考表 4-1。

表 4-1 基于用户故事生命周期的测试关注点

用户故事状态	测试关注点
在产品待办列表中	当用户故事正在定义/开发中,或者还没有确定优先级并分配给 Sprint 时: • 测试人员需制订验收标准,以及确定如何测试用户故事 • 测试人员可以向产品负责人或用户询问真实世界的场景示例
当用户故事被分配到一个 Sprint 待办列表中时	
已定义	当用户故事已经被排序并准备开发时: • 测试人员必须确保验收标准适当且完整 • 测试人员开始设计验收测试 • 若有需要,则应开始准备测试数据 • 测试人员应着手开发自动化测试脚本
处理中	当开发人员已经开始为用户故事编写代码时,测试人员应继续开发测试用例和自动化测试脚本 当开发人员已完成单元测试时: • 测试人员应开始执行测试(自动和手动) • 缺陷根据需要被提出、修复和重新测试
已完成	当用户故事的验收测试已经完成时: • 在产品负责人的许可下,剩余的缺陷已被添加到产品待办列表中 • 准备好 Sprint 演示和产品负责人、利益干系人的验收工作 • 回归/发布/集成 UAT 测试工程师应考虑如何将用户故事集成到端到端测试环境中进行集成回归测试
已接受	当用户故事已被演示且被产品负责人接受时,回归/发布/集成/UAT 测试工程师开始将用户故事的功能合并到端到端回归测试套件中并进行测试

4.2.2 用户故事相关术语比较

关于用户故事的状态描述，有以下 3 个概念问题需要特别阐明：用户故事验收测试和我们常说的用户验收测试是不是一回事？DOR 和 DOD 有什么区别？DOD 和 AC 到底有什么不同？下面将对此进行详细介绍。

1. 用户故事验收测试和用户验收测试的区别

我们经常会看到"用户故事验收测试"这一描述，这实际上主要是针对每个用户故事的验收标准进行的测试。虽然用户故事的验收标准一般只有几个，但是真正在做验收测试的测试用例数量比验收标准要多得多，因为还需要设计很多异常测试用例，而这些是产品负责人不知道的。

用户验收测试是内部测试通过后，在最终用户或最终用户代表验收前进行的测试，它是从最终用户的角度进行的测试，验证产品是否满足用户的真正需要。

2. DOR 和 DOD 的区别

DOR（Definition of Ready）中文译为准备就绪的定义，是指我们在梳理用户故事的时候，应该确保产品待办列表顶端的用户故事已准备就绪，可以随时放入 Sprint 中让开发团队进行任务拆分和开发。在一般情况下，DOR 会有一个检查表，其中包括检查是否清楚表达业务价值、是否有足够的细节、是否识别出依赖关系、验收标准是否清晰可测试、性能标准（如果有）是否已定义且可测试等。

DOD（Definition of Done）中文译为完成的定义，是指在宣布完成某项活动或潜在可发布产品之前，团队需要完成的各项工作检查。DOD 有多种类型，可以是版本发布（Release）的 DOD，可以是 Sprint 迭代的 DOD，也可以是针对用户故事的 DOD。例如，Sprint 迭代的 DOD 一般包含设计评审是否完成、代码是否完成、测试是否完成、缺陷是否为零、用户文档是否已更新等。在某种程度上，DOR 和 DOD 与准入标准、准出标准具有相似之处。

3. DOD 和 AC 的区别

DOD 主要针对我们在 Sprint 期间正在开发的产品增量。产品增量由一组用户故事组成，而每个用户故事都必须与 DOD 中列出的检查项保持一致。

AC（Acceptance Criteria）中文译为验收标准，是指用户故事必须满足的一组条件，只有达到这些条件，需求才算被实现了，它以需求本身为出发点来考虑功能的实现程度。所以，AC 是对 DOD 的补充，而不是对其的替代。只有同时满足特定的用户故事验收标准（通过了验收测试）和 DOD（如设计和代码通过评审、验收测试通过、用户文档更新等），才能认为这个用户故事真正被完成了。

4.3 敏捷中的测试计划

4.3.1 敏捷测试计划策略

在了解了敏捷需求后，接下来讨论测试计划。前面的内容介绍了敏捷测试方法和传统测试方法的一个重要区别出现在测试计划方面。传统测试方法会在项目前期就开始制订非常细致的测试计划，把测试中的各种因素都考虑进去。这种做法在一个项目范围可控、需求相对明确的环境下是可行的，但是在敏捷环境中，项目在最初阶段对于涉及的范围没有清晰地划分，也给出没有明确具体的需求，因此无法按照传统方式制订出详细的测试计划。这时就应该采用敏捷测试计划策略，也就是在项目初期的产品愿景规划中，只根据产品待办列表的粗粒度需求（如史诗、特性等）完成粗粒度的概要测试计划，不做详细计划。

随着项目不断推进，团队对需求和产品待办事项进行进一步梳理，为最接近当前 Sprint 周期的最高优先级用户故事添加更细的粒度，至于不那么紧迫、超出近期实现范围的需求，则可以留在更高的级别，直到其接近待开发周期。与此同时，我们也需要不断优化之前粗粒度的测试计划，把它变成为"Just-In-Time"的测试计划，敏捷测试计划策略如图 4-1 所示。

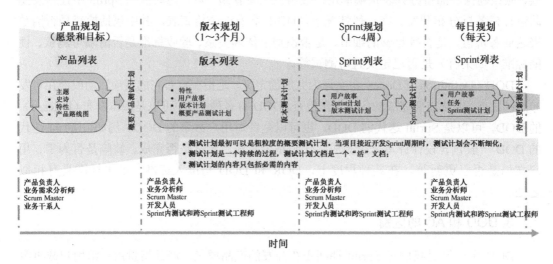

图 4-1 敏捷测试计划策略

4.3.2 敏捷测试计划过程

从图 4-1 可知，在项目初期主要依据项目的愿景和目标、产品路线图，以及当前已经掌握的颗粒度较大的主题、史诗和特性等需求制订粗粒度的概要产品测试计划，这个计划不需要全面细致，其主要作用是完成里程碑决策。参与制订计划的角色可能是业务相关利益干系人、产品负责人、业务分析师和 Scrum Master 等。如果在项目开始时，开发团队已经成立，那么建议团队成员也参与计划的讨论和制订。

随着项目不断进行，我们还会进行版本规划，一般一个版本的周期为 1~3 个月。在这个过程中，我们需要不断了解和梳理需求，通常会通过产品待办列表梳理活动，不断细化史诗、特性或用户故事。当我们对需求的了解程度越来越高，我们的测试计划也会越来越细化，而测试计划细化的主要依据是本次版本需要完成的需求列表、当次的版本计划和概要产品测试计划等。参与这个过程的角色可能会是产品负责人、业务分析师、Scrum Master、开发人员、Sprint 内测试和跨 Sprint 测试工程师等。

当进入当次 Sprint 时，我们会以当次 Sprint 需要完成的用户故事列表、当次 Sprint 计划和当次 Sprint 所在的版本测试计划为依据细化 Sprint 测试计划。参与这个过程的角色可能会是产品负责人、业务分析师、Scrum Master、开发人员、Sprint 内测试和跨 Sprint 测试工程师等。

在每日 Scrum 中，我们会根据每日站会的反馈、每日用户故事和任务处理的状态等信息判断是否需要更新测试计划，如果需要，那么应该适时更新。记住，测试计划只需描述对本次测试有意义的内容，避免将其做成一份大而全，却包含太多没有实际意义的计划，也就是说，我们需要的是"Just-In-Time"的测试计划。参与这个过程的角色可能会是产品负责人、业务分析师、Scrum Master、开发人员、Sprint 内测试和跨 Sprint 测试工程师等。

传统测试计划是一次性的计划，可以被看成一个事件，测试计划文档在完成后基本不会再修改，因而被称为"死"文档。而敏捷测试计划是一个过程，需要不断地更新和细化，随着项目不断推进，计划也会越来越清晰准确。所以，敏捷的测试计划的英文为 Test Planning 而不是 Test Plan，它是一个持续的过程，测试计划文档也应该是"活"文档。

4.4 敏捷中的测试任务

4.4.1 测试任务管理与跟踪

在了解了需求和测试计划后，现在继续了解测试任务。当包含了验收标准的用户故事被定义好后，如果还是根据用户故事来追踪和度量，就会显得颗粒度比较粗，因此需要针对用户故事的实现进行任务分解。在每个 Sprint 计划中，我们需要把用户故事拆分成不同的任务，当次 Sprint 需要完成的用户故事列表加上拆分出的任务列表，最终形成了当次 Sprint 的待办列表。例如，我们为某用户故事创建了三个任务：第一个是开发功能的任务，我们会把此任务分配给开发人员；第二个是编写此用户故事的验收测试用例，会分配给 Sprint 内测试工程师；第三个是开发自动化测试验收脚本的任务，涉及自动化框架和脚本的开发，会分配给测试开发工程师。用户故事拆分任务示意图如图 4-2 所示。

在跟进敏捷测试任务的过程中，一定要注意以下 3 点。

（1）DOD：当我们把一个用户故事拆分成开发任务、测试任务等时，判断一个用户故事是否完成的标准是这个用户故事下面所有的任务是否都已完成。不能只以开发完成为标准，而是要经过测试并确认没有问题后，才可以宣布该用户故事已经完成。这一点和我们对传统项目的认识有很大区别，而且也充分回应了前面敏捷测试定义的内涵之一：在测试融入开发的过程中，直到功能开发和测试执行完成了，用户故事才能被认为是完成了。

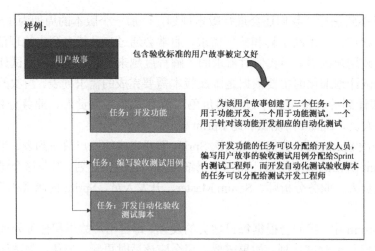

图 4-2 用户故事拆分任务示意图

（2）可见性：敏捷的一个关键点是透明性或可见性，也就是说，不同类型的工作，包括正在完成的用户故事和自动化测试的进展应该是清晰可见的。在实现这一点时，一般会采用看板将工作任务可视化（相关的内容请见 4.4.2 节）。

（3）可跟踪性：可跟踪性无论在传统瀑布式项目还是在敏捷项目中都非常重要。一旦实现了可跟踪性，如果项目上线后出现一个缺陷，我们就可以很快找到该缺陷是在实现哪个用户故事时产生的、关联哪一段代码、哪个测试用例漏测等信息，这对于定位和修复缺陷、做缺陷根源分析可以起到很大帮助。因此，我们需要将开发过程的所有工件建立链接关系，这样才能实现可跟踪性。由于可跟踪性的维护和管理比较烦琐，一般我们会采用管理工具（如 Jira）来实现可跟踪性这一功能。

最后，再来看对于测试人员来说，在一个完整的版本发布周期中有哪些敏捷测试任务，如图 4-3 所示，这些需要他们格外留意。

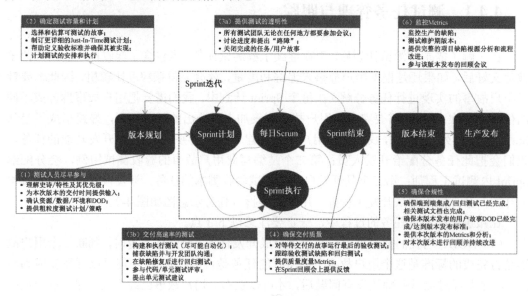

图 4-3 版本发布周期的敏捷测试任务

4.4.2 通过看板可视化任务

敏捷强调透明,针对我们的工作任务,一般会通过看板的方式进行可视化及透明化管理。看板也被称为"Kanban",是一个与精益生产相关的概念。第一个看板系统是在 20 世纪 40 年代初由大野耐一为日本的丰田汽车公司开发的,它作为一个简单的计划系统创建,其目的是在生产的各阶段最优控制和管理工作与库存。通过看板,丰田汽车公司拥有了一个灵活高效的即时生产控制系统,在提高了生产率的同时减少了库存。

看板是由大野耐一从制造业引入的概念。2004 年,David J. Anderson 第一个将其应用于 IT 软件开发,他在大野耐一、戴明等质量大师的著作的基础上定义了看板方法,同时提出了拉动系统、排队论和流等概念。Anderson 在 2010 年出版的第一本关于看板的书——*Kanban: Successful Evolutionary Change for Your Technology Business* 给出了软件开发看板方法的最全面定义。

看板方法遵循一组管理和改进工作流程的原则和实践,这些实践可以帮助我们改进流程、减少周期长度、增加客户价值,以及带来更大的可预测性。看板的核心要素始终植根于以下 4 个原则。

1. 可视化

通过创建工作和工作流程的可视化模型,观察通过看板系统移动的工作流程。将工作与阻塞程序、瓶颈和队列一起公开,可以立即增进团队成员之间的信息交互和协作,有助于团队了解成员工作的进展速度,以及可以在哪里集中精力加快流程。

2. 限制在制品

看板的一个关键是减少大多数团队或知识工作者认为的多任务并发状态,鼓励他们"Stop Starting"和"Start Finishing"。在工作流程的各阶段限制在制品(WIP)数量,其意义是鼓励团队成员优先完成当前工作,然后再开始下一项,从而避免工作积压,即通过限制流程中的未完成工作数量来减少任务通过看板的时间。同时,还可以避免由任务切换引发的问题,并且减少不断对任务进行重新排序的需要。WIP 释放了看板的全部潜力,使团队能够在更健康、更可持续的环境中更快地交付高质量的工作。

3. 管理"流"

看板的核心是"流"的概念,这意味着卡片应该在系统中尽可能均匀地流动,不出现长时间等待或阻塞,所有阻碍流动的因素都应该仔细检查。"流"的概念至关重要,通过对"流"指标进行度量及改进,可以显著提高交付流程的速度,同时从客户方较快地获得反馈,减少周期长度并提高产品或服务的质量。

4. 持续改进

一旦看板就位,其将成为组织之后持续改进的基石。团队通过跟踪流程、质量、吞吐量、交付时间等来度量其有效性,提高团队的效率。持续改进是一种精益改进技术,可以帮助简化工作流程，节省整个企业的时间和资金投入。

看板是一种非破坏性的演进式任务管理系统，这意味着要对现有流程进行小步骤的改进，即通过许多较小的更改，减少整个系统的风险。看板的演进方法带来了团队和涉众的低阻力或零阻力。

引入看板最重要的是可视化工作流程。看板由简单的白板和便利贴或卡片组成，白板上的每张卡片代表一个任务，在一个经典的看板模型中，存在以下 3 栏。

（1）To Do：这一栏列出了尚未开始的任务。

（2）Doing：这一栏列出了正在进行的任务。

（3）Done：这一栏列出了已完成的任务。

另外，Doing 上方的数字"5"表示限制在制品（WIP）为 5，也就是同一时间最多只能处理 5 个任务，看板示例如图 4-4 所示。

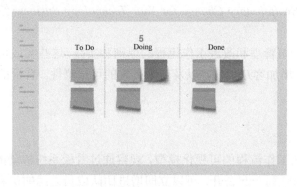

图 4-4　看板示例

这个简单的看板通过可视化使工作分布及现在面临的瓶颈变得清晰。当然，更复杂的或特定的看板系统可以根据工作流程的复杂性，以及可视化和特定工作流程来定制。以下是一个敏捷项目的任务看板示例，如图 4-5 所示。

用户故事	待办任务	7 进行中	5 评审中	已完成
📄				📄 📄 📄
📄		📄 📄	📄	📄
📄	📄	📄 📄		
📄	📄 📄 📄			

📄 用户故事　📄 设计开发任务　📄 测试任务

图 4-5　敏捷项目的任务看板示例

4.4.3　案例：某大型国外客户敏捷测试活动日历

本节给出在一个敏捷 Scrum 的 Sprint 周期内的测试和 DevOps 等相关活动的日程安

排。该案例是某大型国外客户的分布式敏捷开发项目,每个 Sprint 周期为 2 周,开始时间为第一周的周四,结束时间为第二周的周三,其敏捷测试活动日程安排如图 4-6 所示,其中,粗体部分是团队的里程碑,铺灰部分是与 DevOps 相关的工程活动,而其余是主要的测试活动。

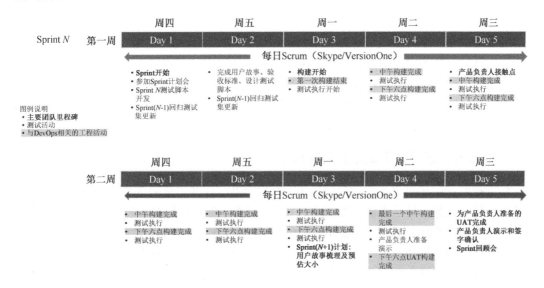

图 4-6 敏捷测试活动日程安排

有 4 个关键点需要特别说明。

(1) Sprint 的起始时间。此案例以周四为起始日,而通常的生活习惯是以周一作为一个星期的开始。那么,为什么这里会选择周中作为起始日呢?一种说法是如果 Sprint 是每 2 周为 1 次迭代,那么 Sprint 中就包含了 2 个周末,而这 2 个周末可以被当作本次 Sprint 的缓冲,如果进度落后,那么还可以利用周末加班。但在该案例中,外国人不大可能牺牲周末加班赶进度,之所以选择周四作为 Sprint 的起始日,是因为 Sprint 的结束日将会在周三,可以预留周四和周五 2 个工作日进行上线,如果上线有问题,那么还可以在工作日进行修复。而如果选择周一作为起始日,那么意味着周五是结束日,如果周五晚上上线时出现问题,安排人员在周末处理会比较困难。

(2) 产品负责人在第一周结束时和团队有一个接触点,他们不会在参加完 Sprint 计划会后,等到 2 周后的 Sprint 演示阶段才参与进来,而是在这个接触点确保团队在本次 Sprint 中做的工作是正确的,并且接下来的工作也会按计划进行。如果在这个接触点发现出现了偏差,那么就要尽快采取行动纠偏。

(3) 在第二周周中会进行下一次 Sprint 的用户故事梳理活动,确保在下一个 Sprint 计划到来时,用户故事已经变得比较具体详细,以及已满足 DOR 的条件。

(4) 在整次 Sprint 中,测试活动和 DevOps 活动是紧密联系的,它们共同支撑了项目的质量保障工作。

4.5 敏捷中的测试度量

度量是赋予一个对象或事件的数值特征，可以通过数值与其他对象或事件进行比较。度量是一种很好的手段，可以检验我们距离目标到底有多远。如果项目不进行度量，我们就无法知晓当时的状态和目标相比到底是落后了还是超前了，是偏差了还是符合要求。因此，我们常常把度量当作一种"路标"，用其衡量团队是偏离了"轨道"，还是在沿着正确的"轨道"前进。但是，在使用度量的时候，我们应该警惕以下2个误区。

1. 度量个人绩效而不是度量团队目标

如果把度量用在对个人的绩效评价上，那将会是一件非常危险的事情。个人为了完成绩效指标势必会想方设法来满足指标考核要求，比如，如果我们对开发人员每天开发的代码量（行数）做考核，开发人员很有可能会为了达到指标要求而开发大量的冗余代码，或者使代码逻辑不够简洁清晰，久而久之，代码的可维护性将变得很差，这种没有正确使用度量所造成的后果是我们不希望看到的。一旦把度量应用在个人考核方面，就很有可能会产生各种各样的负面效果。

因此，我们应当把度量用于团队目标，比如，我们关注自动化测试的通过率是为了检验当前版本到底离希望达到的质量目标还有多远，而不是为了证明开发人员写的代码有多差。另外，需要记住的是，我们应当把度量当作一种正向的激励手段，而不是惩罚别人的证据，否则一定不会得到客观的结果。

2. 只看单个指标而不是全局性的指标组合

只对单个指标进行割裂的分析没有任何意义，比如，测试人员在测试过程中发现了很多缺陷，这说明什么？有可能说明测试人员的能力强；也可能说明不是测试人员厉害，而是开发人员太差，写的代码存在很多问题；还有可能是因为此模块本身就很复杂，难度高，所以出现的缺陷当然比开发一个简单功能的模块多。因此，如果不是从全局的角度对多个指标进行综合性分析，只看单个指标很难知道真正的根源是什么。只有综合其他指标，运用全局性思维进行分析，才能透过这些指标获悉项目的真实情况，才有助于接下来采取正确的行动。

那么，与敏捷测试相关的度量指标有哪些呢？以下为部分参考指标。

（1）代码覆盖率：是指由开发人员在单元测试过程中，运行单元测试用例时所执行的代码量占该模块总代码量的百分比。目前，有很多工具可以自动化地统计这个度量值，比如，JaCoCo就是一个用于Java语言的代码覆盖率统计工具。需要注意的是，代码覆盖率指标不能一味追求100%。Martin Fowler等众多专家都认为追求100%的代码覆盖率是没有意义的，因为它不代表代码的真实质量。代码覆盖率的真正意义是帮助发现代码还有哪些部分没有被测试，因此，一般能够达到80%以上就已经很好了。

（2）验收测试通过率：是指某版本（一次Sprint或Release）中通过验收测试的用户

故事数占总用户故事数的百分比，该指标主要用来衡量当前版本的需求总体完成情况，以及是否达到发布条件。因为只有通过验收测试的用户故事才算完成，所以我们可以较为容易地统计出本次版本的需求完成情况。另外，对于是否可发布，除了要关注验收测试通过率，还要关注最小可发布特性集（MRF）。MRF 指在一个版本内最少必须要实现的需求集，否则无法实现本次版本目标。MRF 中的需求必须全部完成，这是必要条件，而不是充分条件。

（3）每用户故事点缺陷率：是指某版本（一次 Sprint 或 Release）发布后在其中发现的缺陷数（可以定义为发布后一段时间内发现的缺陷，如两周内）除以当次版本用户故事点的总数，该指标用来度量版本的总体质量，可帮助分析版本质量是否随着迭代的增加而逐渐提升。

（4）验收自动化率：是指通过自动化测试来验收的用户故事数占总用户故事数的百分比，该指标主要是考核自动化的实施情况。应该鼓励把能自动化的验收测试都尽量自动化，自动化的程度越高，进行回归测试的效率越高。

4.6 本章小结

本章从测试的角度讨论了在敏捷项目下测试的相关活动，包括从测试需求、测试计划、测试任务分解与跟踪，以及从用户故事生命周期的维度讨论了测试涉及的活动。

本章的主要内容如下。

（1）一个好的用户故事需要遵循 INVEST 原则。

（2）判断一个用户故事是否完成，不是以开发完成为标准，而是要经过测试并确认没有问题后，才可以判定用户故事已经完成。

（3）敏捷测试计划策略是指在愿景规划和待办事项梳理中，只需完成粗粒度的测试计划，随着项目的推进不断对待需求进行梳理，为"最接近 Sprint 周期"的最高优先级用户故事添加更细的粒度，而不那么紧迫的、超出范围的工作可以放入更高的级别，直到它接近待开发周期。同时，将优化之前粗粒度的计划变为粗细适中的"Just-In-Time"的测试计划。

（4）敏捷需要具有透明性或可见性，不同类型的工作，例如，正在完成的用户故事和自动化的进展，都应该清晰可见，并且可以通过看板呈现。

（5）看板的 4 个核心原则分别是可视化、限制在制品（WIP）、管理"流"和持续改进。

（6）要度量团队目标而不是个人绩效，要全局性分析指标组合而不是割裂分析单个指标。

第 3 篇
敏捷测试实践

第 5 章 敏捷测试实践框架

5.1 敏捷测试象限

5.1.1 敏捷测试象限起源

敏捷测试象限出自 Brian Marick 最先提出的敏捷测试矩阵。在他的许可下,敏捷测试专家 Lisa Crispin 和 Janet Gregory 对敏捷测试矩阵进行了补充和扩展,并且在《敏捷软件测试:测试人员与敏捷团队的实践指南》中提出了敏捷测试象限的概念,如图 5-1 所示。

敏捷测试象限

```
手工测试和                面向业务                手工测试
自动化测试
              ┌─────────────────┬─────────────────┐
              │   功能测试      │   探索式测试    │
              │   用户故事测试  │   场景测试      │
              │   实例          │   可用性测试    │
              │   原型          │   用户验收测试  │
   支         │   模拟          │   Alpha/Beta测试│    评
   持         │           Q2    │ Q3              │    价
   团         ├─────────────────┼─────────────────┤    产
   队         │           Q1    │ Q4              │    品
              │   单元测试      │   性能/负载测试 │
              │   组件测试      │   安全测试      │
              │   集成测试      │   其他非功能性测试│
              │                 │                 │
              └─────────────────┴─────────────────┘
   自动化测试               面向技术                  工具
```

来源:Lisa Crispin, Brian Marick。

图 5-1 敏捷测试象限

作为敏捷测试的基础框架,敏捷测试象限是每位敏捷测试人员都必须了解的基础知识。敏捷测试象限展示了不同类型测试的不同目的,其主要的维度包括面向技术还是面向业务、支持团队还是评价产品。根据这 2 个维度可划分出 4 个象限,敏捷测试涉及的所有测试类型都可归类到这 4 个象限中。

- 第一象限（Q1）：面向技术、支持团队的测试。
- 第二象限（Q2）：面向业务、支持团队的测试。
- 第三象限（Q3）：面向业务、评价产品的测试。
- 第四象限（Q4）：面向技术、评价产品的测试。

5.1.2 敏捷测试象限介绍

敏捷测试象限的各象限具体介绍如下。

1. 第一象限：面向技术和支持团队的测试

（1）主要由开发人员执行。
（2）测试类型：单元测试、组件测试、集成测试。
（3）测试目标：验证单元模块已被正确实施。
（4）主要采用自动化测试的方式，例如，在代码检入之前进行频繁的自动化测试和重运行。

2. 第二象限：面向业务和支持团队的测试

（1）主要由测试人员执行。
（2）测试类型：功能测试、用户故事测试、实例、原型、模拟等。
（3）测试目标：验证一个功能或用户故事已根据验收标准被正确实施。
（4）主要采用自动化测试为主、手工测试为辅的方式。

3. 第三象限：面向业务和评价产品的测试

（1）主要由业务验收人员和测试人员执行。
（2）测试类型：探索式测试、场景测试、可用性测试、用户验收测试、Alpha 测试及 Beta 测试等。
（3）测试目标：验证功能可以满足业务和终端用户需要。
（4）采用以手工测试为主、自动化测试为辅的方式。

4. 第四象限：面向技术和评价产品的测试

（1）主要由测试人员执行，项目团队配合。
（2）测试类型：性能/负载测试、安全测试、其他非功能性（-ility）测试。
（3）测试目标：确定产品符合非功能性要求。
（4）很多测试需要借助测试工具才能完成，主要采用自动化测试与手工测试相结合的方式。

敏捷测试象限虽然把不同的测试类型根据不同的目的进行了归类，总结出了相对全面的敏捷测试总览图，但是在真正进行敏捷测试的过程中，其落地指导意义依然不明确，更进一步的敏捷测试框架是 Mike Cohn 的测试金字塔。

5.2 测试金字塔

5.2.1 传统测试 V 模型存在的问题

在传统的开发模式中，测试领域有一个著名的模型——V 模型。V 模型主要根据项目周期的时间轴把测试分成了不同的阶段，如单元测试、集成测试、系统测试、用户验收测试等，如图 5-2 所示。V 模型的好处在于其定义了不同阶段的测试应该关注被测系统的哪些测试范围，例如，单元测试更关注模块内部的质量；集成测试更关注模块之间的集成；系统测试更关注整个系统的功能正确性及是否满足需求文档；用户验收测试则是从最终用户的角度关注是否满足最终用户的需要。

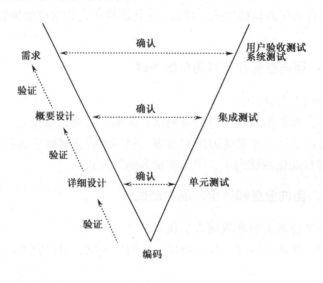

图 5-2　V 模型

但 V 模型在敏捷环境下也存在一些不适性。一方面，在敏捷中，测试活动融入整个开发过程，并不作为单独的阶段存在，所以 V 模型这种划分不同阶段的方式明显不适合敏捷测试；另一方面，在时间有限的情况下，V 模型对各测试阶段需要投入多少精力并没有明确的规定，导致不少项目对于单元测试不够重视，开发人员迫于开发进度的压力，很多时候只简单测试一下，甚至没有经过自测就提交给测试人员，测试人员不得不花费大量时间拦截缺陷，一不小心就成为"背锅侠"。在集成测试阶段，有时因为有测试人员介入，所以会测试得相对充分。但是，这个阶段对测试人员所掌握的技能有一定要求，需要他们有白盒测试的基础，所以不是每位测试人员都有能力执行集成测试，更多的测试工作被推后至 UI 层，包括 UI 界面的自动化测试和大量手工测试。如图 5-3 所示，由于这种情况看起来很像一个冰激凌，所以我们称其为测试冰激凌模式。

图 5-3　测试冰激凌模式

测试冰激凌模式有以下 4 个弊端。

（1）测试脆弱性。由于我们的自动化测试脚本集中在 UI 界面，而 UI 界面往往是最不稳定的部分，界面控件经常会发生变化，这对于 UI 端自动化测试脚本来说简直就是灾难。UI 自动化测试非常依赖 UI 界面的控件稳定性，只要控件出现变化，整个脚本就要重新调整和维护，否则就会运行失败。所以，自动化测试非常脆弱。

（2）延迟可能性。由于我们的单元测试、集成测试做得不够充分，把风险留到了后面的阶段，所以在后面的 UI 自动化测试需要花大量时间，此时发现和修复缺陷的周期将变得非常长且不可控，大大提高了延迟的可能性。

（3）复杂性。假如我们在单元测试、集成测试时没有测试充分，在 UI 界面进行自动化测试时才发现缺陷，那么对缺陷的定位、诊断和分析将变得更加复杂。

（4）成本。测试的一个定律是越早发现缺陷，修复的代价越低。如果缺陷在后面的阶段才被发现，那么整个项目的成本将会大大提升。

5.2.2　测试金字塔介绍

鉴于测试冰激凌模式的以上弊端，敏捷专家 Mike Cohn 在 2003 年提出了新的测试思路——测试金字塔。不过测试金字塔的真正流行是 2009 年，Mike Cohn 在《Scrum 敏捷软件开发》一书中正式提出后。而后，敏捷测试专家 Lisa Crispi 在《敏捷软件测试：测试人员与敏捷团队的实践指南》中再次提到了测试金字塔，这使它成为敏捷测试中较为重要的测试模型之一。

测试金字塔最初的原型分为 3 层，底层是单元测试，中间层是 API 测试，顶层是 UI 自动化测试。底层的单元测试需要做的测试工作最多，越往上测试工作越少。根据《Google 软件测试之道》的经验，三者的精力投入比例是：把 70%的精力放在单元测试上，20%的精力放在 API 测试上，而剩下 10%的精力放在 UI 自动化测试上。

测试金字塔的理念和时下流行的"测试左移"的理念一致。"测试左移"（Shift Left Testing）是指要把要求质量保障的活动尽量前移到更早的开发生命周期中。这个理念和测试金字塔的思想不谋而合，也就是要把测试工作往前移（对应测试金字塔是往下沉），要把单元测试、集成测试做得更加充分和完善。而顶层的 UI 自动化测试只需要针对关键业务进行自动化回归测试即可。

当然，只靠自动化测试没办法完全保证系统的质量，有些地方还是需要人工介入、需要人的思维判断才行，如用户体验测试等，所以后来 Lisa 在测试金字塔的塔尖补上了一片"云"，这片"云"就是探索式测试（Exploratory Test，ET），最终形成了如图 5-4 所示的测试金字塔。

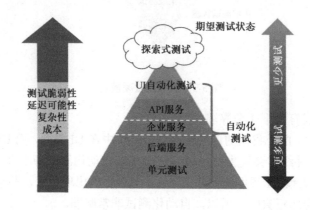

图 5-4　测试金字塔

本书实践部分的内容将会根据测试金字塔的理念布局，按照从单元测试、后端服务、企业服务、API 服务、UI 自动化测试等层次一一展开。

5.2.3　分层自动化测试

除了测试金字塔，我们还经常听到"分层自动化测试"一词，国外很少提及，但是在国内总会在不同场合听到。如果把如图 5-4 所示的测试金字塔顶尖上由 Lisa 补充的那块"云"（探索式测试）去掉，那么分层自动化测试的内容和测试金字塔基本上是一回事，没有太大区别。

分层自动化测试如图 5-5 所示，它从自动化的角度出发，指出自动化需要按不同的层级实施，不能只关注 UI 层，也需要关注服务接口层和单元测试层。UI 层的自动化测试这个理念在过去的二三十年一直占据主导地位，大多数的测试同行在实施自动化测试时，最初映入脑海的就是 UI 自动化测试，而且业界也提供了很多成熟的 UI 自动化测试工具，如商业工具 QTP/UFT、开源工具 Selenium 等。

但是正如 5.2.2 节所述，随着 UI 自动化测试本身的痛点日益明显，其脆弱性和复杂性也让人怀疑其投入与产出是否合理，因此，在 Mike Cohn 提出测试金字塔后，人们改变了以前以 UI 自动化测试为主导的观念，从最初的 UI 自动化测试扩展到服务层的自动化测试及底层的单元自动化测试。自动化能够在不同层级的测试中都发挥作用，降低测试的脆弱性和复杂性，同时提升整个测试的效率，这就是我们所说的分层自动化测试。

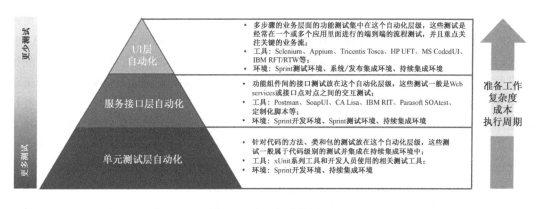

图 5-5　分层自动化测试

5.3 测试自动化与自动化测试

5.3.1 测试自动化与自动化测试的区别

近年来,随着敏捷开发模式的流行,测试领域也在不断发生变化。敏捷开发所谓"小步快跑"的方式迫使测试人员要在更短的时间内完成整个测试过程,而以前的纯手工测试在应对这种"短平快"的开发节奏时逐渐吃力,提升测试的速度和效率变成较好支撑敏捷开发的关键。而想要提升测试速度和效率,自动化变得尤为重要。

在谈论自动化时,经常会听到两个词:自动化测试和测试自动化。很多人都认为这两个概念表达的是同一个意思,但是这两个概念有本质上的区别。那么,到底什么是自动化测试?什么是测试自动化?所谓自动化测试,一般是指在测试执行的过程中,通过自动化的工具或手段代替人工执行的过程,它强调的是解决测试执行过程的效率。而测试自动化是指在测试领域中的任何方面,都可以通过各种自动化的方式和手段提高测试的效率,保证测试的质量,缩短软件交付的周期,它强调的范围是整个测试的过程,而不仅是测试执行过程,比如,测试数据准备的自动化、测试环境搭建的自动化都可以被包含在测试自动化这一概念里,从这个角度来说,测试自动化包含的范围更广。我们在项目中更应该从自动化测试思维转变为测试自动化思维,在整个软件测试生命周期(Software Testing Lifecycle,STLC)中寻找可以自动化的点,全方位提升测试效率,这也是外国同行经常使用的一句话:Automate Everything!

5.3.2 测试自动化的目的

当谈到测试自动化的目的时,很多人的第一反应是要加快测试的速度。诚然,加快测试速度是其中一个目的，但是测试自动化最核心、最重要的目的是保证软件的质量。在做测试时，无论是版本升级还是缺陷修复，都需要进行大量的回归测试，如果只靠"人肉"战术，一方面测试人员要应付新功能的测试，另一方面要进行缺陷的回归测试，这时测试人员往往会把重点放在新功能上面，回归测试就因为时间限制被简化了，而简化的后果就是原来应该被回归的范围缩小，有些缺陷被遗漏。另外，人毕竟不是机器，在通过重复枯燥地单击鼠标完成测试工作后，往往会有"审丑"疲劳，有时就会对软件的"丑"熟视无睹。如果通过自动化进行回归测试，就可以弥补这方面的不足。一方面，机器可以覆盖更广泛的回归测试范围，确保该测的地方都被测到；另一方面，因为机器不会疲惫、不会像人一样出现疏忽或出错，所以能够稳定提升整个软件的质量。

测试自动化的第二个目的是加快测试速度。这里需要阐明的一点是，加快测试速度并不是指加快脚本执行的速度，从某种角度上来说，熟练的测试工程师在人工操作某个业务流程时有可能比机器操作得更快。机器为了脚本健壮性，往往会在脚本中设置一些等待时间，避免因为操作比系统反应得更快而导致脚本运行失败。因此，这里提到的加快测试速度有两个层面的含义：一是指如果通过机器执行，机器不像人类一样每天工作 8 小时，如果需要，机器可以 24 小时不间断地执行，包括利用晚上甚至凌晨的时间来执行，而这是人类无法做到的；二是随着虚拟化和容器的发展，我们可以很容易地部署多套自动化工具执行脚本，如果脚本量较大，我们可以通过容器部署更多执行机实现分布式执行测试，从而大大加快整个测试的速度、提升测试效率。

测试自动化还有一个容易被大家忽视的目的，那就是自动化可以解决一些人工无法实现的测试操作，例如，性能测试。如果需要测试 10000 个并发，我们不可能找 10000 个测试工程师坐在计算机前在同一时间单击系统，即使能找到，怎么保证他们真的是在"同一时间"呢？通过自动化工具可以模拟并实现这种并发的请求。

5.3.3　增强的分层自动化

前面已经介绍了分层自动化，但如果按照"测试自动化"这个理念，再重新思考图 5-5，就会发现其有所缺失，因为它只是考虑了测试执行过程，没有关注测试数据准备、测试环境准备等方面。所以，从整个测试的过程来看，图 5-5 的描述并不是最完整的分层自动化测试。

分层自动化测试不仅是 UI 层自动化，还需要在测试的不同阶段都考虑自动化。同样，分层自动化测试不只关注测试执行过程的自动化，还需要关注数据、环境准备等各方面的自动化，特别是测试环境的自动化。测试环境准备特别耗时，统计数据表明，测试环境的准备时间占整个测试过程所需时间的 40%，所以，通过自动化来解决测试环境将大大提升整个测试的效率。因此，图 5-5 还需要进行优化，在最下层补充"测试数据与测试环境层自动化"，作为自动化测试执行的基础设施，这就是我们所说的增强的分层自动化，如图 5-6 所示。

第 5 章 敏捷测试实践框架

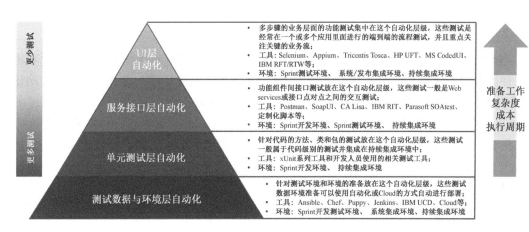

图 5-6　增强的分层自动化

5.3.4　自动化测试工具的选型策略

现在市面上提供的自动化测试工具非常多，主要分为商业和开源两大类。选择哪款工具更为合适，需要根据项目的不同背景、条件和实际情况，按照自动化测试工具的选型策略来判断。自动化测试工具选型策略主要涉及以下 4 个方面。

1. 技术特点

每个测试工具都有其自身的特点，所以我们首先需要充分了解被测系统的技术特点，比如，系统架构是 B/S 还是 C/S、界面端用什么编程语言实现、采用什么开发框架、使用什么控件、在接口部分采用什么协议，以及数据格式如何，等等。只有收集了足够的信息，我们在分析后才能判断和选择出合适的工具。每个工具都有自己的适用范围，目前，市面上还没有一款工具能够支持所有的技术栈，例如，Selenium 是一款针对网页端的自动化测试工具，如果我们需要测试的系统是 SAP ECC，那么 Selenium 就没有办法针对此系统进行自动化测试。如图 5-7 所示的自动化测试工具图谱中列出了市面上常见的商业和开源工具，以及其能够支持的技术栈，供读者参考。

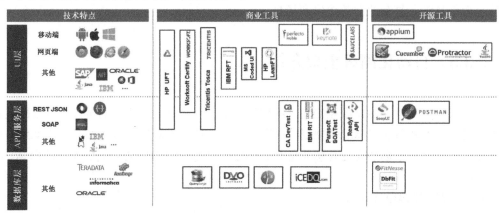

图 5-7　自动化测试工具图谱

2. 使用情况

我们需要明确未来是什么人使用自动化测试工具实现对自动化测试脚本的开发和维护，使用者的不同也会影响工具的选择，如果未来由手工功能测试人员开发和维护自动化测试脚本，那么就不能选择对编程要求高的自动化测试工具，而可以选择一些通过关键字驱动技术实现脚本开发的自动化测试工具。目前，市面上也有一些宣称是无代码（Code-Less）的测试工具，例如，TOSCA，可以令使用者无须或仅经过少量脚本编写就能开发出自动化测试脚本。这些工具降低了使用者开发脚本的难度，使以前专门进行手工测试的人员也可以参与自动化测试的开发工作。

3. 投资预算

如果预算充足，那么可以选择商业的测试工具。一方面，相较于开源测试工具，商业测试工具比较成熟，各方面功能也比较完善和全面；另一方面，商业测试工具有专门的售后维护团队，可以提供技术支持，而开源测试工具则需要自己去网上寻找解决问题的方法。当然，如果公司或部门没有预算购买测试工具，那么只能选择开源测试工具。

4. 技术支持

在选择测试工具的时候还有一点需要考虑，那就是未来是否能提供足够的技术支持。商业测试工具一般有专门的售后维护团队，只需要考虑在中国是否有售后维护人员即可。如果在中国有相关团队，那么对于问题的响应和解决可能会比较快速。而如果需要在开源测试工具里面进行选择，就需要选择市面上使用得比较多的测试工具。一般使用者较多的测试工具比较容易在网上找到相应的资料帮助解决问题，但如果选择的工具太冷门，一旦出现问题，很难找到相应的资料或对工具熟悉的专家，会增加使用时的风险。

通过对上述 4 个方面进行综合分析，我们可以列出候选测试工具列表。建议对候选测试工具进行一次 PoC（Proof of Concept）验证，也就是找一些实际场景进行试验，看看测试工具是否能真正满足需要。注意，在 PoC 验证过程中，不要选择过于复杂的场景，因为我们的目的是考察工具的满足度，而不是真正地做项目，比如，在对网页端的自动化测试工具进行考察时，我们的关注点应该是考察工具是否能完全识别和支持系统界面上的各种控件，而不是陷入复杂的业务逻辑和场景。

5.3.5 自动化测试框架介绍

在继续讨论自动化测试框架之前，我们先了解一下什么是框架。通常，框架是标准和规则的组合，当遵循这些标准和规则时，企业可以使用它们获得最大的收益。类似地，自动化测试框架是用于创建自动化脚本的特定方法，它是一组为自动化提供支持的原则、概念和实践。

自动化测试框架的特点如下。

- 在编写脚本时遵循一组严格的原则，这些原则主要用来减少自动化脚本的维护工

第 5 章 敏捷测试实践框架

作,同时提高脚本的质量。
- 确保自动化脚本具有数据可行性,保证它们可以在各种数据集上执行。
- 实现可重用、健壮和高效的自动化脚本。

如图 5-8 所示为一个最基础的自动化测试框架架构。

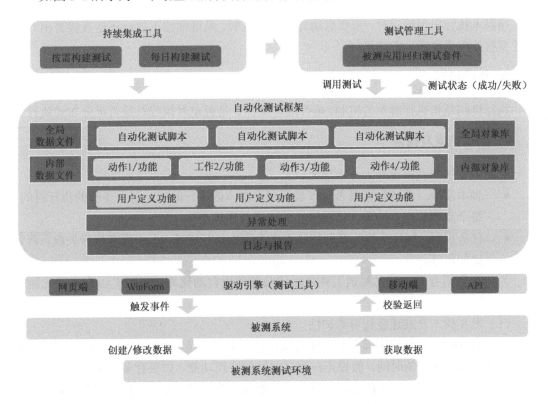

图 5-8 一个最基础的自动化测试框架架构

一个基础的自动化测试框架体系结构涉及以下主要组件。

1. 驱动引擎

驱动引擎是指控制其他组件或工具执行的主要代码。有些自动化测试框架和执行引擎在同一个工具里面。大部分商业测试工具都如此,如 QTP/UFT 和 TOSCA;而有些自动化测试框架需要借助外部的测试工具,如 Robot Framework 框架集成 Selenium 或 Appium 等。

2. 数据管理

这里提到的数据管理包括以下 3 个方面。

(1) 参数管理:需要对输入和输出参数进行统一管理,提高脚本可维护性。
(2) 环境变量:需要对测试环境变量进行可配置管理,提高脚本的健壮性。
(3) 测试数据:测试数据的输入,是否能支持多种文件格式的导入,甚至数据库直接取数的接口等。

3. 对象存储库

对象存储库用来保存对象定义的文件。

4. 异常处理

当脚本执行出现错误时，需要启动异常处理机制，是继续往下执行还是直接退出？这时需要有处理错误或异常的机制。

5. 执行机制

执行机制是指执行脚本的机制。是否批量执行？是否定时执行？是否可分布式执行？

6. 测试结果及报告

此处所说的测试报告分为2个层面。

- 脚本层面：测试报告是否可以显示每个脚本的执行时间、每个步骤的执行时间、每个步骤的执行结果、错误日志和错误截图等。
- 任务层面：如每个执行任务到底有多少脚本执行成功、多少脚本执行失败、百分比如何等。

为什么我们有了自动化测试工具之后还必须使用自动化测试框架？因为自动化测试框架可以提供很多好处。

（1）提高脚本开发速度和可维护性。

开发和维护自动化测试脚本对于任何软件公司来说都是非常耗时的，自动化测试框架减少了执行这些活动的时间。假设正在测试网站的注销功能，如果有多个测试场景，那么每个场景都必须测试注销功能是否正常工作。如果正在使用一个自动化测试框架，那么就可以使用一个自动化脚本，通过传入不同的参数匹配不同的测试场景。此外，在维护的时候只需修改这个脚本，而不用更新每个场景的脚本，减少了维护工作量。

（2）提高脚本的健壮性。

自动化测试框架具备错误管理功能，包括异常处理、错误日志、系统截屏等，可以帮助在脚本出错的时候快速定位并发现问题所在，同时也可以针对异常进行选择性处理，使脚本的健壮性更高。

（3）分布式提高脚本执行效率。

自动化测试框架可以支持分布式执行，这样就可以把大量自动化测试脚本分配到不同的执行机上执行，从而缩减整体执行时间，提高整体的脚本执行效率。

（4）无人值守。

有了自动化测试框架，我们就可以设计一些定时任务并规定具体的执行时间，不必每天24小时都待在办公场所。例如，可以在下班离开之前设置一个凌晨运行的测试，第二天早上上班时，测试结果就已经出来了，这种方式使测试人员更加轻松。

（5）提高投资回报率。

自动化测试框架所需的初始投资令许多人感到不快，但其长期投资回报率很高。正如前面所讨论的，自动化测试框架可以提高脚本开发速度和执行效率，减少对测试资源的依赖。有了自动化测试框架，测试人员就可以投入到更有价值的事情上，如探索式测试、用户体验测试等来提高投资回报率。

5.3.6 什么样的项目适合测试自动化

到底什么样的项目适合测试自动化？相信很多人都会认为，不是所有的项目都适合自动化测试。根据 IBM 的调查分析，一个自动化测试脚本只有被执行超过 5 次，它的投资回报率才能被接受。所以，一些长期未更新的"僵尸"应用是没必要自动化的。另外，如果某应用的 UI 经常变来变去，其脚本维护成本就会非常高，它的投资回报率也不一定能被接受。这些确实是影响或阻碍自动化的因素。但是如果从测试自动化的角度分析，是否可以在测试数据上做自动化？是否可以用更快速的方式搭建测试环境？UI 经常变，那么是否能做 API 的自动化测试？所以，我们需要有自动化的意识，把自动化植入脑中，在日常工作中任何能够帮助减少重复劳动、提升工作效率的方面都可以尝试将其自动化，而不是将测试自动化狭义地理解为 UI 的测试自动化。从这个角度来看，所有的项目都可以进行测试自动化。

5.4 敏捷测试实践框架

5.4.1 敏捷测试实践框架概述

在了解了敏捷测试象限、测试金字塔和测试自动化等理念后，接下来需要思考一个问题：这些新的理念应该如何与敏捷结合并应用到实际的敏捷测试中？相信这个问题也是大多数测试人员心中的困惑，下面继续讨论敏捷测试实践框架。

首先，我们可以按照开发过程中代码推进路径的先后顺序划分出 5 个环节。

(1) 需求被实现到配置库。
(2) 代码被部署到开发环境。
(3) 代码被部署到 Sprint 测试环境。
(4) 代码被部署到集成/发布测试环境。
(5) 代码被部署到生产环境。

在这些环节中，代码从一个环节传到下一个环节，它的质量应该会有所提高；再传到再下一个环节，它的质量应该又有所提升……直到生产环节，用户最终可以接收到一个质量可靠的产品。在这个过程中，这些环节就好像安置了一个"质量漏斗"，代码从一开始的输入到最后的走向市场，经过"质量漏斗"的层层检验，质量越来越好，直至被部署到生产环境并推向市场。在生产上线后，还需要监控市场的接受度，收集并确认用户反馈，把反馈推给内部的团队作为新的输入，以此建立一个反馈环，如图 5-9 所示为敏捷测试实践框架。

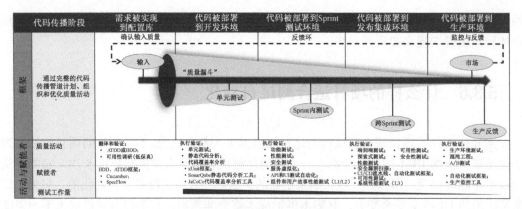

图 5-9　敏捷测试实践框架

在"质量漏斗"中还内置了不同环节的质量活动,由赋能者驱使质量不断提升。这些质量活动和赋能者不但出现在测试中,而且贯穿整个开发过程,这也是"质量内建"(Quality Build-In)的理念。

5.4.2　敏捷测试实践活动与赋能

接下来分析在不同的环节有哪些质量活动和赋能者参与其中。

1. 需求被实现到配置库

这个环节是需求相关的环节,我们针对需求主要采用 ATDD 或 BDD 的实践进行活动,同时也要考虑关于可用性的调研,可以通过低保真原型向最终用户收集反馈。关于 ATDD 和 BDD 的详细内容可以参考 6.2 节和 6.3 节,关于可用性测试可以参考 7.3 节。

该环节的赋能者是 BDD 框架、ATDD 框架,如 Cucumber、SpecFlow 等。

2. 代码被部署到开发环境

这个环节是开发和单元测试环节,我们采 TDD 进行开发和单元测试,同时进行静态代码分析和代码覆盖率分析等活动。关于 TDD 的详细内容可以参考 6.1 节。

该环节的赋能者是 xUnit 框架、SonarQube 静态代码扫描工具、JaCoCo 代码覆盖率分析工具等。

3. 代码被部署到 Sprint 测试环境

这个环节是 Sprint 内测试环节,我们针对代码的功能性和非功能性进行测试,主要的质量活动包括功能测试、性能测试、安全测试等。关于性能和安全测试的详细内容可以参考 7.1 节和 7.2 节。

该环节的赋能者是服务虚拟化(参考 6.4 节)、API 和 UI 测试自动化、组件和用户故事级别的性能测试等。

4. 代码被部署到发布集成测试环境

这个环节主要是跨 Sprint 的 UAT 测试环节，主要包括端到端测试、可用性测试、探索式测试、安全测试、性能测试等活动。关于探索式测试的详细内容可以参考 6.6 节，而可用性/易用性测试可以参考 7.3 节。

该环节的赋能者是自动化测试框架、CI/CD 流水线、安全漏洞扫描、可用性测试、系统性能测试等。

5. 代码被部署到生产环境

这个环节主要是上线后环节，包括的质量活动如生产环境测试、混沌工程（Chaos Engineering）、A/B 测试等。这方面的详细内容可以参考 8.4 节。

该环节的赋能者是自动化测试框架、生产监控工具，如 APM 等。

最后，再来看不同环节的测试工作量分布。在代码向后推进的不同环节中，测试的工作量也在逐步减少，这与测试金字塔的理念一致。

5.5 本章小结

本章从整体视角讨论了与敏捷测试象限和测试金字塔相关的概念，同时还介绍了测试自动化及自动化测试的相关内容，最后介绍了敏捷测试实践框架。

（1）根据面向技术还是面向业务、支持团队还是评价产品这 2 个维度把敏捷测试中涉及的测试类型划分为 4 个象限。

（2）测试金字塔底层的单元测试需要最多的测试工作，越往上测试工作越少。其核心要点和前面提到的"测试左移"的理念一致，也就是要把测试工作往前移（对应测试金字塔是往下沉），要把单元测试、API 测试做得更加充分和完善，而最上层的 UI 测试只需针对关键业务进行自动化回归测试即可。

（3）自动化测试一般是指在测试执行过程中，通过自动化的工具或手段代替人工执行的过程，它强调的是提高测试执行过程的效率。

（4）测试自动化是指在测试领域中的任何方面，都可以通过各种自动化的方式和手段提高测试效率、保证测试质量和缩短软件交付周期，它强调的阶段是整个测试过程，而不只是执行过程。

（5）自动化测试工具的选择主要需考虑技术特点、使用情况、投资预算、技术支持这 4 方面因素，最后还需要通过 PoC 验证其有效性。

（6）我们需要有自动化的意识，把自动化植入脑中。在日常工作中，任何能帮助减少重复劳动、提升工作效率的方面都可以尝试将其自动化，而不是狭义地将测试自动化理解为 UI 的测试自动化。因此，所有的项目都可以进行测试自动化。

第 6 章　敏捷功能性测试实践

6.1　测试驱动开发（TDD）

6.1.1　什么是单元

在不同的编程范式下，单元的定义是不同的。在面向过程的编程中，一个单元可以是整个模块（Module），但更常见的是一个单独的函数（Function）或过程（Procedure）；在面向对象的编程中，一个单元通常是指一个完整的接口（Interface），上至一个类（Class），下至一个方法（Method），都可以是一个单元。

6.1.2　什么是单元测试

单元测试是由开发人员编写和维护的简短程序片段，这段程序用于验证单元的运行结果。单元测试的结果只有 2 种：若程序的行为与记录的期望一致，则为通过（值为 0），否则为失败（值为非 0）。开发人员通常会编写大量单元测试来验证程序行为，这些单元测试可以组成测试套件（Test Suite）。单元测试可以追溯到 JUnit 工具系列，若测试的执行结果显示为红色，则表示一个或多个测试执行失败；若为绿色，则表示单元测试执行成功。

注意，单元测试在不同开发模式中具有不同的含义，在传统的软件开发模式中，单元测试表示开发生命周期的一个测试阶段，与其他阶段如系统测试有所区别。在这种情况下，这些术语不一定与自动化有关；而在敏捷软件开发中，单元测试是指采用自动化单元测试框架编写的自动化单元测试代码，程序员通过单元测试验证所写代码的可测试性。为了避免造成混淆，一些敏捷作者提倡使用"开发人员自测试"一词，将其与"客户测试"进行区分。

许多编程语言都有自己的单元测试框架，例如，对于 Java 语言，我们一般使用 JUnit 和 TestNG；对于 Python 语言，我们更多地使用 unittest 框架和 py.test 框架；而对于 JavaScript，则可以使用 Mocha、Jest 或 Jasmine。但无论使用哪种编程语言或测试框架，在编写单元测试时都遵循以下 3 步。

（1）初始化对象：准备为将要测试的类、方法、函数输入参数。
（2）执行操作：获得相应代码的执行结果。

（3）验证结果：通过一个有可能失败的断言对结果进行验证。

例如，我们要测试某个 API 返回的 HTTP 状态代码是否为 200 OK，使用 JUnit 框架编写的单元测试代码如下。

```
public void test_check_response_is_200() {
// 初始化对象
APIHelper apiHelper = new APIHelper ();
// 执行 get 方法并获得对应代码的 API 结果
HttpResponse response = apiHelper.get("http://www.baidu.com/");
//验证结果
assert(response .getStatus()).is(200);
}
```

这段代码测试了 APIHelper 这个对象的 get 方法，所以在这个例子中，get 方法就是单元。但如果我们在同一个测试代码文件中增加了一个对 post 方法的测试，也就是对 APIHelper 这个类的测试，那么，APIHelper 这个类就是单元测试中的单元。

这里涉及一个很重要的概念，即"可能失败的断言"。例如，如果我们在最后设置了 assert(True)或 assert(1==1)，这个单元测试用例很可能会通过，但却失去了意义。单元测试框架并不会检查表达式所代表的意义，测试内容的意义只能由开发人员赋予。

一段好的单元测试代码要具备以下 3 点。

（1）测试代码的方法名能够体现出测试用例的内容。

（2）初始化对象、执行操作和验证结果这 3 段之间有明显的分隔，一般使用空行进行分隔。

（3）每个测试用例的代码行数均不多，每个测试用例只测试一个方法，测试目的是保证软件的可测试性，我们需要编写自动化测试，并且通过测试来完成代码，这样的好处是保证每行代码都经过了测试。没有被自动化测试覆盖的代码有可能就存在问题。因此，我们需要让每行代码都通过测试。

以上的单元测试代码可以在代码开发前编写，也可以在代码开发后编写。如果在代码开发前编写，就是"测试驱动开发"。

6.1.3 什么是 TDD

测试驱动开发（Test Driven Development，TDD）已经存在较长时间，其历史可以追溯到 20 世纪 90 年代末的极限编程（XP），是极限编程的核心实践之一。在敏捷联盟的释义中是这么解释测试驱动开发的：测试驱动开发是指一种编程风格，其中紧密结合了 3 个活动：编码、测试（以编写单元测试的形式）和设计（以重构的形式）。

可以通过以下 5 个步骤进行简要描述。

（1）编写描述程序某方面功能的单个单元测试。

（2）运行单元测试，该测试会因为没有实现测试内容而失败。

（3）编写刚好够用的代码（最简单的方法）使测试通过。

（4）重构代码，直到其符合简单性这一标准。

（5）随着时间的推移，重复累积单元测试。

通过步骤 1 可知，TDD 和单元测试是分不开的。"测试驱动"让我们将测试这个活动从程序编写完成后"前移"或"左移"到程序编写前，让开发人员能够更好地理解和设计程序的行为，并且能快速地获得反馈。

TDD 的流程如图 6-1 所示。

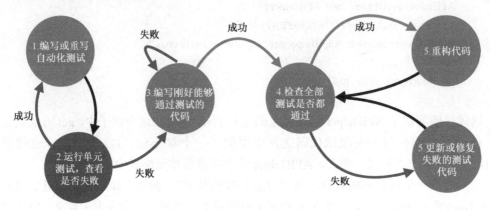

图 6-1　TDD 的流程

（1）编写或重写自动化测试。
（2）运行单元测试，查看测试是否失败，若成功，则返回第 1 步，否则进入第 3 步。
（3）编写刚好能够通过测试的代码，让测试通过。
（4）如果测试通过，则检查全部测试是否都成功。
（5）如果成功，则重构代码；如果失败，则更新或修复测试代码。

前 3 步专注于完成测试定义的代码，后 2 步确保代码设计的一致性。TDD 依赖以下 2 个简单的原则。

（1）除非有一个测试失败，否则不要写任何代码。写代码的唯一原因就是修复失败的测试。

（2）定期重构，避免重复，保持代码设计的一致性和定义的唯一性。

TDD 不只是保证每个类都有一组相关的单元测试，因为当任何有经验的开发人员有了足够的原则，他们在编写代码后再编写单元测试也可以达到同样的效果。TDD 的"撒手锏"是它迫使开发人员在编写代码前，要基于实践性使用明确的术语来考虑他们将要编写的代码。在编写单元测试之前，开发人员首先需要真正地了解功能，如此才能抵制马上开始编写代码的诱惑，并积极地考虑他们到底需要实现什么，用术语来表示就是"测试驱动设计"。

很多实践敏捷的开发团队都确立了"除非存在没有通过的测试，否则不写代码"这样的原则，以确保实现 TDD。同时，还会用一些持续集成手段来验证每段代码的调整都必须与测试代码对应，反之亦然。

这个想法可以被认为是过去 20 年来对软件工程质量做出的重要贡献之一，给 TDD 带来了以下好处。

- 代码更简洁，设计更好。

- 代码更简单，维护成本更低。
- 从一开始就较少的 Bug。
- 一套全面的回归测试。

有经验的开发人员通常会在编码前就考虑代码的设计，以单元测试的形式表示这种设计会使这个过程更加具体。在实现任何代码前，TDD 实践者会想象"他们想要的"代码，这往往会产生更干净、设计更好的 API。这些单元测试也成为如何使用应用程序代码的示例。而且，因为每个新特性都需要编写至少一个测试，所以代码的测试效果会更好，Bug 也会显著减少。

使用 TDD 开发的代码还受益于一组全面的回归测试，这些测试与 TDD 推崇的干净设计相结合，可以使应用程序更容易修改，维护成本更低。这样，再加上较低的 Bug 数，维护成本和总体成本将会显著下降。

而不利的一点是，TDD 不易于学习，它需要大量的纪律和坚持不懈的实践，特别是在没有有经验的 TDD 从业者指导和没有管理层支持的情况下。与刚使用任何新技术或新方法一样，生产率在最初也会受到影响，新加入 TDD 的团队在最初阶段交付得很慢，尽管缺陷的数量几乎马上就下降了。

6.1.4 TDD 实例

接下来通过一个例子演示 TDD 的过程。假设需要构造一个银行账户的 API 来管理用户的账户，我们可以存钱（deposit）或取钱（withdraw），并且可以看到余额（balance）。

我们可以写出如下用户故事。

> 作为一名银行储户
> 我想要拥有一个储蓄账户
> 以便我可以存钱、取钱，并且显示当前余额

小·技巧：任务拆分（Tasking）

在进行开发之前，把当前任务拆分成多个子任务是一个良好的编程习惯，可以帮助我们更好地评估工作量，并对问题进行分析和拆解。以上用户故事可以拆分成以下 3 个测试任务。

（1）创建账户，默认账户存款为 0 元。
（2）在新创建的账户中存一笔钱并显示存钱后的余额。
（3）在新创建的账户中取一笔钱并显示取钱后的余额。

在 Java 语言中经常会用到的单元测试框架是 JUnit，下面将以 IntelliJ Idea 和 JUnit 5.0 为例介绍 TDD 的基本流程。

创建一个 Account 空项目，如创建一个名为 Account 的新类。

```java
package com.example;
public class Account {


}
```

编写第一个自动化测试用例。

```java
package com.example;
import org.junit.jupiter.api.Test;
import static org.junit.jupiter.api.Assertions.*;

class AccountTest {
    @Test
    public void test_create_account_the_balance_is_zero(){
//创建一个账户
        Account account = new Account();
// 期望 getBalance 获得为 0 元的余额
        assertEquals(0.0,account.getBalance());
    }
}
```

运行这个单元测试。测试注定会失败,它会提示 getBalance 方法不存在。随后,修复失败的测试。建立缺失的 getBalance 方法,使其尽快成功。

```java
package com.example;
public class Account {
    public double getBalance() {
        return 0;
    }
}
```

此时的目的是让测试快速通过,而不是实现功能,所以返回一个为 0 元的余额就是"刚好够用"的实现。接下来,再增加一个存钱的测试用例,在存入 500 元后,应该得到 500 元的余额。

```java
    @Test
    public void test_deposit(){
        Account account = new Account(); // 创建一个账户对象
        account.deposit(500.00); // 给账户对象存入 500 元
        assertEquals(500.0,account.getBalance()); // 期望 getBalance 方法返回 500 元余额
    }
```

执行测试,原先的 getBalance 方法测试成功了,但新增添的 deposit 方法测试失败了。所以,我们要创建 deposit 方法,并且修改代码使测试通过。

```java
package com.example;
public class Account {
    private double balance = 0.0;
    public double getBalance() {
        return this.balance;
    }
```

```
public void deposit(double value) {
    this.balance += value;
}
}
```

这时会引入一个新的问题：如果存入的值是负数怎么办？

在真实的场景下，我们可能会碰到业务需求没有规定的内容（一句话需求都是这样的）。在需求提出方或业务规则并不明确的情况下，可以提供一个建议方案，但一定要与需求提出方确认。

我们假设与需求提出方讨论的结果是在调用 deposit 方法时，如果是负值，就抛出 IllegalDepositException（非法存款值）异常。所以，我们期望的测试应该如下。

```
@Test
public void test_deposit_illegal_should_throw_exception(){
Account account = new Account();
//期待在调用 deposit 方法为负值的时候抛出 IllegalDepositException 异常
    assertThrows(IllegalDepositException.class, ()->account.deposit(-500));
    assertEquals(0.0,account.getBalance()); // 抛出异常也不能让余额出现问题
}
```

除了要抛出异常，我们还需要保持余额正确，因此还需修改代码。

```
package com.example;
public class Account {
    private double balance = 0.0;
    public double getBalance() {
        return this.balance;
    }

    public void deposit(double value) throws IllegalDepositException {
        if (value < 0.0) throw new IllegalDepositException();
        else this.balance += value;
    }
}
```

此时会发现原先测试 deposit 的方法需要处理异常。所以，我们需要继续修改测试代码。

```
package com.example;
import org.junit.jupiter.api.Test;
import static org.junit.jupiter.api.Assertions.*;
class AccountTest {
    @Test
    public void test_create_account_the_balance_is_zero(){
        Account account = new Account();
        assertEquals(0.0,account.getBalance());
    }
    @Test
    public void test_deposit() throws IllegalDepositException {
```

```
            Account account = new Account();
            account.deposit(500);
            assertEquals(500.0,account.getBalance());
        }
        @Test
        public void test_deposit_illegal_should_throw_exception(){
            Account account = new Account();
            assertThrows(IllegalDepositException.class, ()->account.deposit(-500));
            assertEquals(0.0,account.getBalance());
        }
    }
```

在实现存款这个功能后,接下来就需要实现其余的 2 个功能:取款和查看交易历史。

在取款时,除了负值要抛出异常,我们还要判断余额不足时应如何处理。一般会出现 3 种情况。

(1) 拒绝。

(2) 透支。

(3) 仅取出可用部分。

针对这 3 种情况可能有如下解决方案。

(1) 拒绝:抛出 IllegalWithdrawException。

(2) 透支:直接减去,保留负值。

(3) 取出可用部分,清零 balance 值。

在进行设计前,需要对这 3 种方案进行确认或讨论。假设我们这里选择了第 1 种,也就是拒绝(这样比较保险也比较保守),那么可以编写如下测试。

```
        @Test
        public void test_withdraw_if_balance_is_negative_should_throw_exception () throws IllegalWithdrawException {
            Account account = new Account();
            assertThrows(IllegalWithdrawException.class, ()->account.withdraw(500));
            assertEquals(0.0,account.getBalance());
        }
```

同时,为了快速实现这个过程,我们也只写"刚好"通过测试的代码。

```
        public void withdraw(double v) throws IllegalWithdrawException {
            this.balance = 0.0;
            throw new IllegalWithdrawException();
        }
```

测试通过。在测试取钱前还要先存钱,代码如下。

```
        @Test
        public void test_deposit_then_withdraw() throws IllegalWithdrawException, IllegalDepositException {
            Account account = new Account();
            account.deposit(500);
            account.withdraw(300);
```

```
            assertEquals(200.0,account.getBalance());
    }
```

但是，运行测试后发现失败了，这表明之前"刚好"的代码已经不适合了，必须修改代码才能使测试通过。

```
        package com.example;
        public class Account {
            private double balance = 0.0;
            public double getBalance() {
                return this.balance;
            }

            public void deposit(double value) throws IllegalDepositException {
                if (value < 0.0) throw new IllegalDepositException();
                else this.balance += value;
            }

            public void withdraw(double value) throws IllegalWithdrawException {
                if (this.balance - value < 0) throw new IllegalWithdrawException();
                else this.balance -= value;
            }
        }
```

同样地，withdraw 方法的参数也不能是负值。此时如果用同样的异常 IllegalWithdrawException 处理"负值"和"余额不足"2 种情况，这时可以采取以下 2 种设计。

（1）修改 IllegalWithdrawException()的实现，使用不同的 message 信息进行区分。也就是说，虽然同样是 IllegalWithdrawException()，但具体内容不同。

（2）新建一个异常，命名为 IllegalBalanceException 异常，用于处理余额不足的情况。

不同的异常就是不同的对象，不同的问题也是不同的对象。如果使用分支语句在异常的实现方式上判断，或者采用集成的方式让不同的类继承一个基类，实际上就增加了代码的复杂度和耦合性。

所以，第 2 种设计才是更好的设计。将测试代码修改如下。

```
        @Test
        public void test_withdraw_if_balance_is_negative_should_throw_exception () {
            Account account = new Account();
            assertThrows(IllegalBalanceException.class, ()->account.withdraw(500));
            assertEquals(0.0,account.getBalance());
        }
```

运行这个测试，一定会失败！我们再增加一个 IllegalBalanceException 的异常类来修复这个失败的测试，并且让原先的 IllegalWithdrawException 异常处理取款为负值的情况。

```
        package com.example;
        public class Account {
            private double balance = 0.0;
```

```java
public double getBalance() {
    return this.balance;
}

public void deposit(double value) throws IllegalDepositException {
    if (value < 0.0) throw new IllegalDepositException();
    else this.balance += value;
}

public void withdraw(double value) throws IllegalWithdrawException, IllegalBalance Exception {
    if (value < 0.0) throw new IllegalWithdrawException();
    if (this.balance - value < 0) throw new IllegalBalanceException();
    else this.balance -= value;
}
}
```

同时,我们也要修改测试并补充对取款为负值时进行测试的代码。

```java
@Test
public void test_deposit_then_withdraw() throws IllegalWithdrawException, IllegalDepositException, IllegalBalanceException {
    Account account = new Account();
    account.deposit(500);
    account.withdraw(300);
    assertEquals(200.0,account.getBalance());
}

@Test
public void test_withdraw_value_is_negative_should_throw_exception () {
    Account account = new Account();
    assertThrows(IllegalWithdrawException.class, ()->account.withdraw(-500));
    assertEquals(0.0,account.getBalance());
}
```

测试通过。但是 TDD 的过程还没有结束。TDD 的最后一步是重构,而重构首先要发现代码中的一些"坏味道",如代码重复。例如,在代码中,deposit 和 withdraw 都出现了 2 次判断值小于 0 的情况,这时可以抽取一个方法来判断值是否为负,但这样就要重新修改设计。

看起来,代码出现了以下 2 个问题。

(1)虽然能精确定义什么是非法的取钱和存钱,但非法的定义并不清晰。

(2)同样地,非法余额的定义也不明确。

所以,我们需要重新修改测试。

- 当取值为负的时候,应该抛出 NegativeValueException。
- 当余额为负的时候,应该抛出 NegativeBalanceException。

除了修改异常名称,还要修改对应的测试名称,使测试的表达更加准确。最终,我们将会形成如下测试代码。

```java
package com.example;
import org.junit.jupiter.api.Test;
import static org.junit.jupiter.api.Assertions.*;

class AccountTest {
    @Test
    public void test_create_account_the_balance_is_zero(){
        Account account = new Account();
        assertEquals(0.0,account.getBalance());
    }

    @Test
    public void test_deposit() throws NegativeValueException {
        Account account = new Account();
        account.deposit(500.00);
        assertEquals(500.0,account.getBalance());
    }

    @Test
    public void test_deposit_negative_value_should_throw_exception(){
        Account account = new Account();
        assertThrows(NegativeValueException.class, ()->account.deposit(-500));
        assertEquals(0.0,account.getBalance());
    }

    @Test
    public void test_withdraw_negative_balance_should_throw_exception () {
        Account account = new Account();
        assertThrows(NegativeBalanceException.class, ()->account.withdraw(500));
        assertEquals(0.0,account.getBalance());
    }

    @Test
    public void test_deposit_then_withdraw() throws NegativeValueException, Negative BalanceException {
        Account account = new Account();
        account.deposit(500);
        account.withdraw(300);
        assertEquals(200.0,account.getBalance());
    }

    @Test
    public void test_withdraw_negative_value_should_throw_exception () {
        Account account = new Account();
```

```
            assertThrows(NegativeValueException.class, ()->account.withdraw(-500));
            assertEquals(0.0,account.getBalance());
        }
    }
```

而实现代码会变成如下的形式。

```
    package com.example;
    public class Account {
        private double balance = 0.0;
        public double getBalance() {
            return this.balance;
        }

        public void deposit(double value) throws NegativeValueException {
            checkInputValue(value);
            this.balance += value;
        }

        public void withdraw(double value) throws NegativeValueException, NegativeBalance Exception {
            checkInputValue(value);
            if (this.balance - value < 0) throw new NegativeBalanceException();
            else this.balance -= value;
        }

        private static void checkInputValue(double value) throws NegativeValueException {
            if (value < 0.0) throw new NegativeValueException();
        }
    }
```

需要注意的是，在真实的业务中不要使用 Double 类型作为存储货币数据的类型，而是使用 BigDecimal 类型作为存储金额的类型。至于为什么，读者可以自行查阅并设计一个测试用例进行尝试。Double 类型和 BigDecimal 类型在使用中出现的问题曾导致某省运营商的移动电话计费系统每月损失几百万元。

现在回顾一下刚才 TDD 的过程。

（1）先创建一个可能会失败的自动化测试，只测试将要开发的对象的某个特性或方法。

（2）因为没有实现代码，这个测试一定会失败，所以我们编写"刚好"能让测试通过的代码。

（3）增加新的单元测试，编写"刚好"能让测试通过的代码，编写代码的唯一理由是修复没有通过的测试。如果没有新的测试，就不写新的实现代码。

（4）如果遇到代码重复，就考虑重构以简化代码的思路。

（5）重复上述过程，直到所有可以被自动化测试的场景都覆盖了自动化测试，并且所有的自动化测试都通过。

> 💡 **小技巧**：不要写 main 方法，而是使用自动化测试
>
> 在 Java 语言早期，自动化单元测试框架并没有出现，所以很多教科书都通过编写一个 public static void main()方法来测试程序的运行结果。
>
> 在 JUnit 诞生后，人们开始采用 TDD 的思想进行编程，即通过先写一个自动化单元测试来进行编程。然而，采用 main 方法对程序进行测试的方法现在仍存在于大量教材中，这确实很遗憾。随着 xUnit 测试框架的发展，TDD 的思想被越来越多的编程语言接受。很多语言本身就包含单元测试框架，如 Python、Ruby 等。

6.1.5 模拟对象

模拟对象（Mock Object）是在进行自动化单元测试时通常使用的一种技术。模拟对象使用对象的模拟版本来代替被依赖的类（Dependent Classes），这些模拟对象在被传递给要测试的类后，其依赖关系就被对象的模拟版本代替了，而被测试对象仍然会认为自己所处理的是真实的对象。例如，数据库组件的模拟版本将提供对数据库查询的"封装"的响应结果，而不连接到真实的实时数据库。同时，验证是否在测试中能够按照预期和规定的方式访问数据库。

为了达到测试的目的，数据库组件使用了许多模仿实际代码的术语，如 Mock、Stub、Fake、Spy、虚拟服务等，这部分内容可以参考 6.4.4 节。

Mock 的基本原理是采用编程语言的底层机制，通过捕获方法调用的事件执行验证或测试代码。

TDD 要求先编写单元测试，再编写实现代码。在编写单元测试的过程中，我们往往会遇到这种情况，要测试的类有很多依赖，这些依赖的类/对象/资源又有别的依赖，从而形成一个大依赖树。要想在单元测试的环境中完整地构建这样的依赖是一件很困难的事情。如图 6-2 所示为 A 类依赖树。

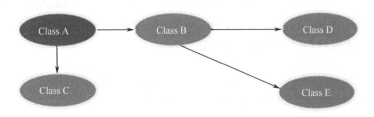

图 6-2　A 类依赖树

为了实现对 A 类的测试，我们需要 Mock B 类和 C 类（用虚拟对象代替）。如图 6-3 所示为 A 类依赖图。

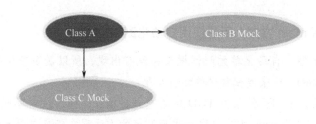

图 6-3 A 类依赖图

假设我们接下来进行的项目是创建一个账户微服务，用于对账户进行一系列操作，并且将账户保存到数据库中。我们可以重新阅读并参考 6.1.4 节银行账户的例子，在这个例子中，用户故事没有变，但是验收标准增加了两点。

（1）创建一个账户并将其保存到数据库中。

（2）可以从数据库读取对象。

要想实现这两点，我们就要增加一个数据库访问对象。但是，如果要执行单元测试，就需要启动一个真实的数据库。其中一种方式就是在本地构建一个数据库，测试的时候将数据库初始化。另一种更好的方式是采用统一的工具构建相同的数据库，以此避免因每名开发人员所处环境存在差异而带来不稳定的测试结果。但这两种方式属于集成测试，提升了测试成本。我们可以通过模拟这个对象来替代真实的对象和数据库，实际上，这里运用了"关注点分离"的方法，即把账户对象和数据库对象隔离开来。

采用模拟对象就是对真实环境的一种假设，如假设对象构建成功、假设数据库访问正常、假设网络访问正常。当然，也可以进行异常假设，如假设网络超时、假设磁盘空间满等。

同样地，模拟对象的使用方法也是"三段论"。

（1）创建一个模拟对象或监视（Spy）一个已创建的对象。

（2）在执行真实方法前绑定方法运行结果。

（3）验证结果或方法是否被执行。

在 Java 中，我们会采用 Mockito 来模拟对象。Mockito 是在 GitHub 上使用最广泛的 Mock 框架，并且可与 JUnit 结合使用。Mockito 可以创建和配置 Mock 对象，简化具有外部依赖的类的测试开发。可以通过 Maven 或 Gradle 增加 Mockito 作为依赖。

首先，在创建账户的时候生成一个 ID。

```java
@Test
public void verify_load_account_by_id () throws NegativeValueException {
    Account account = new Account(accountRepository);
    account.deposit(anyDouble());
    when(accountRepository.loadAccountById(account.getId())).thenReturn(account);

    Account account_loaded = accountRepository.loadAccountById(account.getId());

    assertEquals(account.getId(), account_loaded.getId());
    assertEquals(account.getBalance(),account_loaded.getBalance());
}
```

这个方法的前 3 行代码初始化了数据库操作，第 4 行执行了根据账户 ID 获取账户的操作，余下 2 行验证了账户 ID 和账户余额。

这时我们还没决定要采用哪种数据库，可以是 MySQL，也可以是 MongoDB，但无论底层采用什么技术，都把它们抽象成同一种操作。我们可以设计一个接口来隔离实现的细节，然后在执行取钱或存钱操作时完成对数据库的操作。此时我们并没有修改用户故事，只是在用户故事的完成细节上增加了以下 4 个验收标准。

（1）在创建账户的时候，需要保存数据库。
（2）在存钱的时候，需要保存数据库。
（3）在取钱的时候，需要保存数据库。
（4）在抛出异常的时候，不保存数据库。

这时应该如何编写测试呢？我们通过"依赖倒置"原则验证内部的操作。把数据库的操作对象"注入"进去，最好是使用构造函数的方式，例如：

```
@Test
public void verify_create_account_will_save_to_repository () {
    Account account = new Account(new AccountRepository());
}
```

以上代码存在 2 个问题。
（1）在测试之前，我们要先去实现 AccountRepository 类。
（2）我们希望它是一个接口，而接口是不能直接 new 的。

所以，我们是否可通过构造一个实现 AccountRepository 接口的对象进行"模拟"？可以利用 Mockito 写出如下代码。

```
@Test
public void verify_create_account_will_save_to_repository () {
    AccountRepository accountRepository = mock(AccountRepository.class);
    Account account = new Account(accountRepository);
    verify(accountRepository).save(account);
}
```

可以看出，如果我们想要测试一个接口但又没有对应的类来实现，就可以使用 Mock 方法，通过这个接口构建一个实现该接口的虚拟对象进行操作。在这个例子中，AccountRepository 类就是我们构建的虚拟对象。随后，我们新建一个账户对象 account，并且把 accountRepository 类作为构造函数的参数传入账户对象。

那么，如何知道这个方法有没有被调用呢？这就要使用 verify 方法，verify 方法的主要作用是验证方法是否按要求被调用。我们通过 verify 方法验证 save 方法，并且以 account 作为参数保存操作。此时这个测试是失败的，因为没有这个接口，同时也没有这个构造函数，所以要先构造一个名为 AccountRepository 的接口。

```
package com.example.account;
public interface AccountRepository {
    Boolean save(Account account);
}
```

然后再实现这个构造函数。

```
public Account(AccountRepository accountRepository) {
    accountRepository.save(this);
}
```

运行测试后会发现之前所有的测试都报错,这是因为之前的测试 Account 都是通过不带参数的 Account()方式构造的,此时需要对它们进行修改,一个简单的方法是,AccountTest 本身就是一个类,我们可以通过增加成员变量来复用此对象。

```
AccountRepository accountRepository = mock(AccountRepository.class);
```

> **小技巧**:使用注解构造 Mock 对象
>
> Mockito 内建了 Mock 注解,用于声明测试内的 mock 对象,所以下面的方式和上面的方式是等价的。
>
> ```
> @Mock
> AccountRepository accountRepository;
> ```

此时,测试已完成,因为我们只需要知道接口,不需要知道对象,甚至不用管对象是通过什么实现的。例如,你的数据库可能是 MongoDB、MySQL,甚至可以是文件,但接口是不变的,只要这些数据库访问对象实现了 AccountRepository 接口,它就被验证了。我们的自动化测试验证的就是"任意一个实现 AccountRepository 接口的对象都会按照要求被实现,并且通过测试"。

我们需要在存钱和取钱时也验证是否调用了 save 方法,这时可以通过创建新测试来验证这一场景,也可以在之前的存取钱测试中增加新的验证。因为每个测试在构造账户时都已经注入了 accountRepository 对象,所以我们只需在之前测试存取钱的方法后添加验证 accountRepository.save()是否被调用的方法。

此处存在一个问题:在创建账户的时候已经调用过 1 次 accountRepository.save()了,我们如何知道它是否被调用了 2 次呢?只需要在 verify 方法中加入 times()作为参数即可。times()用于统计方法被调用了几次。如果抛出异常,就不应该有保存操作。例如,可以把之前的测试改成以下形式。

```
package com.example.account;
import org.junit.jupiter.api.Test;
import org.mockito.Mock;
import static org.junit.jupiter.api.Assertions.*;
import static org.mockito.ArgumentMatchers.anyLong;
import static org.mockito.Mockito.*;

class AccountTest {
    @Mock
    AccountRepository accountRepository = mock(AccountRepository.class);
    @Test
    public void test_create_account_the_balance_is_zero(){
        Account account = new Account(accountRepository);
```

```java
        assertEquals(0.0,account.getBalance());
    }

    @Test
    public void test_deposit() throws NegativeValueException {
        Account account = new Account(accountRepository);
        account.deposit(500.00);
        assertEquals(500.0,account.getBalance());
        verify(accountRepository, times(2)).save(account);
    }

    @Test
    public void test_deposit_negative_value_should_throw_exception(){
        Account account = new Account(accountRepository);
        assertThrows(NegativeValueException.class, ()->account.deposit(-500));
        assertEquals(0.0,account.getBalance());
        verify(accountRepository, times(1)).save(account);
    }

    @Test
    public void test_withdraw_negative_balance_should_throw_exception () {
        Account account = new Account(accountRepository);
        assertThrows(NegativeBalanceException.class, ()->account.withdraw(500));
        assertEquals(0.0,account.getBalance());
        verify(accountRepository, times(1)).save(account);
    }

    @Test
    public void test_deposit_then_withdraw() throws NegativeValueException, Negative BalanceException {
        Account account = new Account(accountRepository);
        account.deposit(500);
        account.withdraw(300);
        assertEquals(200.0,account.getBalance());
        verify(accountRepository, times(3)).save(account);
    }

    @Test
    public void test_withdraw_negative_value_should_throw_exception () {
        Account account = new Account(accountRepository);
        assertThrows(NegativeValueException.class, ()->account.withdraw(-500));
        assertEquals(0.0,account.getBalance());
        verify(accountRepository, times(1)).save(account);
    }
```

```java
@Test
public void verify_create_account_will_save_to_repository () {
    Account account = new Account(accountRepository);
    verify(accountRepository).save(account);
}
```

运行测试后会显示失败。此时，之前"刚好"通过测试的构造函数无法满足要求，于是修改实现代码，增加保存账户余额的代码。

```java
package com.example.account;
public class Account {
    private final AccountRepository accountRepository;
    private double balance = 0.0;
    public Account(AccountRepository accountRepository) {
        this.accountRepository = accountRepository;
        this.accountRepository.save(this);
    }

    public double getBalance() {
        return this.balance;
    }

    public void deposit(double value) throws NegativeValueException {
        checkInputValue(value);
        this.balance += value;
        this.accountRepository.save(this);
    }

    public void withdraw(double value) throws NegativeValueException, NegativeBalanceException {
        checkInputValue(value);
        if (this.balance - value < 0) throw new NegativeBalanceException();
        else this.balance -= value;
        this.accountRepository.save(this);
    }

    private static void checkInputValue(double value) throws NegativeValueException {
        if (value < 0.0) throw new NegativeValueException();
    }
}
```

再次运行测试后显示通过，此时代码中存在些许重复。因为存取款只有正负号上的差异，所以可以将代码进行重构。

```java
package com.example.account;
public class Account {
```

```java
        private final AccountRepository accountRepository;
        private double balance = 0.0;
        public Account(AccountRepository accountRepository) {
            this.accountRepository = accountRepository;
            this.accountRepository.save(this);
        }

        public double getBalance() {
            return this.balance;
        }

        private void changeBalance(double value) {
            this.balance += value;
            this.accountRepository.save(this);
        }

        public void deposit(double value) throws NegativeValueException {
            checkInputValue(value);
            changeBalance(value);
        }

        public void withdraw(double value) throws NegativeValueException, NegativeBalance Exception {
            checkInputValue(value);
            if (this.balance - value < 0) throw new NegativeBalanceException();
            else changeBalance(-value);
        }

        private static void checkInputValue(double value) throws NegativeValueException {
            if (value < 0.0) throw new NegativeValueException();
        }
    }
```

但这又带来了新的问题：我们既然可以实现对存取款的保存，那应该也能够实现读取吧？于是，新的用户故事出现了。

作为一名银行储户
我想要通过账户 ID 查询我的储蓄账户
以便我能够继续在我的储蓄账户上存取款

首先，我们列举出不同的场景。
（1）新建空账户，显示账户 ID。
（2）在存钱后根据账户 ID 读取账户，余额应该为最后一次操作后的余额。
（3）在取钱后根据账户 ID 读取账户，余额应该为最后一次操作后的余额。

针对第一个场景，可以编写出以下测试代码。

```
@Test
public void verify_create_account_will_save_to_repository () {
    Account account = new Account(accountRepository);
    verify(accountRepository).save(account);
    assertNotNull(account.getId());
}
```

在我们还没有想清楚怎么实现 ID 对象之前，可以先使用 String 类型，然后实现"刚好"通过测试的代码。

```
public String getId() {
    return "";
}
```

但如果按照以下代码创建两个账号，上面的测试就会失败。

```
@Test
public void verify_create_two_accounts_id_must_not_same () {
    Account account_one = new Account(accountRepository);
    Account account_two = new Account(accountRepository);
    assertNotEquals(account_one.getId(), account_two.getId());
}
```

此时还需要修改代码的实现。

```
public String getId() {
    return UUID.randomUUID().toString();
}
```

然后针对第二个场景写出以下测试代码。

```
@Test
public void verify_load_account () throws NegativeValueException {
    Account account = new Account(accountRepository);
    account.deposit(500.00);
    Account account_loaded = accountRepository.loadAccountById(account.getId());
    assertEquals(account.getBalance(), account_loaded.getBalance());
}
```

运行测试会抛出 NullPointerException，提示 account_loaded 是空的对象，因此要构造一个对象。使用 any()让模拟对象的方法返回指定类型的任意对象。因为 accoutRepository 目前只是一个接口，没有任何实现，所以无法返回对象。不过，我们可以使用 when()方法创建一个对象。

```
@Test
public void verify_load_account_by_id () throws NegativeValueException {
    Account account = new Account(accountRepository);
    account.deposit(anyDouble());
    when(accountRepository.loadAccountById(account.getId())).thenReturn(account);

    Account account_loaded = accountRepository.loadAccountById(account.getId());
```

```
        assertEquals(account.getId(), account_loaded.getId());
            assertEquals(account.getBalance(), account_loaded.getBalance());
    }
```

在这个例子中,我们在调用 deposit 方法时传入了 anyDouble()方法,这是 Mockito 的一个静态方法,它会返回任意一个 Double 型对象。除了 anyDouble()方法,还可以传入 anyString()方法和 anyInteger()方法等,其目的是在测试时构造一个随机的对象,避免对值的硬编码。如果我们想返回指定类型的对象,如任意 Account 类的对象,可以使用 any(Account.class)的方法,此方法会创建一个用于测试的临时 Account 对象。

在 accountRepository 的 loadAccountById 被调用之前,我们先使用 when 方法,若 loadAccountById 返回的 UUID 与之前创建的 UUID 一致,则返回这个对象。然后,我们验证 2 个不同对象的 ID 和余额都是一致的,但是测试会出现失败,因为我们实现的 getId 方法只是返回了一个随机字符串,没有返回作为对象的属性。因此,我们需要修改代码,在对象初始化时就生成 UUID 并作为对象的一个属性。

```
        package com.example.account;
        import java.util.UUID;
        public class Account {
            private final AccountRepository accountRepository;
            private final String id;
            private double balance = 0.0;
            public Account(AccountRepository accountRepository) {
                this.id = UUID.randomUUID().toString();
                this.accountRepository = accountRepository;
                this.accountRepository.save(this);
            }

            public double getBalance() {
                return this.balance;
            }

            private void changeBalance(double value) {
                this.balance += value;
                this.accountRepository.save(this);
            }

            public void deposit(double value) throws NegativeValueException {
                checkInputValue(value);
                changeBalance(value);
            }

            public void withdraw(double value) throws NegativeValueException, NegativeBalance Exception {
                checkInputValue(value);
                if (this.balance - value < 0) throw new NegativeBalanceException();
```

```
            else changeBalance(-value);
    }

    private static void checkInputValue(double value) throws NegativeValueException {
        if (value < 0.0) throw new NegativeValueException();
    }

    public String getId() {
        return this.id;
    }
}
```

需要注意的是，when 方法要在准备调用前就设置好，之后再调用对应的 mock 方法。如果顺序相反，就无法发挥效果。

通过上述示例，我们了解了在 TDD 时如何在 Java 中使用模拟对象。模拟对象在很多编程语言里都有相应的实践，如 Python 3.3 后的版本就内置了 mock 模块；而在 JavaScript 中，Jest 就包含 mock 模块的功能。

案例：Spring Boot 的 Mock 框架

Mock 的思想影响了很多测试框架。Spring Boot 作为常见的 Java 微服务框架，其中也包含很多方便自动化测试的模拟对象。我们可以通过注解的方式创建 Mock 对象。

Spring Boot 使用@MockBean 和@SpyBean 定义 Mockito 的 mock 和 spy。

```
@RunWith(SpringRunner.class)
@SpringBootTest
public class MyTests {
    @MockBean
    private RemoteService remoteService;
    @Autowired
    private Reverser reverser;
    @Test
    public void exampleTest() {
        // RemoteService has been injected into the reverser bean
        given(this.remoteService.someCall()).willReturn("mock");
        String reverse = reverser.reverseSomeCall();
        assertThat(reverse).isEqualTo("kcom");
    }
}
```

在测试 Spring MVC Controller 时可以使用@WebMvcTest，它会自动配置 MockMVC。MockMVC 提供了一种强有力的方式来测试 MVC Controller，而不用启动一个完整的 HTTP server。

```
@RunWith(SpringRunner.class)
@SpringBootTest
@AutoConfigureMockMvc
public class MyControllersTests {
```

第 6 章 敏捷功能性测试实践

```
    @Autowired
    private MockMvc mvc;
    @MockBean
    private UserVehicleService userVehicleService;
    @Test
    public void testExample() throws Exception {
        given(this.userVehicleService.getVehicleDetails("sboot"))
            .willReturn(new VehicleDetails("Honda", "Civic"));
        this.mvc.perform(get("/sboot/vehicle").accept(MediaType.TEXT_PLAIN))
            .andExpect(status().isOk()).andExpect(content().string("Honda Civic"));
    }
}
```

需要注意的是，太多的 Mock 也是一种"坏味道"。如果代码中 Mock 的对象太多，就可视作一种代码的"坏味道"，因为这意味着所模拟的对象的可测试性较差，依赖太多，难以测试，同时也说明此对象并不是基于可测试性进行设计的，此时需要通过重构来实例化这个对象的类。而且，这个类的对象很可能违反了单一职责或"依赖倒置"原则，需要进一步检查并重构这一对象。

> 📝 **小·技巧**：低成本的集成测试优于 Mock 对象
>
> Mock 对象的测试方法并没有"真实地"对数据库进行操作，所以，它也没有真正测试集成的外部系统。站在开发人员的角度上，这在一定程度上降低了测试成本，但站在测试人员的角度上，仍然有未被测试到的部分。通过模拟对象进行测试虽然降低了一部分测试成本，但同时也转移了一部分测试风险。
>
> 因此，Mock 对象不能替代集成测试，我们仍然需要通过集成测试验证测试的完整性。比较适合的方法是降低集成测试的成本，而不是想办法简单地替代集成测试。例如，测试 Spring JPA 和 Spring JDBC。@DataJpaTest 可以用来测试 JPA，默认其使用的是一个嵌入式内存数据库。扫描@Entity 类和 JPA repository。Data JPA 测试还会默认注入一个 TestEntityManager，它是标准 EntityManager 的替代品。

需要注意的是，这里采用的不是单元测试，而是集成测试，我们通过使用嵌入式内存数据库降低了集成测试的成本。

```
@RunWith(SpringRunner.class)
@DataJpaTest
public class ExampleRepositoryTests {
    @Autowired
    private TestEntityManager entityManager;
    @Autowired
    private UserRepository repository;
    @Test
    public void testExample() throws Exception {
        this.entityManager.persist(new User("sboot", "1234"));
```

```
        User user = this.repository.findByUsername("sboot");
        assertThat(user.getUsername()).isEqualTo("sboot");
        assertThat(user.getPin()).isEqualTo("1234");
    }
}
```

6.1.6 采用自动化构建工具管理自动化测试任务

在代码开发完成后，还需要进行构建，并在构建前后执行自动化测试，下面来了解构建环节。下文将通过 Java 构建工具的发展介绍自动化单元测试构建的最佳实践。

1. Ant with Ivy

Ant with Ivy（以下简称 Ant）是最早的 Java 构建工具，其沿袭了 Make 的基本思想。Ant 发布于 2000 年，传说是作者在飞机上花费 2 小时的时间写好的。Ant 的全称为 Another Neat Tool，意为另一个灵巧的工具，它在很短的时间内就成为 Java 项目最流行的构建工具。Ant 的使用非常简单，通过 build.xml 文件的配置就可以完成编译打包的工作。Ant 在流行 XML 的时代广受欢迎，但这也是其不足之处，即 build.xml 文件在本质上是层次化的，并不能很好地贴合 Ant 过程化编程的初衷。Ant 存在的另外一个问题是，除非是很小的项目，否则 build.xml 文件很快就会大得无法管理。后来，随着通过网络进行依赖管理成为必备功能，Ant 采用了 Apache Ivy 对安装依赖进行管理。

2. Maven

Maven 发布于 2004 年，其目的是解决 Ant 带来的一些问题，现在仍然是 Java 社区主流的构建工具。Maven 仍旧使用 XML 作为编写构建配置的文件格式，但是文件结构却出现了巨大的变化。Ant 需要程序员将执行 task 所需的全部命令一一列出，但 Maven 只需依靠约定（Convention）并提供现成的可调用的目标（Goal），而且，Maven 自身具备依赖管理的能力。但是，Maven 也存在一些问题，如依赖管理不能很好地处理相同库文件的不同版本之间的冲突（Ant 在这方面做得更好一些）；XML 作为配置文件的格式遵循严格的结构层次和标准，定制目标较为困难。因为 Maven 主要聚焦于依赖管理，所以使用 Maven 很难写出复杂、定制化的构建脚本。Maven 的主要优点在于其对项目生命周期的管理。只要项目建立好了生命周期规则，它的整个生命周期都能够通过 Maven 轻松"搞定"，但代价是牺牲了灵活性。

3. Gradle

在行业对 DSL（Domain-Specific Language）的热情持续高涨之时，通常的想法是设计一套能够解决特定领域问题的语言。在构建脚本这方面，DSL 的一个成功案例就是 Gradle。

Gradle 结合了 Ant 与 Maven 的优点，并在此基础上做了很多改进，它既具有 Ant 的强大和灵活，又具有 Maven 的生命周期管理，并且易于使用。Gradle 诞生于 2012 年，并且获得了广泛关注，例如，Google 采用 Gradle 作为 Android OS 的默认构建工具。Gradle

不使用 XML，它基于 Groovy（一种 JVM 的编程语言，与 Ruby 相似）创建了一套专门的 DSL 辅助程序员编写构建任务，使利用 Gradle 构建的脚本比利用 Ant 和 Maven 构建的脚本更简洁和更清晰。Gradle 样板文件的代码很少，这是因为它的 DSL 被设计用于解决贯穿软件的生命周期的所有问题，从编译到静态检查，再到测试，最后到打包和部署。

现在，Ant 已经被 Maven 或 Gradle 工具所代替，如果项目还在使用 Ant，建议转为使用 Maven 或 Gradle。我更推荐使用 Gradle，因为项目越大，DSL 语法带来的简洁优势就越明显。同时，Gradle 拥有庞大的社区和丰富的插件，可以帮我们处理好各方面的自动化工作。Gradle 对应用程序生命周期也有着完整的管理，可以帮助处理应用程序从开发到部署的方方面面的工作。

> **小·技巧**：使用包装器（Wrapper）运行 Maven 或 Gradle
>
> 如果需要使用 Maven 或 Gradle，首先需要在计算机上安装它们。但如果计算机上有不同的项目，每个项目对应构建工具的版本都不同，那么就需要管理和执行不同版本的构建工具。还有一种方式是在代码库中使用 Maven 和 Gradle 的包装器（Wrapper），它们会下载并自动化执行所需的 Gradle，不影响系统中的安装，并且只对代码库有效。
>
> Maven 项目在创建时就包含 mvnw 和 mvnw.bat（主要在 Windows 环境下使用），只需使用 mvnw 替代 mvn 命令即可。例如，mvnw build 或 test。同样地，Gradle 项目在创建时就包含了 gradlew 和 gradlew.bat（主要在 Windows 环境下使用），只需在执行时使用 gradlew 替换 gradle 即可。当然，代码库可以同时包含 gradlew 和 mvnw，以便开发人员使用不同的开发工具。

自动化构建工具是成熟的工程实践的象征，每个语言平台都有自己的构建工具（有时还不止一个），它们的原理是类似的，此处不再赘述。

6.1.7 生成单元测试分析报告

在敏捷环境中，对于单元测试的分析报告，很多时候我们需要通过在构建工具中集成代码覆盖率统计工具来生成。这里介绍 3 个主流的 Java 代码覆盖率统计工具。

1. Serenity BDD

Serenity BDD 是一个流行的开源库，支持 Java 和 Groovy 编程语言，其主要作用是帮助更快地编写优秀的质量验收测试。可以使用用户故事和史诗进行测试，并计算这些用户故事和史诗的代码覆盖率，因此，生成的测试报告更具有说明性和叙述性，读者也可以在需求中映射那些自动化测试。Serenity BDD 可以与 JUnit、Cucumber 和 JBehave 一起使用，还可以轻松地与 Maven、Gradle、Jira 和 Ant 集成。如果正在使用 Selenium WebDriver 或 Selenium Grid 框架进行自动化测试，那么选择 Serenity BDD 将拥有巨大的优势，因为它与 Selenium 互相兼容。

2. JCov

JCov 是一个与测试框架无关的代码覆盖工具,可以毫不费力地与 Oracle 的测试基础设施集成,如 JavaTest、JTReg。JCov 的主要优势是支持动态插装和离线插装。

3. JaCoCo

JaCoCo 是一个应用于 Java 的代码覆盖工具,很多第三方工具都提供了对 JaCoCo 的集成,如 Sonar、Jenkins、Maven、Gradle 和 IDEA 等。

如果在 Maven 中嵌入了 JaCoCo,就要在<plugins></plugins>中间增加如下插件配置。

```xml
<plugins>
    <groupId>org.jacoco</groupId>
    <artifactId>jacoco-maven-plugin</artifactId>
    <!--<version>0.7.7.201606060606</version>-->
    <configuration>
        <!--指定生成.exec 文件的存放位置-->
        <destFile>target/coverage-reports/jacoco-unit.exec</destFile>
        <!--JaCoCo 是根据.exec 文件生成最终的报告,所以需指定.exec 的存放路径-->
        <dataFile>target/coverage-reports/jacoco-unit.exec</dataFile>
    </configuration>
    <executions>
        <execution>
            <id>jacoco-initialize</id>
            <goals>
                <goal>prepare-agent</goal>
            </goals>
        </execution>
        <execution>
            <id>jacoco-site</id>
            <phase>test</phase>
            <goals>
                <goal>report</goal>
            </goals>
        </execution>
    </executions>
</plugins>
```

如果在 Gradle 2.1 及以上的版本中嵌入了 JaCoCo,那么首先要在 build.gradle 文件中增加 JaCoCo 插件。

```
plugins {
  id 'jacoco'
  id 'com.palantir.jacoco-coverage'
}
```

运行./gradlew tasks 就可以看到如下任务,如图 6-4 所示,JaCoCo 插件安装成功。

第 6 章　敏捷功能性测试实践

图 6-4　JaCoCo 插件安装成功

然后，执行 ./gradlew tasks，就可以在 build/reports/ 文件夹下找到单元测试报告，其中显示了用例数的成功/失败情况，如图 6-5 所示。

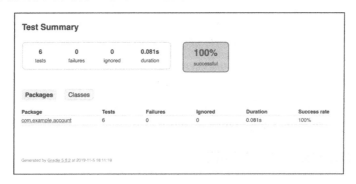

图 6-5　单元测试报告

此外，如果执行了 ./gradlew jacocoTestReport，在 build/reports/jacoco/ 文件夹下会生成更详细的代码覆盖率报告，如图 6-6 所示。

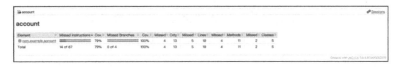

图 6-6　代码覆盖率报告

不同的语言有不同的代码覆盖率报告工具，可以在 GitHub 上搜索并了解，更详细的内容请参考 6.1.8 节。

📝 **小·技巧**：什么时候该"补"单元测试？

许多遗留的代码和系统已经运行了很多年，并且扮演着很重要的角色。对于这类系统，补充所有的单元测试将耗费巨大的精力，如果没有改动代码的需求，就不要增加单元测试。如果要改动代码，建议建立一个"防腐层"，用于分隔遗留代码和新代码，避免修改范围不断扩大，并且对修改过的代码增加单元测试，这种方式可以平衡质量与为了提升质量而增加的成本。这种方式带来一种假设，即从黑盒的角度来看，当前版本的遗留代码是没有问题的，也就是它的实现代码是经过测试的，直到新的 Bug 破坏了这个假设。

需要注意的是，有些场景不用写单元测试。并不是所有的代码都需要进行测试，例如，以下 3 种场景就不需要进行单元测试。

（1）遗留在系统中的未经改动的代码（如前文所述）。

（2）过于简单的单元不需要测试，如某些 POJO 类。

（3）第三方提供的库，如 Spring Boot 本身的包，如果测试代码对其有依赖，可以通过 Mock 绕开。

6.1.8 代码覆盖率的意义

在单元测试中，代码覆盖率主要是用来衡量代码质量好坏的指标，代码覆盖率展示了测试用例通过手动测试和使用自动化测试所覆盖的代码百分比值，计算公式如下。
- A：正在测试的软件的总代码行数。
- B：在所有测试用例中，实际执行的代码行数。
- B/A×100，得出的结果就是代码覆盖率（%）。

例如，系统组件的总代码行数为 1000 行，所有现有的测试用例中实际执行的行数为 650 行，那么代码覆盖率为（650/1000）×100 = 65%。

1. 代码覆盖率与测试覆盖率的不同之处

除了代码覆盖率，我们常常还听到另一个概念，叫作测试覆盖率。很多人认为代码覆盖率等同于测试覆盖率，所以经常混用这两个概念，但其实二者之间存在差别。代码覆盖率与测试覆盖率度量的对象完全不同，代码覆盖率是通过测试执行期间覆盖的代码百分比值来度量的，用于度量多少代码被执行；而测试覆盖率则是通过测试所覆盖的需求来度量的，用于度量有多少特性/功能被执行。代码覆盖是一种白盒方法，而测试覆盖是一种黑盒方法。

例如，要测试 Web 应用程序在不同浏览器中能否正确显示，此时的测试覆盖率取决于需要验证的 Web 应用程序的浏览器兼容性。假设所有的浏览器+操作系统组合的数量为 20 个，现在在已经测试了 15 个组合，那么测试覆盖率为（15/20）×100 = 75%。

而在我们检查和统计代码覆盖的时候，一般需要使用插装（又称插桩）的方法，以检测可用于监视性能、插入跟踪信息和诊断源代码中的任何类型的错误。目前，大多数代码覆盖工具都使用插装的方法监视执行的语句被插入代码中必要的位置。尽管添加插装代码会导致总体应用程序变大和执行时间增加，但是与通过检查和统计代码最终生成报告的整个过程相比，执行插装代码本身所消耗的时间较少。执行插装代码后将会输出一个报告，该报告将详细描述测试套件的代码覆盖率。

一般来说，插装主要分为以下 3 种类型。

（1）代码插装。源代码在添加插装语句后才编译。编译应该使用常规的工具链，成功的编译会生成插装的程序集。例如，为了检查在代码中执行特定函数所花费的时间，可以在函数的 Start 和 End 中添加插装语句。

（2）运行时插装。与代码插装方法相反，这里的信息是从运行时的环境中收集的，即当代码正在执行时插装。

（3）中间代码插装。在这种类型的插装中，插装类通过向编译后的类文件添加字节码生成。

根据测试需求，选择正确的代码覆盖工具和该工具支持的最佳方法。

2. 不要被100%的代码覆盖率欺骗

很多人在进行单元测试的时候都会制订一个度量指标，如代码覆盖率达到100%，也就是保证每行可执行的代码都被测试覆盖。这个理念很好，但是会存在以下3个问题。

（1）100%的代码覆盖率不代表代码没有问题。

这一点会让人产生疑问：明明每一行代码都被测试用例覆盖了，为什么还会出现问题？让我们来看下面的例子。

假设我们有个除法 divide 函数，它接收2个浮点参数 x 和 y，并在它们之间执行除法，代码如下。请注意，我们对代码没有给予任何形式的保护。

```
float divide ( float x, float y )
{
return x / y;
}
```

对于这个除法 divide 函数，我们还提供了一个简单的单元测试，确保其能够完成任务。有了这个单元测试，我们就有了100%的代码覆盖率。

```
@test
public void divide_with_valid_arguments()
{
assertThat(new Calculator().divide(10,2)).isEqualTo(5);
}
```

虽然已经达到了100%的代码覆盖率，但是代码本身还存在问题。或许有人已经发现了，如果除以0的话结果会如何？是的，这个函数就存在问题了，它需要增加处理异常的代码来解决除以0的情况，但代码覆盖率并不会告知这一信息。同时，对于1==1的断言或根本没有断言的代码，代码覆盖率也不能发现其中的问题，这也意味着100%的代码覆盖率不能保证代码没有问题。

（2）有些语句并没有需要覆盖的价值。

有些语句不需要覆盖，如私有方法。我们需要坚持"一个实现类就有一个测试类"的法则，一个单元测试类至少应该对这个类的公共接口进行测试。但是单元测试没有必要对私有方法进行测试，因为编写单元测试时要遵循一条细则：它们不应该和代码的实现有太紧密的耦合。

测试如果与产品代码耦合太过紧密，就会令人"厌烦"。当代码重构时（重构意味着改变代码的内部结构而不改变其对外的行为），单元测试就可能会因此无法再次运行，这就损失了单元测试的一大好处，即充当代码变更的保护网。你很快就会厌烦这些测试用例，而不会感受到它能带来好处，因为每次重构测试就会"挂掉"，从而带来更多的工作量。正确的做法应该是不在单元测试里耦合实现代码的内部结构。私有方法应该被视为实现细节，这就是为什么不应该有去测试它们的冲动，只需要关注测试公共接口。但更重要的是，不要为了达到100%的代码覆盖率而去测试微不足道的代码。敏捷 XP 的专家 Kent Beck 也认可这一观点，测试 getter、setter 或其他简单的实现（如没有任何条件逻辑的实现）不会因此得到任何价值。

（3）100%的代码覆盖率会让人迷失目标。

当我们将100%的代码覆盖设置为度量指标后，很容易因为要实现这个指标而失去测试真正的初心。比如，开发人员如果达不到100%的代码覆盖率，就无法将代码提交到配置库中，在这种情况下，开发人员会马上针对没有覆盖的地方设计重复或没有太大价值的测试用例来实现这一指标，但其实测试的目的应是发现重要的错误。正如敏捷大师 Brian Marick 所述，设计初始测试套件来达到100%的代码覆盖率是一个更糟糕的主意，因为它不擅长发现那些非常重要的遗漏错误。所以，高代码覆盖率与代码质量没有直接关系，不能把追求100%的代码覆盖率作为关键的度量标准或目标。

如果我们不能追求100%的代码覆盖率，那么代码覆盖率的存在还有什么意义呢？关于代码覆盖率的价值，Martin Fowler 曾在博客中写道："我不时听到人们问代码覆盖率的价值是什么，或者自豪地陈述他们的代码覆盖率水平。这种说法没有抓住问题的关键。代码覆盖率是发现代码库中未测试部分的有用工具，而代码覆盖率作为测试好坏的数字陈述几乎没有任何用处。"

诚然，我们可以将一定程度的代码覆盖率作为一个目标并努力实现它，毕竟覆盖率高总比覆盖率低（如低于50%）好。但正如前文所述，高覆盖率的数字很容易通过低质量的测试得到。在最荒谬的情况下，为了获得高覆盖率可能会进行很多没有断言的测试（Assertion Free Testing）。不过，即使没有这些，我们也可能会设计大量测试来寻找那些很少出错的东西，从而分散对真正需要测试的内容的注意力。

Martin Fowler 还认为，100%的目标设置会让人怀疑。这听起来像是有人在写测试来达到满意的代码覆盖率，但是却没有考虑到这些测试究竟在做什么。他推荐，如果测试经过了深思熟虑，那么代码覆盖率达到80%或90%以上即可。

所以，我们更应该关注测试的充分性，而不是代码覆盖率。测试的充分性是一个比代码覆盖率更复杂的属性。如果以下说法是正确的，那么说明我们已经做了充分且足够的测试。

- 很少有 Bug 会逃逸到生产环境。
- 很少会因为担心导致 Bug 而犹豫是否要更改代码。

那么，是否可以通过进行更多的测试来提高测试的充分性？答案是当然可以。但是如果在删除某些测试后发现仍然存在足够数量的测试，那就说明测试得太多了。这是一件很难感知的事情。测试太多的一个劣势是减慢了速度。如果只是对代码进行了简单更改，却导致测试出现了大量更改，那么就表示测试中存在问题。有可能不是因为测试了太多的东西，而是因为在测试中存在重复。

最后再总结一下，代码覆盖率分析的价值是什么呢？它可以帮助发现代码哪些部分没有被测试，从而提高测试的充分性。所以，经常运行代码覆盖工具发现和查看这些未经测试的代码是非常值得的。

6.2 验收测试驱动开发（ATDD）

随着 TDD 思想的推广，敏捷团队具备了一定的自动化测试和"实现未动，测试先行"的思维。然而，单元测试无法满足用户的质量要求。因此，我们需要把用户故事的验收标准进一步转化为测试语言进行描述，使验收标准变得更加准确。如果我们能把这个阶段设置在开发之前，那么就能减少用户验收阶段的预期差，以及减少用户验收阶段出现的质量问题和返工率，强制把需求里的验收标准作为代码的一部分，避免开发出的产品与用户想要的不一致。本节内容将介绍验收测试驱动开发（Acceptance Test Driven Development，ATDD）的系列方法、技术和工具。

6.2.1　什么是验收测试

前面在介绍用户故事的时候介绍了验收标准（Acceptance Criteria），在实践中，我们会把验收标准转化为验收测试（Acceptance Tests）。验收测试是对软件产品行为的正式描述，通常以示例或使用场景的形式表示。对于这样的示例或使用场景，业界已经提出了多种不同的描述符号和方法。

与单元测试相似，验收测试通常具有两种结果，即测试通过或测试失败。如果测试失败，就说明产品中存在缺陷。团队在敏捷中使用验收测试的实践日趋成熟，这是功能规范的主要形式和业务需求的唯一正式表达。其他团队使用验收测试作为对包含测试用例或更多叙述性文字的规范文档的补充。

举个例子，假设我们有这样一个用户故事。

作为一名信用卡持有人
我想要能够从手机查询当月信用卡账单
以便了解我的还款日期和还款数额

假设和用户讨论后我们有了如下验收标准。
- 信用卡持有人可以通过 App 查询账单。
- 信用卡持有人可以通过手机短信查询账单。
- 查询账单需要验证用户身份。
- 查询账单要看到还款日期。
- 查询账单要看到还款数额。

针对这些验收标准，我们能够写出一系列验收测试。在实践中，我们往往采用思维导图来分析验收场景，如图 6-7 所示为查询账单特性的验收场景思维导图。

在实践中，软件系统被看作一棵"特性树"（Feature Tree），每一片叶子节点都是一个特性（Feature），一个特性对应软件系统的一个功能，其可以在多个场景下使用。因此，特性和用户故事之间是一对多的关系。

我们也可以进一步把这个用户故事拆分为 App 和手机短信 2 个用户故事，具体如下。

用户故事 1：
　　作为一名信用卡持有人
　　我想要通过手机 App 查询当月信用卡账单

以便了解我的还款日期和还款数额

用户故事2：
作为一名信用卡持有人
我想要通过手机短信查询当月信用卡账单
以便了解我的还款日期和还款数额

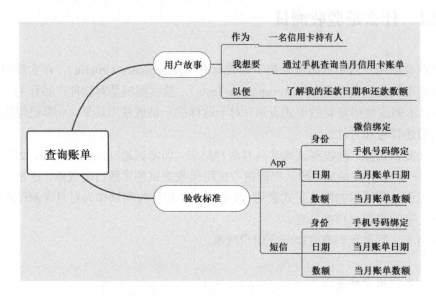

图6-7 查询账单特性的验收场景思维导图（示例1）

此查询账单特性的验收场景思维导图如图6-8所示。

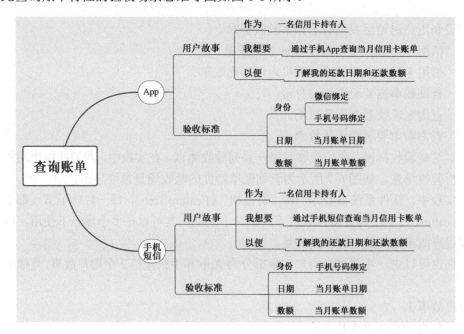

图6-8 查询账单特性的验收场景思维导图（示例2）

需要注意的是，以上可以看作 2 个验收场景，也可以看作 2 个独立的用户故事，具体的看待方式取决于开发团队的组织形式和客户关系。

我们已经分析了验收场景，接下来就用实例化的方式描述验收测试。例如，对于手机短信的验收标准，我们可以写出如下验收测试流程。

（1）短信发送场景。

① 用户使用绑定的手机号码查询。

- 用户（用户名为 A）已在 2020 年 2 月 20 日有 200 元信用卡账单。
- 用户使用绑定的号码 18588888888 发送短信"bill"给账单中心号码（85555）。
- 回复的短信内容为"尊敬的信用卡用户 A：您好，您本月（2020 年 2 月）账单总额为 200.00 元，最后还款日期为 3 月 15 日。谢谢"。

② 用户使用未绑定的手机号码查询。

- 用户（用户名为 A）已在 2020 年 2 月 20 日有 200 元信用卡账单。
- 用户使用绑定的号码 19588888888 发送短信"bill"给账单中心号码（85555）。
- 回复的短信内容为"尊敬的信用卡用户 A：您好，您发送的短信号码并未绑定。谢谢"。

（2）App 发送场景。

① 用户使用绑定的手机号码查询。

- 用户（用户名为 A） 已在 2020 年 2 月 20 日有 200 元信用卡账单。
- 用户使用绑定的号码 18588888888 在 App 注册账户。
- 回复的短信内容为"尊敬的信用卡用户 A：您好，您本月（2020 年 2 月）账单总额为 200.00 元，最后还款日期为 3 月 15 日。谢谢"。

② 用户使用未绑定的手机号码查询。

- 用户（用户名为 A）已在 2020 年 2 月 20 日有 200 元信用卡账单。
- 用户使用绑定的号码 19588888888 发送短信"bill"给账单中心号码（85555）。
- 回复的短信内容为"尊敬的信用卡用户 A：您好，您发送的短信号码并未绑定。谢谢"。

6.2.2　验收测试和单元测试的关系

《持续交付：发布可靠软件的系统方法》一书对单元测试与验收测试的区别和联系进行了描述。单元测试仅从开发人员的角度测试某个问题的解决方案，对于应用程序是否以用户期望的方式运行，单元测试的验证能力有限。如果想确保交付的应用程序能为用户提供其希望具有的价值，就需要进行其他形式的测试。也就是说，验收测试关注的是用户价值是否被满足，而单元测试关注的是代码的实现是否正确。

与 TDD 相似，ATDD 涉及具有不同观点的团队成员，分别是用户、开发人员、测试人员，他们在实现相应功能之前将协作编写验收测试。验收测试的协作讨论通常被称为"三个伙伴"（Three Amigos），分别代表了用户（我们要解决什么问题？）、开发人员（我们如何解决这个问题？）和测试人员（关于解决这问题会发生什么？）3 种不同的角度。

这些验收测试代表了用户的观点,是描述系统运行方式的要求形式,同时也是验证系统是否按预期运行的方式。在某些情况下,团队会自动执行验收测试。

包含验收测试的用户故事可被看作系统功能描述的唯一文档。作为测试人员,在传统项目的测试中,我们需要编写很多文档,如测试计划、测试用例、测试报告等。而这些文档的读者是谁?是下一名测试人员,还是下一名开发人员?其实,我们对文档的读者及其编写目的比较模糊。而在敏捷软件开发中,如果写了很多验收测试,就会发现验收测试中包含应用程序所有必要的关键信息,因此,这是一份编写给所有人的文档。产品经理可以通过它理解产品,开发人员可以根据它设计应用程序,测试人员可以根据它设计测试用例,然后由软件工程师通过测试用例生成代码。

用户故事包含用户的意图描述,验收标准包含用户操作软件时期待获得的结果。当团队有新成员加入时,就可以通过用户故事很快理解项目的建构背景,根据验收测试明确交付的结果,并在开发过程中不断和用户确认细节。通过验收测试来驱动开发团队工作,以在迭代内通过用户验收测试为目标,就是 ATDD。

6.2.3 ATDD 的实践

ATDD 的目的是帮助项目团队将用户故事扩展为详细的验收测试,在执行时确认预期的功能是否被实现。通过不断测试给定功能的存在性,以及编写代码引入可以通过验收测试的功能,开发人员的工作被优化到刚好满足需求的程度。在 Scrum 中,团队成员获取一个用户故事,并与产品负责人一起制订详细的验收标准,当验收标准被满足时,用户故事所代表的需求也已经被满足。然后,Scrum 开发团队为每条验收标准编写可以进行自动化测试的测试用例,此时的测试用例会因为没有可工作的软件代码而失败。随后,开发团队编写刚好能通过验收测试用例的代码,直到所有的验收测试都通过自动化验收测试用例,这便是由验收测试驱动的开发过程。

首先,ATDD 不是一种测试方法论,而是一种开发方法论。也就是说,这个过程只是将传统的测试工具和方法通过"以终为始"的方式,按照敏捷软件开发的原则,在重新组织后内建到整个开发过程中。因此,ATDD 不只是测试人员的责任,也是整个团队的责任。

其次,验收测试关注的是用户价值是否被满足,而单元测试关注的是代码的实现是否正确。所以,基于单元测试的 TDD 只涉及开发人员,偶尔需要用户的支持,而 ATDD 则涉及用户、产品负责人、开发人员、测试人员,这是因为所有人都需要理解用户验收的是什么。在 ATDD 活动中,开发团队需要根据用户故事和用户一起定义质量标准和验收标准,以对验收测试计划(包含一系列测试场景)达成共识,并以此驱动产品的代码开发和测试脚本的开发。因此,ATDD 的原则是以用户为中心并使用用户的语言。ATDD 与 TDD 的主要区别是,ATDD 侧重测试业务用户功能,而 TDD 在传统上用于运行或自动化单元测试。一般来说,TDD 是 ATDD 为了完成功能测试而模仿的先锋。然而,这两种技术都有一个共同的目标,即编写"刚好够用"的代码,减少开发人员的工作,构建详细的需求,并且持续测试产品,确保它满足业务用户的期望。

最后,ATDD 的落地一定是基于自动化测试和持续集成的(详见第 8 章)。只有自动化测试执行通过,在开发过程中各方对验收标准的理解才是明确的(结果只有是或否)。同时,要注意验收测试的执行成本,从测试金字塔的角度来说,验收测试执行的代价较大,通过构建验收测试所需要完成的工作较多。

ATDD 的流程和 TDD 的"红-绿-重构"相似,其流程如图 6-9 所示。

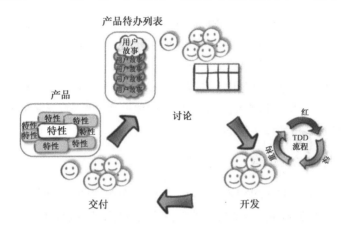

图 6-9　ATDD 的流程

ATDD 包含 3 个阶段,讨论阶段、开发阶段、交付阶段。每个阶段我们需要关注的内容如下。

(1)讨论阶段。
- 团队针对需求和实现方案进行讨论。
- 大家对需求和实现方案达成理解上的共识。
- 通过明确验收测试的方式确认实现方案。
- 验收测试方式将被自动化。

(2)开发阶段。
- 以明确具体的验收测试方式指导开发工作,进一步把验收测试细化为单元测试,并且采用 TDD 的方式进行开发。
- 验收测试自动化和特性的开发可以并行开展。
- 团队成员均对验收测试的自动化负责,而不只是测试人员。
- 最终,我们的产品实现能让所有的自动化测试通过。

(3)交付阶段。
- 要保证之前迭代的所有自动化验收测试能在新交付上通过。
- 为所有利益相关方演示新特性。
- 收集反馈,讨论改进。

ATDD 中很重要的一点就是编写和执行自动化测试用例。在这方面,比较流行的有 Robot Framework 和 Gauge,搭配不同的插件和库,它们可以帮助我们高效实现自动化验收测试。自动化测试只是提升了测试的效率和测试的频率,并不能提升软件质量本身,团队仍然需要通过不断和用户讨论达成一致的最终交付结果。

1. 在代码库中存放自动化验收测试

如果验收测试应用程序只涉及一个代码库,并且所有的代码都保存在其中,我们会把自动化验收测试的代码和测试数据存放在代码库中一个名为 spec(specification 的简称)的目录下。

如果验收测试涉及多个代码库,我们很难在单一的代码库中构建完整的验收测试。由于验收测试与具体实现编程语言无关,所以我们在实践中会单独使用一个代码库存放验收测试。也就是说,无论使用什么编程语言开发软件系统,它的验收测试都是独立且相对稳定的,不会因为技术栈的变化而变化。只要有了验收测试,用户可以让任一供应商开发出满足用户需要的软件,所需要改变的仅是对具体实现方式的映射。这就是抽象和实现分离,即用户业务逻辑的抽象和具体实现的分离。

2. 自动化验收测试的重构

大部分软件项目都并非 TDD 或 ATDD,我们在面对遗留系统时往往需要补充一些验收测试,而随着自动化验收测试的增加,验收测试会越来越复杂。自动化验收测试会变得越来越难以维护,此时就需要对其进行重构。重构自动化验收测试的目的主要是通过合理的划分提升其执行效率,降低维护成本,通常采用的方法是独立测试和交叉互补。

独立测试是指某些自动化场景可以独立运行,这样就可以通过提升并发量的方式提升效率。交叉互补是指采用成本更低的单元测试替代成本更高的验收测试,同时也指用成本更高但稳定的验收测试替代多个功能相近但执行效率较低的集成测试。

验收测试是基于场景的,这会导致某些特性或功能逻辑被反复测试,浪费测试资源。因此,我们会采用以上两种方式提升测试效率。但自动化验收测试重构的前提是等效,也就是说,在测试效果稳定的情况下,通过合并、拆分、交叉互补的方式进行测试,这绝不是为了提升效率而减少测试覆盖的范围。此外,自动化验收测试的分层与碎片化存在很大差异。分层发生在不同的测试"上下文"中,测试是完整的,只是执行的时机不同,自动化测试可以相对独立地异步执行。而碎片化的"上下文"是缺失的,执行的时机被锁定在一个"上下文"中,多个验收测试只能同步执行。

无论如何,重构的目的都是在有限的测试执行和维护成本下实现最好的测试效果。

6.2.4 采用 Robot Framework 实现自动化验收测试

Robot Framework 是一款通用的自动化执行框架,经常被用来执行一些自动化任务,其采用 Python 编写而成,大部分桌面平台和服务器平台都可以很轻松地安装 Python 所需的运行环境。Robot Framework 具有高度模块化的架构,其架构如图 6-10 所示。

我们通过表格来构建测试数据,Robot Framework 在启动后就会自动处理这些测试数据并执行测试用例。但 Robot Framework 的测试框架对此并不关心,它会采用对应的测试库解析测试数据,同时生成测试报告和日志。此外,它还能通过测试库驱动低级的系统模块完成测试。

第 6 章 敏捷功能性测试实践

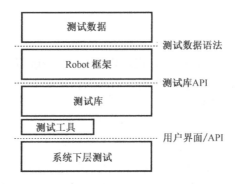

图 6-10　RobotFramework 架构

接下来介绍 Robot Framework 的安装和使用。以下内容对是否具有 Python 编程基础不作过多要求，但是要求具有 Git 基础和 pip 基础。

1. 安装 Robot Framework

安装 Robot Framework 前要先安装好 Python，最好是 3.7.x 以上的版本。使用 Python 的包管理工具 pip 来安装 Robot Framework。

```
pip install --user robotframework
```

2. 使用 SeleniumLibrary 测试 Web 用户界面

Web 应用泛指采用 Web 浏览器访问的应用，因其集中性和兼容性较好，大部分企业级应用都以 Web 的方式呈现。Web 应用测试的自动化实际上是通过浏览器的操作实现自动化的，Robot Framework 本身不具备操作浏览器的能力，其需要借助 SeleniumLibrary 的能力来操作浏览器。

小识点：Selenium 和 SeleniumLibrary

Selenium 是使用较广泛的开源 Web UI（用户界面）的自动化测试套件之一。Selenium 支持跨浏览器、平台和编程语言的自动化，可以被轻松部署在 Windows、Linux、Solaris 和 Macintosh 等平台上。此外，它还支持 iOS、Windows Mobile 和 Android 等移动应用程序的 OS（操作系统）。

Selenium 通过使用特定于各种语言的驱动程序来支持各类编程语言。Selenium 支持的语言包括 C#、Java、Perl、PHP、Python 和 Ruby。目前，Selenium Web 驱动程序最受 Java 和 C# 欢迎。Selenium 测试脚本可以使用任何其支持的编程语言进行编码，并且可以在大多数 Web 浏览器中直接运行。Selenium 支持的浏览器包括 Internet Explorer、Mozilla Firefox、Google Chrome 和 Safari。

而 SeleniumLibrary 是用于 Robot Framework 的 Web 测试库，该库在内部使用 Selenium 工具。也就是说，SeleniumLibrary 是对 Selenium 在 Robot Framework 下的封装。

在实践中，我们往往会从 Robot Framework 的示例项目 WebDemo 开始运行，这个项目可以帮助检查运行 Robot Framework 进行自动化验收测试的环境是否满足要求，与此同

时，它也是一个很好的入门课程。运行之前需要安装 Firefox 浏览器、Python 和 Python 的包管理工具 pip。

可以通过 git 克隆 WebDemo 的源代码，也可以通过下载 zip 包的方式得到 WebDemo 项目的源代码。进入 WebDemo 后，还需要安装相应的依赖。

```
pip install -r requirements.txt
```

安装完成后就可以开始运行这个示例 Web 应用了。

首先启动文件夹中的 DemoApp 示例应用，其次运行测试。我们可以通过 python.server.py 启动此示例 Web 应用。python.server.py 启动了一个 Web 服务器，令外界可以通过 7272 端口访问 html 目录下的静态 HTML 文件。打开 http://localhost:7272 就能看到如图 6-11 所示的 WebDemo 登录页面。

这时回到启动界面，新开一个窗口查看访问日志，如图 6-12 所示。

图 6-11　WebDemo 登录页面　　　　图 6-12　查看访问日志

这表示启动示例 Web 应用成功，通过以下命令可以运行自动化验收测试。

```
robot login_tests/
```

robot 是启动 Robot Framework 的命令，在 login_tests 中呈现的是编写的自动化测试。按 Enter 键后可以看到测试被执行，并且浏览器窗口不断闪动。浏览器地址栏上出现机器人图标，表示 Robot Framework 已启动并正在运行，如图 6-13 所示。

图 6-13　Robot Framework 启动后的浏览器状态

测试执行完成后，Robot Framework 的状态如图 6-14 所示。

图 6-14　Robot Framework 状态

第 6 章 敏捷功能性测试实践

可以看到，整个验收测试一共有 8 个测试用例，并且输出了测试日志和测试报告，如图 6-15 和图 6-16 所示。

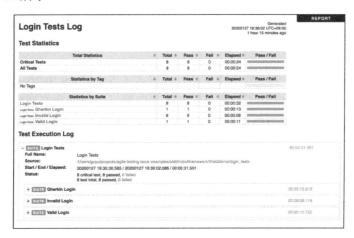

图 6-15 测试日志

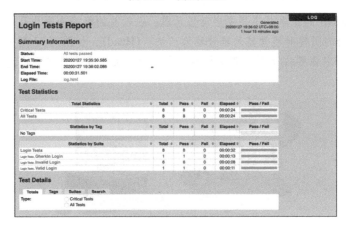

图 6-16 测试报告

用鼠标单击页面上的 Log 和 Report 就可以在测试日志和测试报告之间切换。

3. 深入 login_tests

在 login_tests 中，存在以下 4 个扩展名为 robot 的文件。
- resource.robot：自动化测试的全局设置和变量。
- gherkin_login.robot：登录行为的 Gherkin 风格描述。
- valid_login.robot：有效登录的测试用例。
- invalid_login.robot：无效登录的测试用例。

打开 robot 文件可以看到其包含以下 4 个部分。
- *** Settings ***：执行 Robot Framework 的配置。
- *** Variables ***：测试需要的变量。
- *** Test Cases ***：测试用例。

- ***Keywords***：测试用例中的关键词，虽然是"词"，但也可以是一段短语或一句话。

（1）resource.robot 文件。

resource.robot 是配置文件，其他文件都会通过 Resource 引用这个配置文件里的配置，其中包含一些关键配置。

- 在 Settings 部分除了一些描述文档，还引入了 SeleniumLibrary。
- 在 Variables 部分定义了一些变量，这些变量可以帮助我们把测试中的公共部分抽象出来，在不同的场景下采用同样的值。例如，可以把测试的 URL 和浏览器类型作为变量，在执行测试的时候根据场景替换。

变量也可以通过命令行的方式覆盖。在执行 robot 文件时，加入小写的-v 参数就可以替换变量，例如，可以替换执行 Web 验收测试的浏览器。

```
robot -v BROWSER=chrome login_tests
```

小·技巧：采用无头模式（Headless Mode）执行验收测试

无头（Headless）的意思是不需要启动显示器。在以前的很多漫画作品中，计算机被拟人处理，计算机使用的阴极射线管显示器被称为"头"（Head），如图 6-17 所示。所以，有头模式是指在测试过程中需要打开浏览器执行的模式，而无头模式是指在测试过程中不需要打开浏览器执行的模式。

图 6-17 计算机显示器

启动一个浏览器进行自动化测试需要消耗大量资源，而且执行期间浏览器的操作很快，我们没有时间反应测试过程是否正确。同时，在持续集成服务器或冒烟测试时，我们没有机会开启显示器并运行验收测试。我们不需要真正启动浏览器，而是可以通过 Web 页面元素验证测试结果。因此，我们可以使用浏览器的无头模式来做测试。

小·知识：

在各浏览器使用无头模式之前，就已出现了无头开源浏览器方案 PhantomJS，它需要在 NodeJS 的环境下使用。当时，很多自动化浏览器测试都采用 PhantomJS 作为 Web 的自动化验收测试工具，但随着主流浏览器均推出了自己的无头模式方案，PhantomJS 就停止了维护。

在修改 resource.robot 文件的 BROWSER 变量为 headlessfirefox 后，就能以无头模式启动 Firefox。也可以采用命令行的方式在执行时替换 BROWSER 变量：

```
robot -v BROWSER=headlessfirefox login_tests
```

> **小技巧**：浏览器功能兼容性测试
>
> 在很多情况下，在测试 Web 前端时需要兼容不同的浏览器，我们可以同时执行不同的命令来做兼容性测试，替换不同的浏览器，并且指定其各自的测试日志和测试报告。但前提是需要安装不同的浏览器驱动。微软 Internet Explorer 的驱动可以从 Selenium 官网下载，而 Google Chrome 和 Firefox 都自带驱动程序。
>
> 在安装好浏览器的驱动后，就可以同时执行不同的测试。
>
> ```
> robot -v BROWSER=firefox -d ./firefox login_tests
> robot -v BROWSER=safari -d ./safari login_tests
> robot -v BROWSER=chrome -d ./chrome login_tests
> ```

resource.robot 文件在最后的部分还定义了一些公共关键词，如：

```
*** Keywords ***
Open Browser To Login Page
    Open Browser           ${LOGIN URL}        ${BROWSER}
    Maximize Browser Window
    Set Selenium Speed     ${DELAY}
    Login Page Should Be Open
```

当 Robot Framework 执行某个案例的时候，如果出现 Open Browser To Login Page，就会执行随后的关键词，并代入变量的值。以上的关键词分别执行了如下内容。

- 在给定的浏览器中打开 URL。
- 设置 Selenium 的等待响应时间。
- 最大化浏览器窗口。
- 判断登录页面是否已打开。

（2）valid_login.robot 文件。

valid_login.robot 定义了登录成功的案例。

```
*** Test Cases ***
Valid Login
    Open Browser To Login Page
    Input Username    demo
    Input Password    mode
    Submit Credentials
    Welcome Page Should Be Open
    [Teardown]    Close Browser
```

这个成功的测试案例引用了 resource.robot 文件中定义的关键词，并且在最后关闭了浏览器。

（3）invalid_login.robot 文件。

invalid_login.robot 文件使用表格的形式定义了登录失败的测试用例的用户名和密码。

*** Test Cases ***	USER NAME	PASSWORD
Invalid Username	invalid	${VALID PASSWORD}
Invalid Password	${VALID USER}	invalid

Invalid Username And Password	invalid	whatever
Empty Username	${EMPTY}	${VALID PASSWORD}
Empty Password	${VALID USER}	${EMPTY}
Empty Username And Password	${EMPTY}	${EMPTY}

这个测试用例使用了模板机制。首先，invalid_login.robot 文件中定义了一个关键词 Login With Invalid Credentials Should Fail，其次，通过[Arguments]把 username 和 password 指定为下面关键词的参数。

```
*** Keywords ***
Login With Invalid Credentials Should Fail
    [Arguments]    ${username}    ${password}
    Input Username    ${username}
    Input Password    ${password}
    Submit Credentials
    Login Should Have Failed

Login Should Have Failed
    Location Should Be    ${ERROR URL}
    Title Should Be    Error Page
```

最后，在 Settings 中加入 Test Template 选项并制订测试模板 Login With Invalid Credentials Should Fail，在执行时就可以在不同的测试用例中输入不同的变量。

```
Test Template    Login With Invalid Credentials Should Fail
```

需要注意的是，在测试用例中开启和关闭浏览器会消耗大量资源，可以在 Settings 中指定 Suite Setup 和 Suite Teardown，在这个案例执行的过程中不启动和关闭浏览器。

（4）gherkin_login.robot 文件。

gherkin_login.robot 文件是指使用 Gherkin 语法编写的验收测试的描述，它采用 Given-When-Then 的方式对用户行为进行描述。

```
*** Test Cases ***
Valid Login
    Given browser is opened to login page
    When user "demo" logs in with password "mode"
    Then welcome page should be open
```

Given-When-Then 的描述方式类似于 TDD 部分提到的"三段论"，即初始化-执行操作-断言预期结果。

Given 表示已经具备的测试条件
When 表示进行的操作
Then 表示预期的结果

这 3 个单词后面都紧跟着一个关键词，任何一个关键词执行失败都会导致测试执行失败。关于 Gherkin 的语法风格将在 6.3 节中详细介绍。

4. 使用 RequestsLibrary 测试 Restful API

随着互联网和移动端应用的普及,很多前后端分离的应用会将界面和接口分开测试。Requests 是在 Python 社区中广泛使用的 HTTP 库,用于执行 HTTP 操作。RequestsLibrary 是基于 Requests 包构建的关键词库。RequestsLibrary 把 Requests 的操作请求封装成 Robot Framework 的关键词来操作。

例如,我们有如下用户故事。

作为一名 GitHub 的用户 wizardbyron
我想要通过 API 访问我的公开信息
以便我可以把 GitHub 的信息进行同步

验收标准如下。
- 通过 api.github.com/users/wizardbyron 访问 HTTP 状态,并返回 200OK。
- 返回的 JSON 中包含我的 Blog 地址:www.guyu.me。

如此,我们就可以针对以上验收标准写出以下 2 个测试案例。

```
*** Settings ***
Library         Collections
Library         RequestsLibrary


*** Test Cases ***
Get HTTP status OK
    Create Session              github      http://api.github.com
    ${resp}=                    Get Request     github      /users/wizardbyron
    Should Be Equal As Strings  ${resp.status_code}     200

Get Response json contains blog address
    Create Session              github      http://api.github.com
    ${resp}=                    Get Request     github      /users/wizardbyron
    Dictionary Should Contain Value ${resp.json()} www.guyu.me
```

当然,Robot Framework 也支持中文描述。

```
*** Settings ***
Library         Collections
Library         RequestsLibrary


*** Test Cases ***
GitHub 接口的返回值应该是 200OK
    Create Session              github      http://api.github.com
    ${resp}=                    Get Request     github      /users/wizardbyron
    Should Be Equal As Strings  ${resp.status_code}     200

可以通过 GitHub API 获得 wizardbyron 的个人公开信息
```

```
Create Session          github    http://api.github.com
${resp}=                Get Request  github   /users/wizardbyron
Dictionary Should Contain Value ${resp.json()} www.guyu.me
```

执行这个 API 验收测试，它就会访问对应的 API 测试，如图 6-18 所示为 API 测试过程。

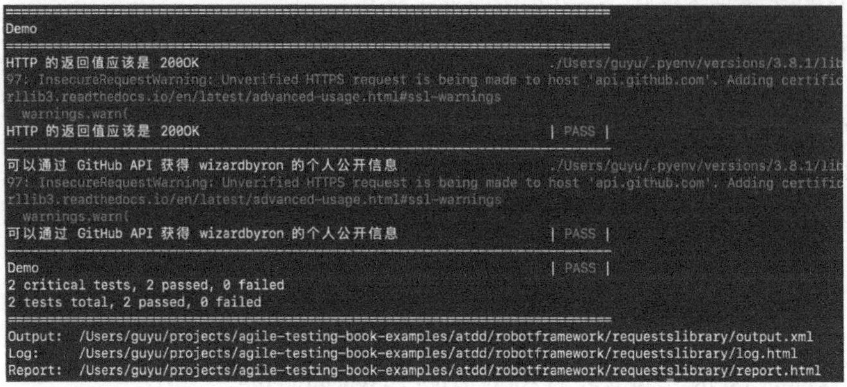

图 6-18　API 测试过程

6.3　行为驱动开发（BDD）

6.3.1　什么是 BDD

行为驱动开发（Behavior Driven Development，BDD）和 ATDD 几乎是同时被提出来的，然而在实践层面上，BDD 的规则更加明确和系统。敏捷联盟（Agile Alliance）对行为驱动开发的定义是：行为驱动开发是对来自测试驱动开发（TDD）和验收测试驱动开发（ATDD）的实践的综合和完善。BDD 通过以下策略增强了 TDD 和 ATDD。

- 将 "5WHY" 原则应用于所有用户故事，使所有用户故事对应的业务价值都可以清晰地产出。
- 从外而内地思考。换句话说，仅实现那些能够最直接贡献业务成果的行为，最大限度地减少浪费。
- 用一种表示法来描述用户行为，使团队更加专注用户使用软件本身，并且领域专家、测试人员和开发人员可以直接对其进行访问，从而提高沟通效率。
- 将这些技术应用到软件的最低抽象级别，尤其要注意行为的分布，使演化保持低成本。

BDD 也被称为实例化需求规范，也就是通过具体的例子而非抽象地描述验收标准。而 ATDD 则不要求实现这一点（但最好做到）。以我们之前使用的用户故事为例：

作为一名银行储户
我想要拥有一个储蓄账户
以便我可以存钱、取钱,并且显示当前余额

验收标准如下。
- 在银行新开一个储蓄账户,账户余额为 0.00 元。
- 在存入一笔金额后,账户余额为存入之前的账户余额加上存入金额。例如,给新开账户存 100.00 元,账户余额为 100.00 元。如果再存入 100.00 元,那么账户金额为 200.00 元。
- 在取出一笔金额后,账户余额为取出之前的账户余额减去取出金额。例如,当前账户余额为 500.00 元,取出 50.00 元后,账户余额为 450.00 元。
- 当取出金额大于账户余额时,提示用户"余额不足,提取失败"。例如,当前账户余额为 300.00 元,提取金额为 500.00 元,就要提示"余额不足"。

这样的验收标准令非技术人员也可以读懂,但如果验收标准写成如下形式,那么非技术人员就无法读懂。
- 一个新 account,balance = 0.0。
- balance += depository value。
- balance -= withdraw value。
- withdraw 大于 balance 报错,提示"余额不足,提取失败"。

那么,还有没有更好的描述方法呢?那就是采用 Given-When-Then 描述上述验收标准。

在介绍 Robot Framework 时,我们就已经使用过 Given-When-Then 了,这里给出详细解释。

Given-When-Then 是一个模板,旨在使用结构化的方式编写验收测试,其基本格式如下。

Given 初始条件的描述 **and** 另外一个初始条件的描述
When 某个行为 **and** 另一个行为
Then 获得某个结果 **and** 另外一个结果

这实际上也是 TDD 三步法的一种固定格式。
例如,上述用户故事的第一个验收标准写作如下。

Given I have no account
When I open a new account
Then the account balance is 0.00

中文形式的表达如下。

假设我没有账户
当我新建账户时
那么账户余额为 0.00

此时完成了测试用例的编写，我们还要将其变成一个自动化测试。

支持 BDD 的框架和工具有很多，如 JBehave、RSpec 或 Cucumber。这类的工具都鼓励使用类似的模板。

6.3.2 使用 Cucumber 进行 BDD

Cucumber 是最早支持 BDD 的工具，与 BDD 同期出现。当时 Cucumber 使用 Ruby 语言，随着其变得流行，其渐渐支持了多种语言。Cucumber 是基于领域特定语言（DSL）的一种实现，用来专门为用户行为测试这个特定领域编写计算机能够执行的语言。

小·知识：领域特定语言

领域特定语言（Domain-Specific Language, DSL）是指专注于某个应用程序领域的计算机语言，也被翻译为领域专用语言。不同于普通的跨领域通用计算机语言（GPL），DSL 只应用于某些特定的领域。

DSL 分为以下 3 类。

（1）外部 DSL：不同于应用系统主要使用的语言，其通常采用自定义语法，宿主应用的代码采用文本解析技术对外部 DSL 编写的脚本进行解析。例如，正则表达式、SQL、AWK，以及 Struts 的配置文件等。

（2）内部 DSL：通用语言的特定语法，用内部 DSL 写成的脚本是一段合法的程序，但其具有特定的风格，而且仅使用了语言的一部分特性。内部 DSL 用于处理整个系统中某个小方面的问题。

（3）语言工作台：一种专用的 IDE，用于定义和构建 DSL。语言工作台不仅可以用来确定 DSL 的语言结构，还是人们编写 DSL 脚本的编辑环境，最终形成的脚本将编辑环境和语言本身紧密地结合在一起。

DSL 的实践分为以下 4 步。

（1）编写 DSL 脚本。
（2）解析脚本。
（3）语义模型。
（4）生成代码或者执行模型。

Ruby 和 Groovy 都是用来编写 DSL 的比较理想的编程语言。早期版本的 Cucumber 实

际是通过 Ruby 识别某些关键词，并且编写一些程序去实现对这些关键词的测试，这样写出来的关键词可以直接让机器执行自动化测试。

下面以 Java 语言版本的 Cucumber 为例，演示如何使用 Cucumber。

我们仍然使用 IntelliJ IDEA 和 JUnit 作为示例。如果读者惯用的是其他编程语言平台，如 Ruby 或 node.js，也可以在 Cucumber 官方网站上找到其他语言的 Cucumber 安装方式，Cucumber 支持 10 种不同的语言。同时，IntelliJ IDEA 中也有支持 Cucumber 的插件，推荐安装。

1. 初始化 Cucumber 工程

首先，创建一个含有 Cucumber 的工程。我们通过以下 maven 命令创建 account 工程。

```
mvn archetype:generate
    "-DarchetypeGroupId=io.cucumber"
    "-DarchetypeArtifactId=cucumber-archetype"
    "-DarchetypeVersion=6.1.1"
    "-DgroupId=account"
    "-DartifactId=account"
    "-Dpackage=account"
    "-Dversion=1.0.0-SNAPSHOT"
    "-DinteractiveMode=false"
```

然后，单击 IntelliJ IDEA 中的"File"菜单，单击"Open"菜单下的"Open as Project"选项，打开工程中的 pom.xml 文件。

2. 创建 .feature 文件

Cucumber 是以 .feature 文件来组织测试的，.feature 文件就是某个功能（或特性）的测试用例描述。在 Java 目录中，我们常常把 .feature 文件放在 resources 目录的根目录下，如果存在多个包，也可以以包的方式组织 .feature 文件。此处我们创建名为"account .feature"的特性文件，并且安装 IntelliJ IDEA 中支持 Cucumber 的插件，如图 6-19 所示。

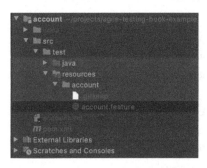

图 6-19　安装 IntelliJ IDEA 中支持的 Cucumber 插件

然后，编写如下用户故事。

Feature: Account

> Scenario: As an account owner
> Given I have no account
> When I open a new account
> Then the account balance is 0.00

然后，我们执行 mvn verify，会出现如图 6-20 所示的未实现步骤的 Cucumber 报错信息。这些执行失败的日志说明，Given-When-Then 的每一行都没有进行定义。与此同时，Cucumber 给出了如何实现的代码样例。

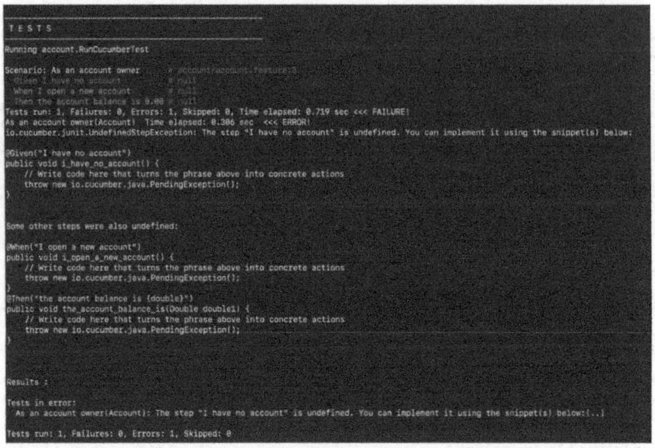

图 6-20　未实现步骤的 Cucumber 报错信息

Given-When-Then 最早用来描述 BDD 的风格，也被用于敏捷实践。Cucumber 扩展了 Given-When-Then 的语法结构，形成了名为 Gherkin 的语法风格。

3. 定义执行步骤

我们需要将刚才的代码复制到 /src/test/java/account/StepDefinitions.java 文件下的 StepsDefinitions 类中。

```java
package account;

import io.cucumber.java.en.Given;
import io.cucumber.java.en.Then;
import io.cucumber.java.en.When;

import static org.junit.Assert.*;

public class StepDefinitions {
    @Given("I have no account")
    public void i_have_no_account() {
        // Write code here that turns the phrase above into concrete actions
        throw new io.cucumber.java.PendingException();
    }
```

```
    @When("I open a new account")
    public void i_open_a_new_account() {
        // Write code here that turns the phrase above into concrete actions
        throw new io.cucumber.java.PendingException();
    }
    @Then("the account balance is {double}")
    public void the_account_balance_is(Double double1) {
        // Write code here that turns the phrase above into concrete actions
        throw new io.cucumber.java.PendingException();
    }

}
```

再次运行 mvn verify，会得到如图 6-21 所示的空实现的 Cucumber 报错信息。

图 6-21　空实现的 Cucumber 报错信息

在这个类中，我们需要通过不同的方法操作同一个账户，所以需要建立一个私有账户。添加如下代码。

```
    private Account account;
```

此时，I have no account（我没有账号）的定义就是 this.account = null;。

```
    @Given("I have no account")
    public void i_have_no_account() {
        this.account = null;
    }
```

而 I open a new account（我创建一个新账号）的定义就 this.account = new Account();。

```
    @When("I open a new account")
    public void i_open_a_new_account() {
        this.account = new Account();
    }
```

所以，the account balance is {double}就是：

```
    @Then("the account balance is {double}")
    public void the_account_balance_is(Double value) {
```

```
            assertEquals(value, this.account.getBalance());
    }
```

我们可以在步骤定义中通过大括号来对应参数，括号中是对应的类型名称。在上面的例子中，我们用了浮点型 double，还可以用字符串或整型等。步骤定义对应的方法名如果在文字中间，就要使用下画线表明参数的位置；若在文字末尾，则不需要。

再次运行 mvn verify，会发现 Account 类和 getBalance 方法都未实现，这时使用之前介绍的 TDD 方法来实现这个类，将这个类放在对应的/src/main/account 包下。

```
package account;
public class Account {
    private Double balance = 0.0;
    public Double getBalance() {
        return this.balance;
    }
}
```

再运行 mvn verify，显示测试成功。Cucumber 运行通过，如图 6-22 所示。

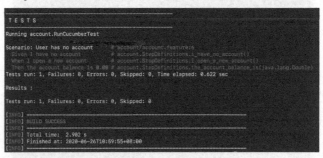

图 6-22　Cucumber 运行通过

Cucumber 支持不同国家的语言，我们可以使用中文编写自动化测试，也可以使用以下中文替换英文（Cucumber 支持中文），也可使用其他语言。

在.feature 文件的头部增加以下代码，以标明.feature 文件所使用的语言。

```
# language: zh-CN
```

上面的.feature 文件可以写成：

```
# language: zh-CN
功能:
    作为一名银行客户
    我想要拥有一个账户
    以便我可以存钱、取钱，并且显示当前余额

    场景:我没有账户
        假设我没有账户
        当我新建账户的时候
        那么账户余额为 0.00
```

需要注意的是，冒号一定要使用英文冒号，使用中文冒号则无法识别。许多报错，究其原因，都是冒号使用有误。使用中文编写 Cucumber 定义后，执行效果如图 6-23 所示。

图 6-23　使用中文编写 Cucumber 定义

在 StepDefinifions.java 文件中，需要引入对应的包来识别中文关键词。

```
import io.cucumber.java.zh_cn.*;
```

对应的步骤定义就可以使用中文写为：

```
package account;

import io.cucumber.java.en.Given;
import io.cucumber.java.en.Then;
import io.cucumber.java.en.When;

import io.cucumber.java.zh_cn.*;

import static org.junit.Assert.*;

public class StepDefinitions {
    private Account account;

    @假设("我没有账户")
    public void 我没有账户() {
        // Write code here that turns the phrase above into concrete actions
        this.account = null;
    }

    @当("我新建账户的时候")
```

```
        public void 我新建账户后() {
            this.account = new Account();
        }
        @那么("账户余额为 {double}")
        public void 账户余额为(Double value) {
            assertEquals(value, this.account.getBalance());
        }

    }
```

Gherkins 关键词中英文对照可以参考表 6-1。

表 6-1 Gherkins 关键词中英文对照表

英文关键词（Keyword）	对应中文关键词（Equivalent）
feature	功能
background	背景
scenarioOutline	场景大纲、剧本大纲
scenario	场景、剧本
examples	例子
given	假如、假设、假定
when	当
then	那么
and	而且、并且、同时
but	但是

其他语言的关键词对照请参考官方网站上的文档。

4. 完成所有的测试用例

我们可以继续补充剩下的测试用例。

功能：
   作为一名银行客户
   我想要拥有一个账户
   以便我可以存钱、取钱，并且显示当前余额

   场景：我没有账户
      假设我没有账户
      当我新建账户的时候
      那么我的账户余额为 0.00

   场景：我已经有了账户
      假设我的账户初始余额为 0.00
      当我存入 100.00 元后

那么我的账户余额为 100.00

假设我的账户初始余额为 100.00

当我存入 200.00 元后

那么我的账户余额为 300.00

假设我的账户初始余额为 400.00

当我取出 300.00 元后

那么我的账户余额为 100.00

运行 mvn verify 后，会发现出现新的 Cucumber 未定义步骤，如图 6-24 所示。

图 6-24　Cucumber 未定义步骤

（1）使用 Cucumber 编写测试步骤代码。

Cucumber 会帮助过滤已经定义了的步骤，只留下未定义的步骤，并生成未定义步骤的代码片段。我们可以复制相应的步骤定义代码片段，并将其补全。

```
package account;

import io.cucumber.java.zh_cn.*;

import static org.junit.Assert.*;

public class StepDefinitions {
    private Account account;

    @假设("我没有账户")
    public void 我没有账户() {
        // Write code here that turns the phrase above into concrete actions
        this.account = null;
```

```java
}

@当("我新建账户的时候")
public void 我新建账户后() {
    this.account = new Account();
}
@那么("我的账户余额为 {double}")
public void 账户余额为(Double value) {
    assertEquals(value, this.account.getBalance());
}

@当("我存入 {double} 元后")
public void 我存入_元后(Double value) {
    this.account.deposit(value);
}
@假设("我的账户初始余额为 {double}")
public void 我账户的初始余额为(Double value) {
    this.account = new Account();
    this.account.deposit(value);
}

@当("我取出 {double} 元后")
public void 我取出_元后(Double value) {
    this.account.withdraw(value);
}

}
```

运行 mvn verify 显示使用中文完成的所有编写步骤，测试成功，如图 6-25 所示。

图 6-25　使用中文完成的所有编写步骤，测试成功

(2)采用 And(并且)重复多个条件。

第二个场景中的第一个测试用例与第二个测试用例刚好构成前后顺序关系,我们就可以将测试用例合并如下。

场景:我已经有了账户
　假设我的账户初始余额为 0.00
　当我存入 100.00 元后
　那么我的账户余额为 100.00
　并且我存入 200.00 元后
　那么我的账户余额为 300.00
　假设我的账户初始余额为 400.00
　当我取出 300.00 元后
　那么我的账户余额为 100.00

如果有多项操作,也可以采用*(星号)代替,如:

场景:我已经有了账户
　假设我的账户初始余额为 0.00
　当我存入 100.00 元后
　那么我的账户余额为 100.00
　* 我存入 200.00 元后
　* 我取出 100.00 元后
　* 我存入 50.51 元后
　那么我的账户余额为 250.51

这时缺少一个场景:如果余额不足,将会如何?我们可以写出如下测试用例。

场景:我已经有了账户
　假设我的账户初始余额为 0.00
　当我存入 100.00 元后
　那么我的账户余额为 100.00
　* 我存入 200.00 元后
　* 我取出 100.00 元后
　* 我存入 50.51 元后
　那么我的账户余额为 250.51
　假设我的账户初始余额为 400.00
　当我取出 300.00 元后
　那么我的账户余额为 100.00

当我取出 300.00 元后
那么我的账户余额为 100.00
并且我收到出错提示"余额不足"

运行 mvn verify 后报错，表示 Cucumber 测试步骤执行失败了，如图 6-26 所示。

图 6-26　执行失败的 Cucumber 测试步骤

这时，需要重新修改 withdraw 方法。

```
public void withdraw(Double value) {
    if (value > this.balance)
        new Throwable("余额不足");
    else this.balance -= value;
}
```

运行 mvn test，之前的测试用例通过了，但缺少一个步骤定义，其执行结果如图 6-27 所示。

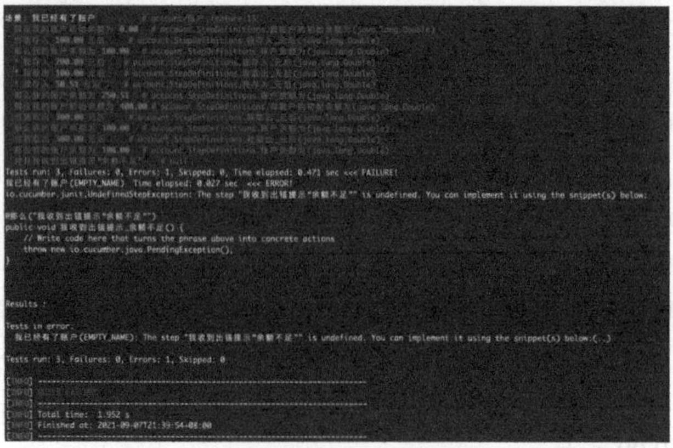

图 6-27　缺少步骤定义的测试用例执行结果

接下来，补充步骤定义：

```
@那么("我收到出错提示"余额不足"")
public void 我收到出错提示_余额不足() {
    assertThrows("余额不足",Throwable.class,null);
}
```

5. 重构.feature 文件

此时，测试用例出现了重复，我们发现期初余额和存取钱可以形成一个模板，只要有相应的初始值，我们就可以同时测试多条数据。我们可以采用 scenarioOutline（场景大纲）优化测试用例，例如，可以建立如下模板和示例。

场景大纲：我已经有了账户-表格
  假设我的账户初始余额为 <初始余额>
  当我存入 <存入额> 元后
  那么我的账户余额为 <账户余额>

示例：

初始余额	存入额	账户余额
0.00	5.0	5.0
20.00	2.2	12.2

执行 mvn verify 后显示测试成功，如图 6-28 所示为使用场景大纲组织.feature 文件。

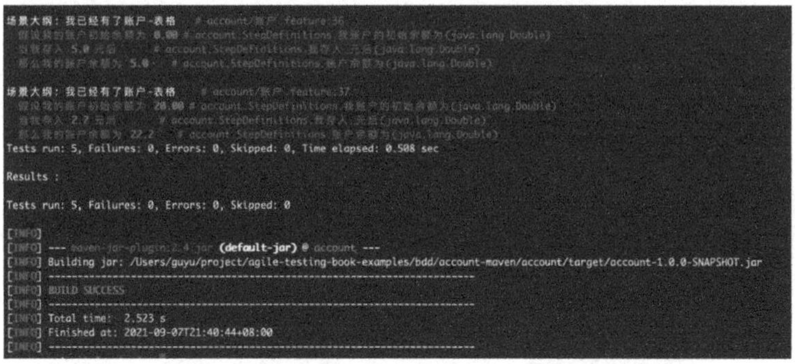

图 6-28　使用场景大纲组织.feature 文件

Cucumber 会自动把表格中的每一行数据代入模板进行测试。这里需要注意的是，表格的表头要与大纲里的模板相对应。

使用 cucumber-reporting 插件检查测试用例覆盖率。与单元测试相同，读者也可以通过 cucumber-reporting 插件检查 BDD 的测试覆盖率，只需在 pom.xml 文件的<plugins>增加以下插件：

```xml
<plugins>
    <groupId>com.trivago.rta</groupId>
    <artifactId>cluecumber-report-plugin</artifactId>
    <version>2.5.0</version>
    <executions>
        <execution>
            <id>report</id>
            <phase>post-integration-test</phase>
            <goals>
                <goal>reporting</goal>
            </goals>
        </execution>
    </executions>

    <configuration>
        <sourceJsonReportDirectory>
            ${project.build.directory}/cucumber-report
        </sourceJsonReportDirectory>
        <generatedHtmlReportDirectory>
            ${project.build.directory}/generated-report
        </generatedHtmlReportDirectory>
    </configuration>
</plugins>
```

并且，修改 RunCucumberTest.java 的@CucumberOptions 为：

`@CucumberOptions(plugin = {"pretty","json:target/cucumber-report/cucumber.json"})`

执行 mvn verify 就可以得到 Cucumber 的覆盖率报告，Cucumber 测试报告摘要及明细如图 6-29 和图 6-30 所示。

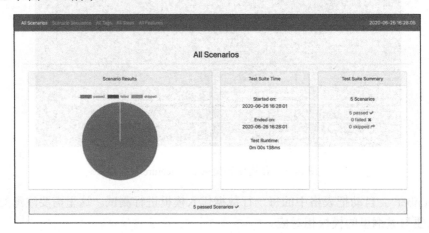

图 6-29　Cucumber 测试报告摘要

图 6-30 Cucumber 测试报告明细

6.3.3 使用 Cucumber 和 Selenium 对 Web 页面的行为进行测试

除了可以通过 Cucumber 使用更贴近非技术人员的语言编写行为测试用例,还可以结合使用 Cucumber 和 Selenium,让行为驱动测试能够直接操作 Web 界面。

例如,我们想在天猫网买到"世界上最贵的东西":

language: zh-CN
功能:
　　作为一名天猫网的 Web 端用户
　　我想要搜索到世界上最贵的东西
　　以便我可以购买世界上最贵的东西

1. 创建 Cucumber 项目

使用 Maven 创建一个 Cucumber 项目。

```
mvn archetype:generate
  "-DarchetypeGroupId=io.cucumber"
  "-DarchetypeArtifactId=cucumber-archetype"
  "-DarchetypeVersion=6.1.1"
  "-DgroupId=tmall.bdd"
  "-DartifactId=tmall-bdd"
  "-Dpackage=tmall.bdd"
  "-Dversion=1.0.0-SNAPSHOT"
  "-DinteractiveMode=false"
```

2. 创建 .feature 文件

编写第一个.feature 文件。
我们从最基础的步骤开始。启动浏览器，打开天猫网首页。

```
# language: zh-CN
功能:
    作为一名天猫网的 Web 端用户
    我想要搜索到世界上最贵的东西
    以便我可以购买世界上最贵的东西

    场景:打开浏览器，进入天猫网首页
        假设我没有打开浏览器
        当打开浏览器并输入 "http://天猫网官方网址[1]" 的时候
        那么我可以进入天猫网首页
```

通过执行 mvn verify 来发现未实现的步骤。

```
package tmall.bdd;
import io.cucumber.java.zh_cn.*;
public class StepDefinitions {
    @假设("我没有打开浏览器")
    public void 我没有打开浏览器() {
        // Write code here that turns the phrase above into concrete actions
        throw new io.cucumber.java.PendingException();
    }
    @当("打开浏览器并输入 http:\\/\\/天猫网官方链接的时候")
    public void 打开浏览器并输入_http_www_tmall_com_的时候() {
        // Write code here that turns the phrase above into concrete actions
        throw new io.cucumber.java.PendingException();
    }
    @那么("我可以进入天猫网首页")
    public void 我可以进入天猫网首页() {
        // Write code here that turns the phrase above into concrete actions
        throw new io.cucumber.java.PendingException();
    }
}
```

注：代码中的"天猫网官方链接"需代入官网链接。

3. 引入 Selenium 并实现未定义的操作

Selenium 的运行需要 2 个组件：Selenium 和 WebDriver。

---

[1] 本节"场景"中 http://与 https://后的"天猫网官方网址"处，均应代入官网链接。

Selenium 是一套标准的操作浏览器的逻辑，而 WebDriver 则是不同浏览器的驱动。所以，使用 Selenium 操作浏览器来实现相应的操作。

在 pom.xml 中引入 Selenium。

```xml
<dependency>
    <groupId>org.seleniumhq.selenium</groupId>
    <artifactId>selenium-java</artifactId>
    <version>3.141.59</version>
</dependency>
```

此版本支持所有浏览器，Selenium 还有针对特殊浏览器的版本。

```xml
<dependency>
    <groupId>org.seleniumhq.selenium</groupId>
    <artifactId>selenium-firefox-driver</artifactId>
    <version>3.141.59</version>
</dependency>
```

选择 Firefox 作为浏览器，并安装 Firefox 的驱动 geckodriver。不同的浏览器有自己的驱动，在官方网站上可以对应获取。安装完毕后就可以使用 Selenium 操作浏览器了。

4. 通过 Selenium 操作浏览器

通过 WebDriver 打开浏览器。

```java
package tmall.bdd;
import io.cucumber.java.zh_cn.*;
import org.openqa.selenium.WebDriver;
import org.openqa.selenium.firefox.FirefoxDriver;
public class StepDefinitions {
    WebDriver driver = new FirefoxDriver();
    @假设("我没有打开浏览器")
    public void 我没有打开浏览器() {

    }
    @当("打开浏览器并输入 http:\\\\天猫网官方链接的时候")
    public void 打开浏览器并输入_http_www_tmall_com_的时候() {
        this.driver.get("http://天猫网官方链接");
    }

    @那么("我可以进入天猫网首页")
    public void 我可以进入天猫网首页() {

    }
}
```

注：代码中的"天猫网官方链接"需代入官网链接。

此时，运行 mvn verify 并启动 Firefox，打开天猫网首页，会看到一个新的浏览器窗口被打开，测试运行成功。通过 Cucumber 操作浏览器完成验证的结果如图 6-31 所示。

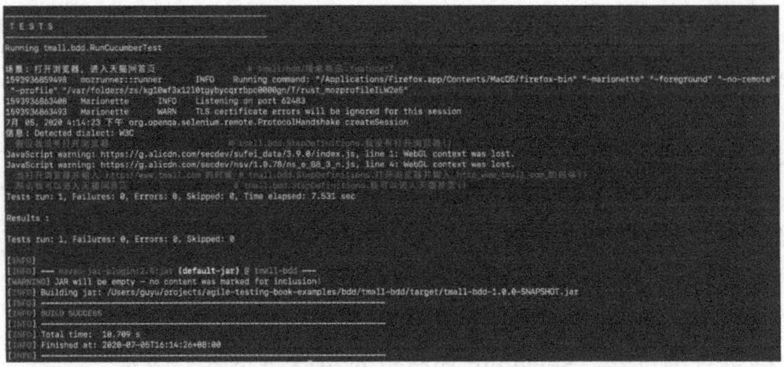

图 6-31　通过 Cucumber 操作浏览器完成验证的结果

此时会发现浏览器打开后在没有关闭，这是因为我们没有定义退出浏览器的步骤。因此，我们需要验证首页，然后关闭浏览器。

如何验证天猫网首页？这要从首页内容上下手。此时到首页内容的是一个 HTML 文件，我们可以从 HTML 文件元素下手，如标题元素。

```
@那么("我可以进入天猫网首页")
public void 我可以进入天猫网首页() {
    assert(this.driver.getTitle()).startsWith("天猫 tmall.com");
    this.driver.quit();
}
```

运行测试，显示验证成功。如图 6-32 所示为验证天猫网首页标题。

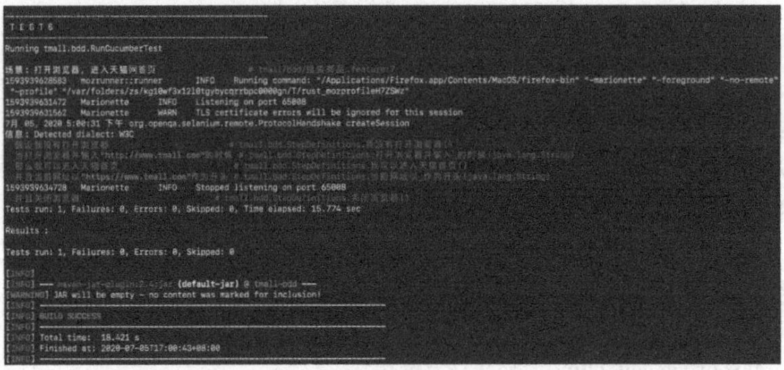

图 6-32　验证天猫网首页标题

需要注意的是，在这个过程中我们定义了"我可以进入天猫网首页"这个验证标准。

但是，这样我们就完成了对天猫网首页的验证了吗？可能没有，因为我们可以构造标题名称相同的虚假页面。因此，我们还要验证其他元素，如最终网址。现在大部分网站为了安全起见，都会把不安全的 http 访问重定向到 https，所以我们可以验证一下浏览器的最终 URL。

```
@那么("我可以进入天猫网首页")
public void 我可以进入天猫网首页() {
    String currentURL = this.driver.getCurrentUrl();
    assert(currentURL).startsWith("https://天猫网官方链接");
```

第 6 章 敏捷功能性测试实践

```
        this.driver.quit();
    }
```

注：代码中的"天猫网官方链接"需代入官网链接。

运行 mvn verify，测试成功。

这时可以重构打开浏览器的方法，把 URL 当作一个参数就可以重新使用这个步骤定义。

```
    @当("打开浏览器并输入{string}的时候")
    public void 打开浏览器并输入_的时候(String url) {
        driver.get(url);
    }
```

同时，将网址放在双引号中，以对应 String 变量。

场景:打开浏览器，进入天猫网首页
  假设我没有打开浏览器
  当打开浏览器并输入"http://天猫网官方网址"的时候
  那么我可以进入天猫网首页

重构有二义性的业务定义。当发现"我可以进入天猫网首页"有 2 种解释时，实际上是业务语言具有二义性，即 2 种定义都可以。所以，这里要更加明确业务行为。

在和用户沟通或设计用户行为时，在很多情况下，部分验收标准不明确，此时需要使用一种明确的方式对其进行定义。而这个定义验收标准的过程必须事先与客户确认，待确认后再更新相应的文档和测试条件。例如：

场景:打开浏览器，进入天猫网首页
  假设我没有打开浏览器
  当打开浏览器并输入"http://天猫网官方网址"的时候
  那么我的浏览器网址以"https://天猫网官方网址"作为开头

那么相应的步骤定义就要进行如下修改。

```
    @那么("当前网址以{string}作为开头")
    public void 当前网址以_作为开头(String url) {
        String currentURL = this.driver.getCurrentUrl();
        assert(currentURL).startsWith(url);
        this.webdriver.quit();
    }
```

不过，这会引发另一个问题：业务目的被掩盖。这是使用 BDD 的大忌之一。
需要注意的是，一定不要用技术语言代替业务目的。因为业务目的的实现可以是多样的。那么，该怎么做呢？
把"当前网址以{string}作为开头"这个方法复用一下。

```
        @那么("我可以进入天猫网首页")
        public void 我可以进入天猫网首页() {
            当前网址以_作为开头("https://天猫网官方链接");
            this.driver.quit();
        }
        @那么("当前网址以{string}作为开头")
        public void 当前网址以_作为开头(String url) {
            String currentURL = this.driver.getCurrentUrl();
            assert(currentURL).startsWith(url);
        }
```

注:代码中的"天猫网官方链接"需代入官网链接。

这样我们既保留了业务目的,又有了可以复用的步骤定义。也可以将这个步骤通过之前介绍的"并且"显性化表示出来:

场景:打开浏览器,进入天猫网首页
   假设我没有打开浏览器
   当打开浏览器并输入"http://天猫网官方网址"的时候
   那么我可以进入天猫网首页
   并且当前网址以"https://天猫网官方网址"作为开头

不过此步骤会执行失败,因为我们在验证网址开头之前就已经关闭了浏览器。同时,这也不符合用户的操作行为,因为不可能还没验证就关闭浏览器。所以,这个地方我们需要增加一步,即关闭浏览器。

场景:打开浏览器,进入天猫网首页
   假设我没有打开浏览器
   当打开浏览器并输入"http://天猫网官方网址"的时候
   那么我可以进入天猫网首页
   并且当前网址以"https://天猫网官方网址"作为开头
   并且关闭浏览器

以及将 driver.quit() 方法转移到此步骤中。

```
        @那么("关闭浏览器")
        public void 关闭浏览器(){
            this.driver.quit();
        }
```

5. 用 findElement 方法查找页面元素

接下来我们测试搜索功能,只需要在打开和关闭浏览器之间增加搜索的步骤。为了保留之前的成果，新增一个场景：

场景:搜索"最贵的东西"
  假设打开浏览器并输入"http://天猫网官方网址"的时候
  当我在搜索框输入"世界上最贵的东西"
  并且点击"搜索"按钮后
  那么我应该在搜索结果页看到含有"世界上最贵的东西的"为名称的商品
  并且关闭浏览器

  执行 mvn verify 之后，3 个没有定义的步骤就被提示了。那么，我们怎么实现这些步骤呢？此时需要打开浏览器进行查找。
  使用浏览器的"检查元素"（Inspect Elements）功能定位页面元素。目前，主流的浏览器都提供了检查元素的功能，可以帮助我们快速定位想要找到的页面元素。如图 6-33 所示为 Firefox 的检查元素功能。

图 6-33 Firefox 的检查元素功能

  在我们找到搜索框并发现 ID 标签后，就可以使用 findElement 方法，通过 ID 找到搜索框。输入如下代码。

```
@当("我在搜索框输入\"世界上最贵的东西\"")
public void 我在搜索框输入_世界上最贵的东西() {
    this.driver.findElement(By.id("mq")).sendKeys("世界上最贵的东西");
}
```

当然，最好把这个方法重构成参数版，以便未来搜索更多内容。

```
@当("我在搜索框输入{string}")
public void 我在搜索框输入(String keyWord) {
    this.driver.findElement(By.id("mq")).sendKeys(keyWord);
}
```

然后，如法炮制搜索按钮。我们需要找到对应的按钮，但此时 ID 不存在了，如何处理呢？可以使用 tagName 找到搜索按钮。

```
@当("点击\"搜索\"按钮后")
public void 点击_搜索_按钮后() {
    this.driver.findElement(By.tagName("Button")).click();
}
```

若存在多个按钮，则 Selenium 默认会选择第一个找到的 Button 元素。如果需要选择其他按钮，就需要进行更加精准的定位。

我们知道 HTML 是有层次结构的。这种层级结构在面向对象展开时是一棵树，被称为 DOM（Document Object Model，文档对象模型）树。我们从检查元素中也可以看出，HTML 是用 Box（盒子）一层一层包起来的，所以我们可以限定区域并在其中寻找。例如，我们可以看到搜索按钮在一个 \<div\> 标签里面，那么可以通过 class 限定这个区域，如图 6-34 所示为 HTML 的 DOM 结构节点。

```
▼<div class="mallSearch-input clearfix">
    ::before
    <label for="mq" style="visibility: visible; display: none;">搜索 天猫 商品/品牌/店铺</label>
  ▶<div id="s-combobox-149" class="s-combobox">…</div> event
  ▶<button type="submit">…</button> event
```

图 6-34　HTML 的 DOM 结构节点

例如，"mallSearch-input clearfix" 可以用来限定相应的 div 元素，并限定其中的按钮。

```
@当("点击\"搜索\"按钮后")
public void 点击_搜索_按钮后() {
    this.driver.findElement(By.cssSelector("div.mallSearch-input.clearfix")).findElement(By.tagName("Button")).click();
}
```

通常，如果 HTML 元素标签的 ID 可用，那么它就是定位 HTML 元素的首选方法。这种方法无需遍历 DOM，所以执行起来非常迅速。如果 HTML 元素标签的 ID 不可用，那么规范地编写 CSS 选择器是查找 HTML 元素的次优方法。

Xpath 选择器与 CSS 选择器类似，但其语法较复杂且难以调试。Xpath 选择器非常灵活，但速度较慢。而基于 linktext 和部分链接文本的选择策略存在一定缺陷，即它们只处理包含链接的元素。

HTML 标签名称不是查找页面元素的好方法，因为页面上通常存在具有相同 HTML 标签的多个元素，但这在调用返回元素集合的 findElements(By) 方法时非常方便。

总之，尽可能保证定位器紧凑可读。ID 优先，因为遍历 DOM 树是代价较高的操作，并且要缩小搜索元素的范围。

如果编写过很多 Web 界面测试，就会发现一个结构清晰、定义业务语义明确的 HTML 元素非常重要。现在的前端框架 React.js 和 Vue.js 采用虚拟 DOM 的方式，大大简化了 HTML 的元素管理。

✏️ **小技巧**：给用户交互的元素命名带有语义的 ID

由于通过 ID 搜索的速度非常快，所以为了能够更高效地测试，可以为用户操作的每个页面元素赋予一个指定的 ID，能让页面与测试脚本相对应。

如果一个页面驱动的界面难以测试，测试脚本经常变动，那么这就是一种 BDD 的"坏味道"。BDD 的核心是测试业务逻辑，如果业务逻辑没有变动，只是展示方式发生了变动，那么业务测试不会受到影响，只需新增和调整步骤的定义，就可以覆盖相应的需求。这就要求测试人员对前端开发工程师的页面布局提出测试要求。

如果使用 BDD 的方式做前端开发，为了便于编写 Cucumber 脚本，在页面未生成时要先定义页面元素交互的 ID。定义之后，无论前端页面如何组合，只要 ID 不变，测试页面逻辑的代码都会保持稳定。

6. 验证搜索结果页

我们再来验证一下是否可以顺利进入搜索结果页。搜索结果页一定包含至少一个与搜索关键词匹配的结果。观察搜索结果页后可发现，每个商品的关键词都出现在相应链接的标题（Title）中，因此可以定位所有的元素，找出其中含有关键词的条目。

这时就要使用 findElements 方法，它和 findElement 方法相差一个字母，可返回"一堆"结果，我们只要找到其中一个包含关键词的即可。

```
@那么("我应该在搜索结果页看到含有{string}为名称的商品")
public void 我应该在搜索结果页看到含有_为名称的商品(String keyword) {
    List<WebElement> titles = this.driver.findElements(By.className("productTitle"));
    Boolean result = false; //默认为失败
    for (WebElement t : titles) {
        if (t.getText().contains(keyword)){
            result = true;
            break; // 找到一个就算成功
        }
    }
    assert(result);
}
```

7. 优化 Cucumber 自动化测试执行的效率

通过执行测试可发现，Cucumber 和 Selenium 在执行过程中会进行如下操作。
（1）启动浏览器。
（2）等待 HTTP 响应。
（3）解析 HTML。
（4）识别元素并执行操作。
前 3 步既较耗时又占用系统资源，而且整个测试会启停 2 次浏览器，部分测试步骤还有所重复。这时，我们可以采取以下 4 种方法。
（1）优化测试用例。
（2）使用@Before 和@After。
（3）使用 Headless 方式。
（4）并行运行 Cucumber 测试。
首先，我们可以使用优化自动化测试用例的方法合并 2 个测试。

场景:打开浏览器，进入天猫网首页，搜索"世界上最贵的东西"
　　假设我没有打开浏览器
　　当打开浏览器并输入"http://天猫网官方网址"的时候

那么我可以进入天猫网首页
并且当前网址以"https://天猫网官方网址"作为开头
当我在搜索框输入"世界上最贵的东西"
并且点击"搜索"按钮后
那么我应该在搜索结果页看到含有"世界上最贵的东西"为名称的商品
并且关闭浏览器

其次，使用@Before 和@After 统一启停浏览器，但是要删除掉.feature 文件中"关闭浏览器"这一步骤。

```
@Before()
public void openBrowser(){
    this.driver = new FirefoxDriver();
}
@After()
public void closeBrowser() {
    driver.quit();
}
```

注意，@Before 和@After 针对的是.feature 文件中各场景的@Before 和@After。此外，在引入@Before 和@After 时，需注意此时引入的是 io.cucumber 包中的@Before 和@After，而不是 org.junit 中的。随后，我们可以使用前面介绍过的 Headless 方式，在创建 Firefox 浏览器进程之前增加选项，并且传入构造函数。

```
public void openBrowser(){
    FirefoxOptions options = new FirefoxOptions();
    options.setHeadless(true);
    this.driver = new FirefoxDriver(options);
}
```

Headless 方式通常在持续集成时使用，本地依然使用窗口化的浏览器，随后使用并行的方式执行测试。

Cucumber 可以使用 JUnit 和 Maven 测试执行插件并行执行。在 JUnit 中，.feature 文件是并行运行的，而不是 scenario，这意味着.feature 文件中的所有 scenario 都将在同一线程执行，所以要把测试用例拆分到多个.feature 文件中，形成不同的.feature 文件。

最后，使用 Maven 的 Surefire 插件或 Failsafe 插件执行。下面以 Surefire 插件为例进行演示，在之前的 pom.xml 文件中增加 Surefire 插件，增加按方法并行执行的配置。

```xml
<plugin>
    <groupId>org.apache.maven.plugins</groupId>
    <artifactId>maven-surefire-plugin</artifactId>
    <version>2.22.0</version>
    <configuration>
        <parallel>methods</parallel>
        <useUnlimitedThreads>true</useUnlimitedThreads>
```

```
            </configuration>
        </plugin>
```

这时执行 mvn verify，发现启动了 2 个浏览器执行测试。需要注意的是，并行所提升的效率高低取决于自动化测试运行的资源多少。若资源不足，自动化测试响应速度慢，效率也不一定能得到提升。所以，我们也可以限制线程数量。

```
<plugin>
    <groupId>org.apache.maven.plugins</groupId>
    <artifactId>maven-surefire-plugin</artifactId>
    <version>2.22.0</version>
    <configuration>
            <parallel>methods</parallel>
        <threadCount>2</threadCount>
    </configuration>
</plugin>
```

6.3.4 BDD 的落地策略

BDD 看起来很美好，但是实现起来比较困难，特别是对于没有 TDD 经验的团队来说，想要一步到位永远不现实。在实施过程中可能遇到许多困难，常见的困难如下。

（1）业务分析师或产品负责人拒绝编写 BDD 描述的用户故事。在他们看来，这往往是测试用例，应该由开发团队的测试人员完成。

（2）开发人员同样拒绝 BDD，原因是他们认为这是测试人员的职责。

（3）测试人员缺乏基本的编程技能，但具备分析测试场景/用例的能力，他们最多只会使用一些自动化测试工具。

（4）开发人员没有形成测试驱动开发的习惯。

（5）代码库自动化测试率较低，没有建立基线。

在实践中，我们总结出了以下 6 个步骤，可以帮助落地 BDD。

1. 和团队确认 BDD 的模式

实施 BDD 最先遇到的困难是谁来写测试用例，以及谁来实现。在传统的工作模式中，测试被当作开发流程中的一个单独步骤，由专门的测试人员负责。这类工作主要以编写文档和执行重复枯燥的测试工作为主。

而在敏捷团队中，测试是一项任务，是每个人都可以执行且必须要做的事情，并不局限于特定的某个人，只不过测试的方面、层次、方法不同，最终还是要实现"人人可测，事事可测，时时可测"。但在刚开始进行转变的时候，我们没有充足的人力和能力来完成这件事情，所以要降低难度，和其他角色明确分工，合作完成。

目前，实施 BDD 存在以下 3 种模式。

（1）BDD 实践模式 1。

如图 6-35 所示为我们所倡导的 BDD 最佳实践模式。

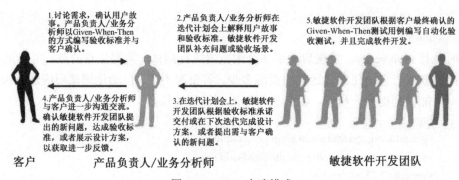

图 6-35　BDD 实践模式 1

其流程如下。

① 产品负责人/业务分析师与客户讨论需求，确认用户故事。产品负责人/业务分析师以 Given-When-Then 的方式编写验收标准并与客户确认。

② 产品负责人/业务分析师在迭代计划会上解释用户故事和验收标准。敏捷软件开发团队补充问题或验收场景。

③ 在迭代计划会上，敏捷软件开发团队根据验收标准承诺交付。若不能承诺交付，则要进一步明确用户故事的细节，或者在下次迭代完成初步设计方案，或者提出与客户待确认的新问题。

④ 产品负责人/业务分析师与客户进一步沟通交流，确认敏捷软件开发团队提出的新问题，达成验收标准，或展示设计方案以获取进一步反馈。

⑤ 重复第②③④步，直至敏捷软件开发团队能够承诺交付，在这一过程中可能会拆分出多个用户故事。随后，敏捷软件开发团队根据客户最终确认的 Given-When-Then 测试用例编写自动化验收测试，并完成敏捷软件开发。

（2）BDD 实践模式 2。

在这种模式下，产品负责人或业务分析师通常拒绝以 Given-When-Then 的方式编写测试用例，而是交由测试人员编写。此外，测试团队没有开发技能，不能直接编写 BDD 自动化测试用例。在这种情况下 BDD 实践模式如图 6-36 所示。

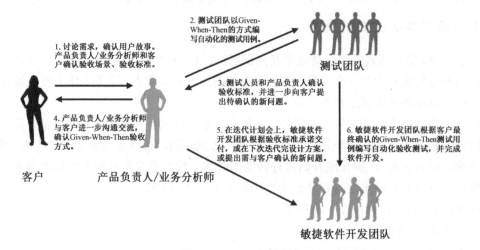

图 6-36　BDD 实践模式 2

其流程如下。

① 产品负责人/业务分析师与客户讨论需求，确认用户故事、验收场景和验收标准。

② 测试团队以 Given-When-Then 的方式编写自动化的测试用例。

③ 测试人员与产品负责人/业务分析师和敏捷软件开发团队确认验收标准。若产生新问题，则需进一步明确用户故事细节，或在下次迭代完成初步设计方案，或提出需与客户确认的新问题。

④ 产品负责人/业务分析师与客户确认以 Given-When-Then 方式编写的验收标准。

⑤ 确认完毕后，在迭代计划会上，敏捷软件开发团队根据验收标准承诺交付。若不能承诺交付，则需进一步明确用户故事细节，或在下次迭代完成初步设计方案，或提出需与客户确认的新问题。重复第②③④步，直至敏捷软件开发团队能够承诺交付，在这一过程中可能会拆分出多个用户故事。

⑥ 敏捷软件开发团队根据客户最终确认的 Given-When-Then 测试用例编写自动化验收测试，并完成敏捷软件开发。

（3）BDD 实践模式 3。

在这种模式下，产品负责人或业务分析师同样拒绝以 Given-When-Then 的方式编写的测试用例。与上一种模式不同，敏捷软件开发团队也拒绝编写 BDD 的测试脚本，认为这项工作与开发无关，特别是跨产品的解决方案自动化测试。这时需要测试人员具备一定的编程技能，能够完成自动化用例的编写。在这种情况下的 BDD 实践模式如图 6-37 所示。

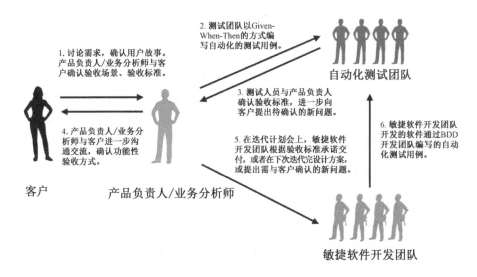

图 6-37　BDD 实践模式 3

其流程如下。

① 产品负责人/业务分析师和客户讨论需求，确认用户故事、验收场景和验收标准。

② 测试团队以 Given-When-Then 的方式编写自动化的测试用例。

③ 测试团队与产品负责人/业务分析师和敏捷软件开发团队确认验收标准。若产生新问题，则需要进一步明确用户故事细节，或者在下次迭代完成初步设计方案，或者提出需与客户确认的新问题。

④ 产品负责人/业务分析师与客户进一步沟通交流，确认以 Given-When-Then 方式编写的验收标准。自动化测试开发团队根据客户最终确认的 Given-When-Then 验收标准编写自动化验收测试。

⑤ 确认完毕后，在迭代计划会上，开发团队根据验收标准承诺交付。若不能承诺交付，则需要进一步明确用户故事细节，或者在下个迭代完成初步设计方案，或者提出需要与客户确认的新问题。重复第②③④步，直至敏捷软件开发团队能够承诺交付，在这一过程中可能会拆分出多个用户故事。

⑥ 敏捷软件开发团队以通过测试人员编写的自动化测试为完成条件，完成敏捷软件开发。

无论是第 2 种模式还是第 3 种模式，都是专业性分工导致的分离。所以，BDD 要想成功落地，不但要改变测试观念，同时还要转变组织形态。

在实践中，直接将专业化分工的组织重组为全功能产品团队的代价和风险很高。一种替代方式是以产品为核心，拉通专业性组织，形成产品化运作的全功能团队。人员的绩效以产品化团队为主要成分，以专业性组织为次要成分。同时，允许某一专业人员在不同的产品团队中轮岗，但绝对不允许其同时在 2 个产品团队中工作。

2. 选择一个适合当前技术栈的 BDD 自动化框架

BDD 工具的选型主要参考以下 3 个因素。
（1）门槛低。
（2）社区活跃。
（3）产品成熟。

本章已介绍了 2 种工具：Cucumber 和 Robot Framework，二者都是比较成熟且社区活跃的产品。Cucumber 更贴近开发人员的需求，更符合敏捷软件开发测试的理念，而且支持较多编程语言，但对于非开发出身的测试人员来说，其使用门槛较高。而 Robot Framework 则相对简单，使用门槛较低，在短期培训后就可以上手。

3. 建立基础用例的 .feature 文件

通过测试金字塔可知，BDD 的测试往往集中在界面部分。但这样的测试成本很高，主要来自两个方面：准备好测试环境的成本和运行测试的成本。

我们可以通过测试场景的访问频率（需事先统计）和用户操作的流程确定主干测试用例。一开始，我们只需要针对高频操作的主干用例编写测试用例，如常见的登入、登出，订单创建或支付等。自动化测试可以对主操作流程的质量进行守护，避免反复且枯燥的主干用例验证。

此外，如果要执行端到端的 BDD 测试，很多系统必须同时在线，BDD 的原则是所描述测试用例的语言越贴近用户越好。

（1）使用通用语言编写用户故事和验收测试。

通用语言（Ubiquitous Language）又被称为统一语言，是领域驱动设计（Domain Driven Design）中的核心概念之一。日常讨论所使用的术语与在程序代码（软件项目最重要的产品）中使用的术语并不一致，这导致业务和代码无法对接。领域驱动设计的重要概念是令大家通过对齐语言进行沟通和建模，否则说出来的和做出来的永远是两码事。

BDD 通过"Step Definition"的方式明确了各业务术语背后的技术含义，构建了业务语言和技术实现的映射关系。

（2）一个没有统一领域语言导致年收入减少 10% 的 Bug。

我们的某位客户经营网络广告的业务，他们把自己网站上的广告位按月卖给他们的客户。这时，其内部有两个独立的系统：结算系统和财务系统。结算系统负责根据页面浏览情况计算广告收入，而财务系统则自动将这个收入汇总起来编制企业报表。

两个系统中均有一个名为"价格"（Price）的字段，但这在两个系统里却拥有不同的含义。结算系统里的价格是不含税的价格，因为要计算真实的收入；而财务系统里的价格是含税的价格，因为要统计报税。当两个系统对接时，财务系统会把真实收入当作含税收入，这就意味着需要再扣一次税。这样一来，每进行一笔交易，客户都要重复交一次税。

两个系统单独测试都没有问题，但是在对接时就出现了问题。在不同的"上下文"中，同一个词汇都可能具有不同的含义。当不同开发团队开发出来的软件被集成在一起的时候，"上下文"的含义不同会导致需求和测试都发生变化。因此，需要在合并后的"上下文"中重新明确在这两个子域中"价格"的定义。

通过这次事件，这位客户意识到统一语言的重要性。一个集团企业可能拥有几十种不同的系统，如果缺少统一术语表，不知道会带来多少额外的成本支出。

由此可见，如果没有统一语言，同一个词往往表述了不同的含义。对同一词语的理解和认识无法统一，往往会导致用户期望和实际系统存在差异。这个案例告诉我们，在描述需求和测试之前，要先制订通用语言，使用通用语言建模。

4. 在持续集成的任务中运行 BDD 的自动化测试

鉴于 BDD 测试的特殊性，我们在持续集成中无法频繁执行，所以将 BDD 的自动化测试作为 UAT 前或正式上线前的一次冒烟测试。

BDD 测试大多只涉及界面行为，自动化测试时间较长，而且构建完整测试环境所要付出的代价较大。因此，建议大型团队每天凌晨自动从零构建自动化测试环境，并且执行全量用例。这可以保证每天都有一个可用版本，在第二天上班后也可针对出现的问题进行修复。

5. 重构 BDD 测试，优化自动化测试的分层结构

BDD 生成的测试越来越多，测试执行的效率就会越来越低。一种解决方法是通过重构将测试拆分成可以并行执行的测试，6.3.2 节将介绍提升效率的方法。另一种解决方法是采用交叉互补的原理，在测试效果不变的情况下，使用单元测试或某些成本较低、执行效率较高的自动化集成测试进行替代，以此提升整体的自动化测试效率。

同时，除了每次提交前的重构，每次迭代最好也能预留部分时间，先整体评估自动化测试的分层效果效率，再发起规模较高的重构，这样不仅可以优化测试架构，也可以优化应用架构。

> **小·技巧**：通过重构 BDD 测试拆分微服务
>
> 我们曾经维护过一个网站。我们在项目中使用 Ruby 版本的 Cucumber 实施 BDD，生成的测试越来越多，测试执行的时间就越来越长，于是我们从用户行为的角度将测试拆分成可以独立执行的多个测试。我们认为如果用例可以独立测试，那么一定可以独立部署，于是我们得到了微服务。
>
> 随后，我们通过独立的测试将原先的代码库拆分成多个可以独立部署的代码库。通过 HTTP 或消息队列进行应用之间的通信，将应用架构逐步重构为微服务架构。达成微服务架构的达成路径有很多，自动化测试驱动是其中的一种低风险方式。

6. 文档更新驱动应用更新，逐渐提升自动化测试的门槛

前 5 步实际上是解决 BDD"从 0 到 1"的问题，是在 BDD 实现时面临的第一个难点。BDD 面临的第二个难点是如何"从 1 到 100"，成为研发组织的默认规则。

这时，使用更多的管理手段，并且辅之以技术手段，才是实现 BDD 真正落地的方式。一个经验是将 .feature 文件的变更作为开发的必要输入，这在研发流程上，要求产品负责人/业务分析师在建立用户故事时，就提供与开发人员确认过的 .feature 文件，并把 .feature 文件作为交付产出的一部分放入代码库。

传统的软件开发文档因为缺少与开发产出的强关联，经常缺乏更新，而缺乏更新的文档会误导开发人员，如果没有强制的文档流程和质量管理机制，缺乏维护的文档慢慢就会"死去"。

Given-When-Then 的表述更加自然且结构化，不光能够帮助团队提高沟通效率，更重要的是有助于统一思维方式，这对大型软件开发团队来说尤为重要。

如果我们在开发过程中强制要求及时更新 .feature 文件，就可以实现对文档的及时维护，文档就不是"死的"而是"活的"。

此外，我们会在持续交付流水线上集成自动化测试覆盖率的插件，并且将"不低于上一次测试覆盖率"这一要求作为门禁条件，这样不仅编写了文档，也完成了对应的代码实现，提升了自动化测试覆盖率。将这一规则执行下去，在迭代中不断改进，就会达到很好的效果。

再回顾敏捷软件开发宣言，宣言所提倡的"工作中的软件高于面面俱到的文档"并不意味着不需要文档。文档是一个比较轻量和高效的沟通工具，我们需要通过多种文档方式快速记载内容，思维导图、用例图等都是比纯文字更好的记载形式，因为文字在表述关系时的效率较低，更适合表示抽象的概念而非关系。所以，.feature 文件虽然是必要文档，但不是唯一的必要文档，其也需要其他形式的文档补充。

BDD 相较于 ATDD 具有以下 3 个优点。

（1）BDD 采用用户的角度和业务的语言来描述测试。

（2）BDD 更加结构化，易于交流。

（3）BDD 连接了需求和代码，提供了较好的知识、自动化测试和质量的共同维护机制。

BDD 风格和 ATDD 风格的核心区别是，BDD 更注重测试用例文档的可读性和结构化，能够帮助用户、业务分析人员、开发工程师、测试工程师、质量保障工程师理解同一

份文档，提升沟通效率；而 ATDD 更多的是面向测试人员和开发人员，是对验收标准和验收用例的描述，缺乏了语言上的统一。不过，相较于 BDD，ATDD 的实施难度较小，因为缺少了结构化用例编写的环节。

虽然行为驱动测试描述的很多都是用户行为，但用户的行为不一定体现在 UI 上。行为驱动测试主要测试的是业务逻辑，如果逻辑没有变化，那么测试用例就不需要更新。此外，API 的行为也可以使用 BDD 的方式进行开发。BDD 也可以处理前后端的统一验收逻辑，这取决于如何定义测试步骤。UI 样式的正确与否不在 BDD 的考虑范围之内，因此，通过 BDD 开发出来的前端工程是不会随着 UI 样式的变化而频繁变更的，UI 样式也不是 BDD 的测试范围。

6.4 API 测试

如果按照测试金字塔的层级从下往上介绍，API 测试的相关内容应该排布在 6.1 节与 6.2 节之间。但由于 TDD、ATDD 和 BDD 这 3 种实践较为相似，我们就先将这 3 种实践放在一起进行介绍。现在，再来介绍服务层的 API 测试。

6.4.1 API 基础介绍

前些年一提及自动化测试，大多是指 UI 界面层的自动化测试。近年来，随着分层自动化测试概念的兴起，以及自动化测试自身的发展与细分，自动化测试包含了更多的内容。本节将要讲解的 API 自动化测试就是其中的一种。

API（Application Programming Interface，应用程序编程接口）是计算接口，它定义了多个软件中介之间的交互，以及可以进行的调用或请求的类型、调用的方式、应该使用的数据格式、要遵循的约定等。此外，它还可以提供扩展机制，使用户能以各种方式在不同程度上扩展现有功能。

API 测试是一种直接对应用程序编程接口进行验证的软件测试。作为集成测试的一部分，API 测试可用于检查 API 是否满足对应用程序的功能、可靠性、性能和安全性方面的期望。

在详细了解 API 测试之前，先来看看什么是 Web API、什么是 Web Services，以及二者之间的关系。之所以需要着重了解 Web API，是因为虽然 API 包含了不同协议类型的接口，如 HTTP、TCP/IP，甚至一些行业特殊协议，如国际金融行业的 FIX 协议等，但近几年使用范围最广的还是基于 HTTP 的 Web API。

Web API 可以定义为将请求从客户端系统发送到 Web 服务器，并将响应从 Web 服务器发送回客户端的过程。举例说明，当我们需要出差的时候，要在携程 App 订购机票，我们会输入启程时间、返程时间、舱位选择等相关信息，单击搜索，系统会显示多家航空公司的机票张数和价格等信息，此时携程 App 就在后台与多家航空公司的 API 进行交互，从而访问航空公司的数据。因此，Web API 可以看作促进客户端机器与 Web 服务器之间通信的接口。

Web Services（与 Web API 相似）是从一台机器到另一台机器的服务。关于 Web Services 的详细内容会在 6.4.2 节进行介绍。Web API 和 Web Services 的主要区别之一是，Web Services 需要使用网络才能操作。可以肯定地说，所有 Web Services 都是 Web API，但并不是所有 Web API 都是 Web Services。因此，Web Services 可以看作 Web API 的子集，二者的关系如图 6-38 所示。

Web API 与 Web Services 都可用于促进客户端机器和服务器之间的通信，但是它们在交流方式上有所区别。

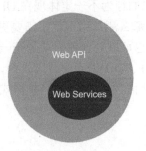

图 6-38　Web API 和 Web Services 的关系

1. Web Services

（1）Web Services 通常使用 XML（可扩展标记语言），这意味着其比使用 JSON 的 Web API 更安全。虽然 Web Services 和 Web API 在数据传输期间都提供 SSL（安全套接字层），但 Web Services 还提供 WSS（Web Services Security），安全性更高。

（2）Web Services 是 Web API 的子集，其仅包含 SOAP、REST 和 XML-RPC 三种类型。

（3）Web Services 需要使用网络才能操作。

2. Web API

（1）Web API 通常使用 JSON（JavaScript Object Notation）格式传输数据。相比于 XML，JSON 是一种轻量级的数据交换格式，在 Web Services 中传输更快。

（2）Web API 是 Web Services 的超集。除了前面提到的三种类型，还有其他类型的 Web Services 存在于 Web API 中，如 JSON-RPC。

（3）Web API 不一定需要网络操作。

6.4.2　介绍 Web Services

在讲解了 Web Services 和 Web API 的区别后，接下来继续深入讲解 Web Services 的相关知识，以便更好地帮助我们进行测试。

典型的 Web Services 体系结构包含 3 个实体：客户端、Web 服务端和执行操作的网络。操作是指客户端-Web 服务端体系结构中的请求和响应。通常，客户端是请求 Web Services 的所有应用程序或软件系统的集合，是服务消费者；Web 服务端是提供 Web Services 的所有应用程序或软件系统的集合，是服务提供者。每个 Web Services 都需要通过网络才能执行，这就产生了被称为网络的实体。Web Services 的体系结构如图 6-39 所示。

图 6-39　Web Services 的体系结构

下面列出了 Web Services 的重要元素。

1. Web Services 的重要元素

（1）SOAP。

Web Services 使用简单对象访问协议（Simple Object Access Protocol，SOAP），该协议使用 XML 作为报文格式。SOAP 是有状态协议，所有请求和响应都是通过 XML 同时进行的，没有像 REST 服务那样显式地提供 GET、PUT、POST 或 DELETE 等方法。

（2）WSDL。

SOAP 请求会使用 Web Services 描述语言（Web Service Description Language，WSDL）。WSDL 是 Web Services 的一个非常重要的元素。它定义了特定请求选择所使用的 Web Services 类型，并且使用 XML 格式的文件描述 Web Services 提供的功能。

（3）UDDI。

UDDI（Universal Description Discovery and Integration）也是非常有用的元素，因为 Web 服务端是提供 Web Services 的服务提供者，对于服务提供者来说，UDDI 可用来发现、描述和发布 Web Services。UDDI 负责让客户端查找（UDDI 为 WSDL 提供了一个存储库）WSDL 的 XML 文件位置，这个 XML 文件也是 Web Services 的定义和描述方式。

2. Web Services 的 2 种类型

Web Services 主要包括 2 种类型：REST 服务和 SOAP 服务。

（1）REST 服务。

REST（Representational State Transfer）是一种无状态服务，这意味着服务不会在客户端会话中存储任何信息，因此，每个请求类型的执行都要使用 REST 服务提供的方法，如 GET、POST、PUT、DELETE 等，而这些方法在 SOAP 中并不存在。

REST 服务的每种方法都有其意义，下面进行简要介绍。

- GET：此方法用来检索使用 PUT 或 POST 等任何方法发送到 Web 服务端的信息。此方法没有请求主体，执行成功后会得到响应状态码 200。
- POST：此方法用于请求主体、指定 URL、文档键、上下文键等创建文档或记录到 Web 服务端，使用 GET 方法来检索 POST 到 Web 服务端的内容，执行成功后会得到响应状态码 201。

- PUT：此方法用于更新已存在于 Web 服务端的文档或记录，执行成功后会得到响应状态码 200 或 201。
- DELETE：此方法用于删除在 Web 服务端的任何记录，执行成功后将会得到响应状态码 204（没有内容）。

REST 服务的体系依赖于 2 个实体，即服务消费者和服务提供者。服务消费者是使用 Web Services 的软件或系统的集合，服务提供者是提供 Web Services 的软件或系统的集合。客户端应用程序通常是服务消费者，它使用内置的 REST 方法、URL 或 URI、HTTP 版本和报文来请求服务。REST 服务的体系结构如图 6-40 所示。

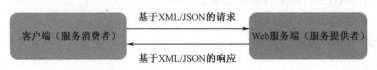

图 6-40　REST 服务的体系结构

（2）SOAP 服务。

SOAP 服务是指简单对象访问协议，其是使用 XML 语言的有状态服务。SOAP 信封可以分为两个部分描述：一个是 SOAP 头和正文，另一个是用来发送 SOAP 消息的协议。SOAP 头由授权访问的身份验证和授权组成。请求的主体部分使用 WSDL 描述 Web Services，协议主要使用 HTTP 版本（超文本传输协议）。每个 SOAP 服务都依赖于如图 6-41 所示的 3 个实体，这 3 个实体形成了 SOAP 服务的体系结构。

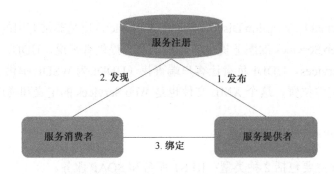

图 6-41　SOAP 服务的体系结构

- 服务提供者（Publish()）：提供 Web 服务的所有软件系统或应用程序。
- 服务消费者（Find()）：请求 Web 服务的所有软件系统或应用程序。
- 服务注册（Bind()）：由服务提供者提供有关 Web 服务的所有信息的注册表或存储库。

这 3 个实体相互交互以达成成功的 Web 服务实现。

Web 服务实现需要经历三个阶段。第一个阶段是 Publish()，服务提供者在服务注册中心或存储库中提供关于 Web 服务的所有细节；第二个阶段是 Find()，服务请求内容主要是客户端应用程序从存储库（有时是 WSDL、XML 文件）查找关于 Web 服务的详细信息；第三个阶段是 Bind()，客户端应用程序或服务消费者与服务提供者同步，以达成 Web 服务的最终实现。

3. SOAP 服务与 REST 服务的不同之处

SOAP 服务和 REST 服务的不同之处如下。

（1）SOAP 服务比 REST 服务慢。使用 XML 数据格式使 SOAP 服务在请求处理时花费了更多的时间，而 REST 服务使用轻量级的 JSON 格式，效率更高。

（2）通常 SOAP 服务比 REST 服务更安全，虽然 SOAP 服务和 REST 服务都可以使用 SSL 加密，但是除了 SSL，SOAP 服务还提供 WSS 加密。

（3）SOAP 服务没有任何内建方法，而 REST 服务有 GET、PUT、POST 和 DELETE 等内建方法。

（4）SOAP 服务是有状态的，而 REST 服务是无状态的。

（5）在 SOAP 服务中，请求和响应主体只支持 XML 数据格式；而在 REST 服务中，请求和响应主体支持许多数据格式，如 JSON、XML、纯文本等。

6.4.3 在项目中如何进行 API 测试

API 是指操作系统留给应用程序的一个调用接口，应用程序通过调用操作系统的 API，使操作系统执行应用程序的命令。在日常生活中，我们经常通过 API 与应用程序交互，但没有思考过交互背后的后端逻辑流程。例如，当我们在京东 App 购物时，我们需要登录账号，如果没有京东 App 的账号，也可以通过微信账号登录。当填入微信账号、密码并单击确定后，京东 App 后台和微信这两个不同的应用程序就通过 API 交互账号信息。可见，API 无处不在。

基于 API 的应用程序在这几年流行的原因如下。

首先，与传统应用程序/软件相比，基于 API 的应用程序具有更好的可伸缩性，代码开发速度更快，而且相同的 API 不需要进行任何主要代码或基础设施更改就可以服务更多的请求。

其次，开发团队不需要在每次开发特性或应用程序时都从头开始编码。API 通常重用现有的、可重复的函数、库、存储过程等，这个过程使它们的整体效率更高。例如，假设正在开发一个电子商务网站，如果想增加一个支付模块，不必从头开始编写代码，只需与微信支付或支付宝支付的 API 集成并调用它们的 API，就能实现付款。

再次，API 支持的独立应用程序或基于 API 的软件产品都可以轻松与其他系统集成。例如，如果想去旅游，需要到去哪儿网预订酒店，只需输入地点、入住日期等信息，然后单击搜索，去哪儿网就可以在后台通过 API 与合作酒店连接，从而提供不同酒店的实时房间数据列表，以供选择。

最后，通过 API 可以实现系统与系统，以及系统内部的解耦，降低系统的代码维护成本。

正是基于 API 的优势，2002 年，亚马逊创始人杰夫·贝索斯向员工下达了关于 API 的命令，这个命令后来甚至影响了整个 IT 行业，被称为贝索斯的"API 宣言"。

- 所有团队将通过服务接口公开他们的数据与功能。
- 团队之间必须通过这些接口通信。
- 其他形式的进程通信都是不被允许的，如不允许直接链接、不允许直接读取另一团队的数据储存、不允许共享内存模型、不允许设立任何"后门"。通过网络服务接口调用是唯一允许的通信方式。
- 使用什么技术并不重要。无论是 HTTP、CORBA、PubSub，还是自定义协议，都不重要。
- 所有服务接口，无一例外，都必须从头到尾地使用可外部化的设计，也就是说，团队必须计划和设计能提供给外部开发人员使用的公开接口。
- 任何违反指令的人都将被解雇。
- 谢谢你，祝你有美好的一天！

1. API 测试类型

许多人认为 API 测试就是向 API 发送请求并分析响应是否正确，但其不仅限于此，API 测试包括以下 3 种类型。

（1）API 功能测试。

对于熟悉界面测试的测试人员来说，在 API 功能测试中，最令人头疼的是没有交互界面的测试，对他们来说，转到无界面的程序测试有些困难。我们在开始 API 测试时就需要测试身份验证过程本身。身份验证使用的方法因 API 的不同而不同，其中可能涉及某种密钥或令牌，如果无法成功与 API 连接，就无法进行进一步测试。这个过程与标准应用程序中的用户身份验证相似，在标准应用程序中，用户需要通过有效的凭证来登录和使用应用程序。

在进行 API 功能测试时，测试字段验证或输入数据验证非常重要。如果有实际的界面可用，那么可以在界面前端进行字段验证，确保用户无法输入无效的字段值。例如，如果应用程序需要的日期格式为 DD/MM/YYYY，那么可以在前端应用此验证，确保应用程序能够接收和处理有效的日期。但是，这对于使用 API 的应用程序来说是不一样的。我们需要确保 API 编写良好，能够执行所有的验证，区分有效与无效数据，并通过响应向最终用户返回状态代码和验证错误消息。

对 API 响应的正确性进行有效与无效测试确实至关重要。如果在测试 API 后接收到状态码 200（表示一切正常），但是响应文本显示遇到了错误，就表示测试仍然存在缺陷。如果接收到的消息不正确，那么对于试图与此 API 集成的最终客户来说就非常具有误导性，会让其感到困惑。

（2）API 性能测试。

API 的设计是可伸缩的，这使性能测试变得至关重要，特别是当设计的系统预计每分钟或每小时要处理数千个请求时，对 API 进行日常的性能测试有助于对性能、峰值负载和断点进行基准测试（7.1 节会详细讨论）。在计划扩容时，这些数据将起到非常大的帮助，有助于支持决策和制订计划。特别是在计划支持更多的客户，即接收更多的请求时。

例如，根据提供的需求，API 需要每分钟服务至少 100 个请求，并且平均响应时间少于 1 秒。根据性能测试，如果 API 每分钟接收不到 100 个请求，就能够在平均响应时间内维护 SLA（"服务等级协议"）；如果 API 接收 150 个请求，那么平均响应时间就会增加；如果接收的请求超过每分钟 200 个，就会出现断点。

在通常情况下，最初的设计阶段会将重点放在 API 的功能方面。随着时间的推移，当一个产品开始支持多个实时客户端时，API 性能测试和负载测试就以一种更常规的方式体现出来。有关性能测试的详细内容可参考 7.1 节。

(3) API 安全测试。

API 容易受到攻击，对于想要访问数据或控制应用程序的恶意黑客来说，它们是最容易攻破的服务访问点。由于存在安全漏洞，不怀好意的人/组织仅通过一个 API 即可访问客户数据，这会使公司陷入法律困境。这里简单提一句，安全性测试是测试的一个专门分支，应该由专家来处理。安全测试资源可以来自组织内部或独立顾问，有关安全测试的详细内容可参考 7.2 节。

2. 实施 API 测试的两个阶段

在项目中应该如何开展实施 API 测试呢？可将其分为两个阶段：第一个阶段是工具选型阶段，第二个阶段是具体实施阶段。

在工具选型阶段，我们需要完成如下内容。

（1）收集需求和识别约束。

我们首先需要了解项目对于 API 测试的需求等信息，因为项目使用 API 的技术特点将在很大程度上影响我们对测试工具的选择。例如，需要测试的是哪种类型的 API，是 SOAP 还是 REST？需要进行 API 功能测试还是 API 性能测试？项目预算是多少？使用开源工具还是商业工具？项目需要培训现有的测试人员，还是从外部招聘新的测试人员？

（2）评估可用工具。

我们需要对市场上的 API 测试工具有所了解，无论是开源工具，还是商业工具，同时比较相关工具的技术特点，从中筛选出 1 个或 2 个最能满足测试需求的工具。如表 6-2 所示为部分 API 测试工具。

表 6-2 部分 API 测试工具

工具	是否免费	说明
SoapUI	SmartBear 公司出品，有免费版本	• 用于对 SOAP 服务和 REST 服务进行随机测试 • 消息断言 • 创建拖放测试 • 测试日志 • 测试配置 • 测试录制 • 测试报告 • 通过 Groovy 自定义功能 比较适合没有编程基础的测试人员
Postman	免费	• 原来是 Google Chrome 浏览器的插件，现在也可安装在 iOS 和 Windows 操作系统上 • 操作界面内容丰富，易于使用 • 可以向 Web 服务端发送一个 post 请求并接收响应；可以设置 Header、Cookies，也可以校验响应 • 集成了多种格式，如 Swagger、RAML 等 • 可以运行、测试、记录、监视 • 无须学习新的语言 比较适合没有编程基础的测试人员

续表

工具	是否免费	说明
Rest Assured	免费	<ul><li>是一个 Java 库，用于测试基于 HTTP 的 REST 服务</li><li>提供了类似 BDD 的 DSL，使 API 测试创建过程更简单</li><li>支持 XML 格式与 JSON 格式的请求和响应</li><li>与 Java 项目无缝衔接</li></ul>比较适合有 Java 编程基础的测试人员
JMeter	免费	<ul><li>JMeter 不仅是性能测试工具，还是接口测试工具</li><li>JMeter 可以自动使用 CSV 文件，使团队可以为 API 测试快速创建唯一的参数值</li><li>与 Jenkins 集成，可以将 API 测试包含在持续集成管道中</li><li>除了做 API 测试，还可以利用其 API 做性能测试</li></ul>比较适合有 Java 编程基础的测试人员
HttpMaster	Express 版：免费下载；专业版：根据用户数量而定	用于测试 REST 请求和 API 应用，允许监视 API 响应：<ul><li>帮助进行网站测试和 API 测试</li><li>其他功能如定义全局参数，用户可通过使用其所支持的大量验证类型建立数据响应验证检查的能力</li><li>在请求链中包含多个请求项，使请求数据能够交互使用</li></ul>比较适合没有编程基础的测试人员
Parasoft	付费	全面的 API 测试，包括：<ul><li>功能测试</li><li>负载测试</li><li>安全测试</li><li>测试数据管理</li></ul>比较适合没有编程基础的测试人员

（3）PoC。

在筛选出可用的测试工具后，还要对其进行 PoC 验证。可以选择典型的测试场景进行实现测试并展示调查结果，最终确定要使用的测试工具。

在具体实施阶段，我们需要完成如下内容。

（1）启动准备。

根据所选工具在 PC、虚拟机或服务器上进行安装。如果选择的工具基于订阅模式，那么还需创建团队账户。另外，如有需要，还可率先对相关人员与团队进行有关测试工具的培训。

（2）正式启动。

在项目中使用 API 测试工具进行测试，包括创建测试脚本、执行测试和报告缺陷等。

（3）与 CI/CD 集成。

当 API 测试正常运行后，就要考虑与 CI/CD 集成，以期能够最大化发挥 API 测试的价值。所以，在选择测试工具时，也要考虑工具能否与 CI/CD 工具（如 Jenkins 等）集成。

6.4.4 服务虚拟化和测试替身

很多人一谈到 API 测试，首先想到的是 SoapUI、Postman 或 JMeter 等测试工具。诚然，这些工具都是进行 API 测试的利器，能够模拟客户端向服务端发出请求并校验结果。但是，这些还不是 API 测试的全部内涵。API 测试是测试系统组件间接口的一种测试，也就是说，不仅要模拟客户端组件测试服务端功能，还要模拟服务端组件测试客户端功能，只有双向都能进行测试，才是完整"API 测试"的含义。而对于模拟服务端，有一个术语叫作"服务虚拟化"，英文为"Service Virtualization"。

那么，究竟什么是服务虚拟化？服务虚拟化是指通过录制或建模的方式生成虚拟服务模块，从而配合客户端组件进行功能测试，如图 6-42 所示。

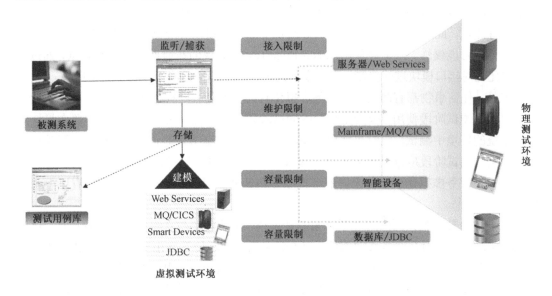

图 6-42 服务虚拟化

1. 服务虚拟化的价值

那么，服务虚拟化究竟有哪些价值呢？主要可总结为以下 3 点。

（1）节省建设测试环境的费用。

测试环境有很多套，常见的有集成测试环境、系统集成测试环境、验收测试环境等。若这些环境所需的硬件资源要求不高则罢，若是要求很高，很难为每套环境都配置资源。例如，核心银行系统不少会使用 IBM system Z 系列大型机，这是一种价值上亿元的硬件，根本不可能配置多套来建设测试环境。当进行前期测试时，如果需要与核心系统联调，势必会出现资源不足的情况，在这种情况下，如果能把核心系统的接口服务虚拟化，那么测试的过程就不必真的调用真正的接口，同时也能使整个交易的测试过程顺利进行，这样就减少了在前期测试阶段的大量投入。

第三方测试环境同样如此，如万事达信用卡。作为银行系统的测试人员，要想随时和万事达接口联调是很困难的,而且每个月还必须为联调测试环境付出不菲的租赁费用。其实也可以使用服务虚拟化技术,在测试前期使用工具构建虚拟服务替代真实的万事达外部接口服务桩,从而尽早地开展业务交易测试过程,减少真实外部接口的依赖时间,节省第三方测试 license 的费用。

(2)缩减环境搭建时间。

在整个测试过程中,搭建测试环境将花费大量时间。据业界统计,约 40%的测试时间都被用于搭建测试环境。如果在前期测试阶段的环境中,某些子系统或组件能够利用服务虚拟化技术生成可测试的虚拟服务,不仅能保证测试的业务流程不被阻塞,还能大大简化整个测试环境的搭建时间,给项目带来非常大的帮助。

(3)降低风险。

做系统联调测试时最怕的就是所谓的 Big-Bang Testing,即在测试前期,环境不具备、对端接口没完成等各种环境问题导致测试人员不停等待,直到所有的环境接口都开发完成后再进行测试,此时测试时间所剩无几,而且情况也变得十分复杂,就像一颗定时炸弹一样随时都有可能爆炸。为了避免出现 Big-Bang Testing,我们在前期就要开始测试,通过服务虚拟化先对接口模块进行自测,尽早发现问题,尽早解决,降低项目的质量风险。

但是,任何事物都有两面性,服务虚拟化有许多好处,同样也有局限性,如不太适合在用户验收测试阶段使用。因为用户验收测试阶段已经是测试的尾声阶段,需要在最接近生产系统的环境中测试,此时再使用虚拟服务测试会影响结果的正确性。所以,服务虚拟化最适用的测试阶段应该是单元测试、集成测试、接口联调等测试前期阶段。

讲解完服务虚拟化后,再来讲解虚拟服务和 Stub、Mock 的区别。先来看看以下三个场景。

第一个场景是测试团队通过手工来测试系统,系统需要与真实的后端系统连接。这些测试非常脆弱,因为有许多移动部件。部署后端系统的环境常常由于环境变更和部署问题而停机。在后端系统中,设置测试数据可能需要花费几天或几周的时间,而且容易出错,测试团队需要经常等待系统或测试数据变为可用状态,因此,团队的大部分时间都在等待。最重要的是,测试团队还可能需要支付大量金钱给外部第三方 API 做测试。传统手工测试的常见问题如图 6-43 所示。

第二个场景是在手工测试中使用测试替身。解决过多依赖项和过多移动部件问题的一种方法是在与外部后端系统进行系统集成测试之前,先进行内部系统测试,如图 6-44 所示,即使用测试替身,将测试与实际后端系统解耦。如此操作后,上述问题要么消失,要么失去优先级。

在测试过程中也可能会遇到其他困难。例如,想要编写自动化测试并将可重复的日常活动自动化。测试人员可自由探索测试系统的各种方法并研究自动化。BDD 框架如 Cucumber 等也是不错的选择,可以使用在线(远程定位并运行)测试替身。如图 6-45 所示为在手工测试中使用测试替身,以此替代实际的系统或服务,也是我们想展示的第三个场景。

第 6 章 敏捷功能性测试实践

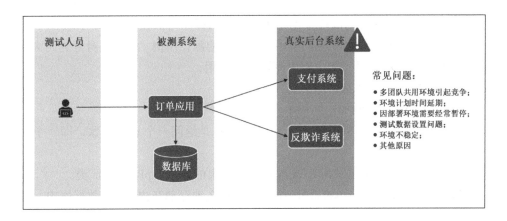

图 6-43　传统手工测试的常见问题

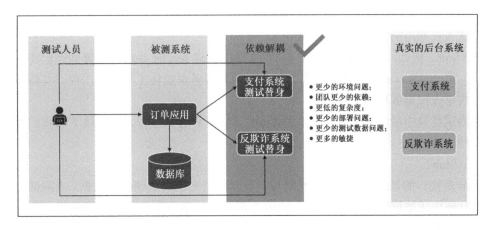

图 6-44　在手工测试中使用测试替身

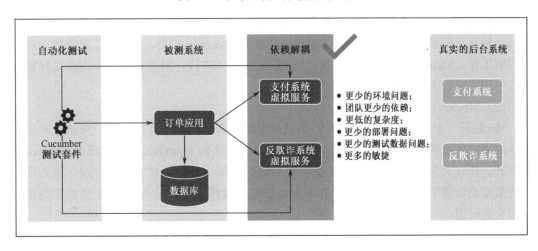

图 6-45　在手工测试中使用测试替身

2. 测试替身

那么，到底什么是测试替身（Test Double）呢？测试替身是在测试中代表真实对象的对象。在测试被测系统时，测试替身允许我们将应用程序与依赖项解耦，并使用一个等价的接口替换依赖项，该接口允许我们使用一个给定的测试用例。测试替身分为两大类：一类主要由开发人员使用，另一类主要由测试人员使用。

开发人员常用的测试替身常用类别如下。

（1）Dummy Object。例如，字符串"Mike"。

（2）Stub。例如，一个StubUserRepository类总是返回一个user对象，即一个家住美国的32岁男性John。

（3）Spy。例如，一个记录所有onPost方法调用的SpyHttpResponse类。

（4）Fake。例如，一个FakeDatabase类，它持久地存储在内存H2数据库中，而不是存储在DB2生产系统中。

（5）Mock。例如，OrderObserver接口的动态代理实现，由Mockito实现并在单元测试中使用。

测试人员常用的测试替身类别如下。

（1）Stub。例如，使用SoapUI在WAR文件中创建servlet并将其部署到远程实例中。

（2）Virtual Service，即虚拟服务。例如，使用服务虚拟化工具创建工件，并将其部署到远程共享虚拟服务环境中。

在测试替身中最常被讨论的类别是Stub、Mock和虚拟服务，所以接下来我们着重讨论这3种。

（1）Stub。

Stub是接口的最小实现，通常返回与测试套件紧密耦合的硬编码数据。当测试套件较为简单且硬编码数据可以轻松保存在Stub中时，比较适合使用这种测试替身。有些Stub需要手写，有些可以通过工具生成。

Stub通常由开发人员编写，可以与测试人员共享，但是更广泛地共享通常受到与硬编码的软件平台，以及与部署基础设施依赖关系相关的互操作性问题的限制。

一种常见的实践是，Stub直接与单元、模块和验收测试的类、方法，以及函数一起在进程中工作。Stub也可以通过网络进行通信，如通过HTTP，但是有些人认为在这种情况下它们应该被称为虚拟服务。

（2）Mock。

Mock是一个可编程的测试替身，可以根据测试定义的期望进行编程，以验证输出。它经常通过使用第三方库完成创建，如在Java中被创建为Mockito、JMock或WireMock。当测试套件较大但Stub功能还不能足以应对时，使用Mock是最有用的方法，因为每个测试都需要设置不同的数据，而在Stub中维护这些数据的成本很高。Mock允许在测试中保留数据设置。

Mock通常由开发人员编写，供个人使用，但可以与测试人员共享。然而，更广泛地共享通常受到与硬编码的软件平台，以及与部署基础设施依赖关系相关的互操作性问题的限制。它们通常直接与用于单元、模块和验收测试的类、方法，以及函数一起工作。

Mock以满足预定义条件的给定请求为依据提供响应（也称为请求或参数匹配）。因为Mock本身通常是有状态的，所以Mock更关注交互而不是状态，例如，Mock可以用来验证调用给定方法的次数或给定对象的调用顺序。

（3）虚拟服务。

虚拟服务通常以软件即服务（SaaS）的形式提供测试替身，其总是远程调用，并且从不直接使用方法或函数在进程中工作。虚拟服务通常是通过服务虚拟化平台录制消息流量来创建的，而不是基于接口或 API 文档从头构建交互模式。

虚拟服务可以为团队建立公共基础，便于团队与其他开发团队、测试团队通信并促进工件共享。虚拟服务可被远程调用，其通常支持多种调用协议（如 HTTP、MQ、TCP 等），而 Stub 或 Mock 通常只支持一种协议。

有时，虚拟服务需要事先获得用户授权，特别是在具有企业范围可见性的环境中部署时。用于创建虚拟服务的服务虚拟化工具通常具有用户界面，允许不太懂技术的软件测试人员在深入了解特定协议如何工作的细节前先进行测试。

虚拟服务有时由数据库提供支持，可以模拟系统的非功能特性，如响应时间或缓慢的连接速度。其也可以为给定的请求条件提供一组 Stub 式响应，并将其他请求逐一传递给活动后端系统（部分 Stub）。与 Mock 类似，虚拟服务可能具有相当复杂的请求匹配器，可以为许多不同类型的请求返回相同的响应。有时，虚拟服务会基于请求属性和数据构造部分响应来模拟系统行为。如表 6-3 所示为 Stub、Mock 和虚拟服务的区别。

表 6-3 Stub、Mock 和虚拟服务的区别

	数据源	数据耦合	是否调用验证	调用协议	创建者	使用者	有无状态	有无图形界面	测试类型
Stub	硬编码数据或测试设置的数据	与测试套件数据紧密耦合	不调用	通常在同一个进程中（如 JVM、.net、YARV 等）。有时需借助 HTTP 或原始 TCP 协议	开发人员，有时也是测试人员	开发人员，有时也是测试人员	无	无	通常用于单元、用户故事验收测试
Mock	测试设置的数据	可以灵活地与测试套件数据紧密耦合或松散耦合	经常调用	通常在同一个进程中（JVM/.net/YARV 等）。有时需借助 HTTP 或原始 TCP 协议	主要是开发人员	主要是开发人员	有	有时显示命令行	通常用于单元、用户故事验收测试
虚拟服务	录制数据（录制后可能会手动修改）或硬编码数据。有时响应会基于请求数据	与测试套件数据紧密耦合	有时测试人员会在进行测试时查看虚拟服务日志	总是通过网络层。通常支持许多协议，如 HTTP、MQ、FIX 等	主要是测试人员	主要是测试人员	有	有	通常用于用户故事验收测试

通常，很难确定一个测试替身属于上述哪种类型。Stub、Mock 和虚拟服务应该被视为"测试替身光谱"，而不是严格的定义。上述 3 种类型都各有利弊，接下来继续介绍三者的优缺点及使用场景，如表 6-4 所示。

表 6-4　Stub、Mock 和虚拟服务的优缺点及使用场景

	主要优点	主要缺点	适用场景	不适用场景
Stub	许多开源软件都可以生成 Stub，相关信息技术比较容易在网上获得	一般使用硬编码数据，测试时与 Stub 紧密耦合	若需要的测试数据不复杂，则使用 Stub	避免在包含复杂测试数据的大型验收测试套件中使用带有硬编码数据的 Stub
Mock	许多开源软件工具都可以生成 Mock，也有许多关于在线技术的信息	开发人员是主要使用者，测试人员难以使用	首先是由开发人员在单元测试中使用，另外，当测试数据很复杂时使用 Mock	通常需要团队具有较高的技术背景，若团队技术能力较弱，则难以使用
虚拟服务	大多数服务虚拟化工具可以生成支持多协议的虚拟服务；通过测试工具可以录制流量，一旦虚拟服务在公司内部建立起来，就很容易实现团队之间的共享	支持虚拟服务的测试工具价格昂贵	大规模测试多 API 或模拟非功能需求的时候，如响应时间和缓慢连接速度，可以考虑使用虚拟服务	避免在验收测试中使用，它可能会导致测试套件和虚拟服务之间形成较强的依赖

6.4.5　API 测试工具需要具备的功能

现在，开源的 API 测试工具一般只能解决模拟客户端测服务端的单向接口测试问题，能模拟服务端且具备服务虚拟化能力的开源工具非常少。具有双向测试能力的工具基本都是商业工具，如 CA Technologies 的 CA Lisa、IBM 的 Rational Integration Tester、Micro Focus（原惠普）、Parasoft，以及 SmartBear 等。

抛开商业与开源的区别，单从技术上来说，好的 API 测试工具必须具备以下 2 个条件。

1. 一个工具能够同时支持双向测试过程

这一条件要求工具既能模拟客户端，也能模拟服务端。

从这点来看，大部分的开源接口测试工具功能都比较有限，即使是 Micro Focus 的接口测试工具，也是从客户端和服务端两方面分成两个需要独立安装的软件（至少在 2016 年前是这样），给测试人员带来很大不便。

在客户端接口自动化测试功能方面，接口自动化测试工具需要具备以下条件。

- 支持正则表达式。
- 支持自动比较实际测试结果与预期结果，并且能自动告知测试执行的结果是成功还是失败，同时自动高亮显示失败的行数，杜绝人肉观察。

- 支持复杂逻辑，如分支、循环、判断、会话连接和参数传递。
- 可扩展功能，支持自定义函数。

在服务端虚拟化功能方面，接口自动化测试工具需要具备以下条件。
- 能根据不同的请求返回不同的结果。
- 支持复杂逻辑，如分支、循环、判断、会话连接和参数传递。
- 能支持多并发，可让多用户同时使用。
- 能支持服务桩的定时起停。
- 能支持持续集成和 DevOps。

2. 支持更多的通信协议、消息报文和行业标准

判断接口自动化测试工具的强大与否，很重要的一点就是其能否支持更多的通信协议、报文格式和标准。如果不能支持通信协议，通信就好像鸡同鸭讲；如果不能支持报文格式，就好像获取了天书，却根本不知道里面是什么内容，无法进行正确解析。接口自动化测试工具至少需要支持业界流行的通信协议、消息报文和行业标准，才能让测试人员只使用一种工具就能进行更多的接口自动化测试。接口自动化测试支持的通信协议、消息论文、行业标准举例如下。

- Web 方面：Http/Https、Web Services、SOAP、REST 等。
- 中间件方面：WebSphere、WebLogic、Tomcat 等。
- 消息中间件方面：RocketMQ、Tuxedo 等。
- 传输方面：FTP、TCP 等。
- 数据库方面：Oracle、DB2 等。
- 报文格式方面：XML、JSON、Stream 等。
- 行业标准方面：Fix、Swift、银联 ISO 8583 等。

API 测试很多时候都是在没有界面的环境下进行的，所以借助工具进行测试是一个比较合适的方式。正如 6.4.2 节所述，在选择工具的时候，最关键的是要基于实际情况，商业工具的功能强大、操作方便，但是价格昂贵；开源工具的功能相对较弱，但是可以免费使用。对于经费不足的项目来说，因为还需要考虑投入产出比等因素，所以更倾向于选择开源工具。如果只是对接口进行简单测试，那么使用开源工具即可，何必非得花钱购买商业工具呢？

6.4.6 API 测试实例

近几年来，开源工具比较流行，在 API 测试工具中，Postman 的使用群体相对较大，所以接下来以 Postman 为例进行实例讲解。

1. Postman 简介

Postman 是一个 API 客户端工具，用于开发、测试、共享和编写文档 API，常用于后端测试。我们在 Postman 中输入端点 URL，它会将请求发送到服务器并接收来自服务器的响应。使用 Postman 不需要再通过构建一个框架才能从服务器获取响应,这也是开发人员和自动化工程师经常使用 Postman 的主要原因。Postman 根据 API 规范快速创建请求,剖析各种响应参数(如状态代码、头文件和实际的响应主体本身),帮助实现 API 服务。

Postman 提供的先进功能如下。

- API 开发。
- 为仍在开发中的 API 设置 Mock 端点。
- API 文档。
- 从 API 端点执行接收的响应的断言。
- 与 CI/CD 工具集成,如 Jenkins、TeamCity 等。
- API 自动化测试执行等。

2. Postman 下载安装

Postman 的安装软件有两种:一种是 Chrome App,另一种是 Native App。鉴于 Chrome App 已经被逐渐放弃,我们选择安装 Native App。Postman 支持 Windows/Mac/Linux 等操作系统,所以只需在官方网站下载与系统匹配的软件版本即可,如图 6-46 所示为 Postman 官方网站。

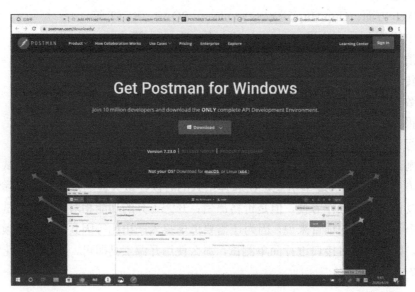

图 6-46　Postman 官方网站

下载并安装完成后,启动 Postman,首先会来到登录页面,如图 6-47 所示。首次使用者还需要注册账号、填写个人信息及团队信息等。

3. Postman 界面介绍

填写完上述信息后,就可以正式启用 Postman 了。Postman 的操作界面如图 6-48 所示。

Postman 提供了多窗口和多选项卡的界面来处理 API,其界面结构如图 6-49 所示。这些界面设计为使用 API 提供了更多的便利。

第 6 章 敏捷功能性测试实践

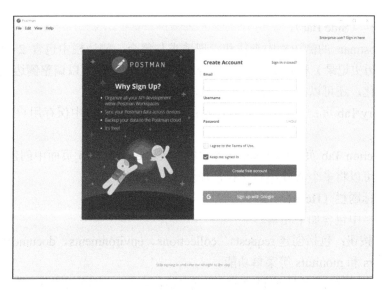

图 6-47 Postman 登录页面

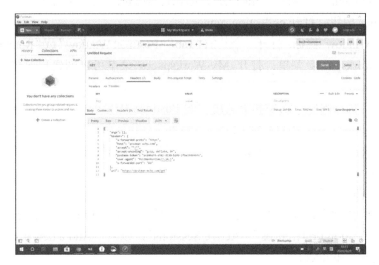

图 6-48 Postman 的操作界面

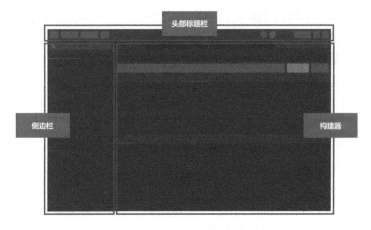

图 6-49 Postman 界面结构

167

（1）侧边栏（Side Bar）。

可以在 Postman 的侧边栏中查找和管理请求与集合。侧边栏中包含 2 个主要的 Tab 页：History（历史记录）和 Collection（集合）。拖动右侧边缘可以调整侧边栏的宽度，也可以将其最小化，还可以在状态栏中将其显示或隐藏。

- History Tab 页：Postman 在侧边栏的 History Tab 页面中保存用户发送的每一个请求。
- Collection Tab 页：Postman 在侧边栏的 Collections Tab 页面中创建和管理集合。集合可以将多个 API 组合执行，加快 API 的执行速度。

（2）头部标题栏（Header Bar）。

头部标题栏中包含如下元素。

- New 按钮：包括创建 requests、collections、environments、documentation、mock servers 和 monitors 等菜单功能。
- Import 按钮：包括通过文件/链接/原始文本文件导入 Postman collections、environments、WADL、Swagger、RAML 或 curl 到 Postman 中。
- Runner 按钮：打开 collection runner。
- New Window 图标：打开一个新的"Tab""Postman Window"或"Runner Window"。
- My Workspaces 菜单：打开 My Workspaces 菜单可以创建和管理个人和团队的 Workspaces。
- SYNC 状态图标：同步和更新用户的 Postman 账号的状态信息。
- Interceptor/Proxy 图标：管理 Proxy 和 Interceptor 设置。
- Settings 图标：管理 Postman 设置，以及发现其他帮助资源。
- Notifications 图标：接收或广播通知。
- Heart 图标：分享链接。
- 用户下拉列表：显示当前用户并提供选项信息如"Profile""Account Settings""Notification Preferences""Active Sessions"，以及"Add a new account"。

（3）构建器（Builder）。

Postman 允许使用多 Tab 页和多窗口配置来同时处理多个请求，甚至多个集合。如果要在 Postman 中打开一个新的 Tab 页，可在构建器中按"+"按钮或使用 CMD/Ctrl+T 快捷键，也可以在菜单栏的文件菜单中单击"New Tab"创建一个新 Tab 页。右击 Tab 页的名称可以对其进行复制或关闭。在尝试关闭 Tab 页时，如果 Tab 页上存在任何未保存的更改，Postman 就会提示用户保存。

如果想要访问 Tab 页菜单，可单击 Tab 页右侧的三个点"…"，单击后将出现一个下拉菜单，里面有管理 Tab 页的选项。

- Duplicate Current Tab：复制当前 Tab 页。
- Close Current Tab：关闭当前 Tab 页。
- Force Close Current Tab：强制关闭当前 Tab 页。
- Close All but Current Tab：除了当前 Tab 页，关闭所有 Tab 页。
- Close All Tabs：关闭所有 Tab 页。

- Force Close All Tabs：强制关闭所有 Tab 页。

关于 Tab 页的更多具体内容，可以通过下面的例子来了解。

4. 发送 Request 的例子

每个 API 请求都使用一个 HTTP 方法，最常见的方法是 GET、POST、PATCH、PUT 和 DELETE。

- GET：从 API 检索数据。
- POST：向 API 发送新数据。
- PATCH 和 PUT：更新现有数据。
- DELETE：删除现有数据。

在 Postman 中，用户可以发出 API 请求并检查响应，无须使用客户端程序或编写任何代码。当用户创建一个请求并单击 Send（发送）时，API 响应将出现在 Postman 的用户界面中。打开 Postman 发送第一个 API 请求，确保 Build 在右下角被选中，再操作如下步骤。

- 单击"++"按钮打开一个新 Tab 页。
- 选择 GET 方法。
- 在 URL 输入框中输入 postman-echo.com/get。
- 点击发送，随后将在下面的窗格中看到来自服务器的 JSON 数据响应。

如图 6-50 所示为使用 Postman 测试 API。

图 6-50　使用 Postman 测试 API

此处仅作简单介绍，关于 Postman 的详细用法可以参考其官方网站。

6.5　微服务测试

微服务测试主要是对 API 服务进行测试，所以本节将微服务测试的内容与 API 测试放在一起介绍。

6.5.1 微服务介绍

微服务是一种软件架构风格,这种架构将复杂应用程序的单个进程拆解为分布式且可水平扩展的一组颗粒度更细的进程,这些进程一般使用与编程语言种类无关的 API 相互通信。整个应用系统可以在分布式环境下独立部署,降低了开发测试的复杂度,同时也缩短了应用系统的开发周期,限制了应用系统故障的影响范围。

微服务具有以下 4 个特点。
(1)每个微服务都可以看作一组为 API 提供业务功能的组件。
(2)服务之间存在多依赖关系。
(3)服务之间一般使用 HTTP 等轻量级协议。
(4)服务之间可能由一个或多个独立团队进行开发和维护。

6.5.2 微服务测试难点

微服务之间的依赖关系是测试的难点,如图 6-51 所示。

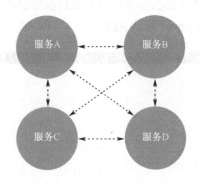

图 6-51 微服务依赖关系

例如,如果要测试微服务的某个服务,一般存在如下 2 种策略。
(1)搭建部署所有相关的实际服务并进行测试。
(2)Mock 其他服务。
这 2 种服务测试策略各有优缺点,如表 6-5 所示。

表 6-5 2 种服务测试策略的优缺点

2 种策略	优点	缺点
部署所有相关的实际服务	真实地测试服务交互	• 只测试一个服务,但要部署全部服务 • 部署时间长,反馈慢 • 测试环境不能共享
Mock 其他服务	• 部署测试环境快 • 没有依赖要求	无法模拟真实的数据交互环境

总体来说，微服务测试存在以下 4 个痛点。

1. 联调成本比较高

为了验证被测服务功能正确与否，我们需要搭建一整个基础设施（包括数据库、缓存等）进行联调，这需要完成大量准备工作。

2. 结果不稳定

微服务之间的通信都通过网络调用，这就会受到网络带宽、延迟等因素的影响，测试结果容易不稳定。

3. 反馈周期长

相比单体应用，在微服务架构下可独立部署的单元较多，因此集成测试的反馈周期也会更长，定位问题的花费时间也会更久。

4. 沟通成本高

微服务常由不同团队开发并维护，当服务频繁改动和版本升级时，很容易出现不兼容的情况，从而增加团队之间的沟通成本。

6.5.3 契约测试

微服务通过 API 进行通信，所以针对微服务的测试其实本质上也是 API 测试。传统 API 开发主要由服务端定义接口规范，由客户端根据服务端提供的接口标准和规范进行调用。但这存在一个问题：当服务端的某个接口需要修改时，无法知道有哪些客户端正在使用这个接口。所以，如何保证服务端的接口修改不会对其他调用者造成影响，这是一个难题。

而在微服务测试中，Martin Fowler 提出了一种由消费者驱动的契约测试（Consumer-Driven Contracts，CDC）。契约测试把服务分为服务消费者和服务提供者，其核心思想是从服务消费者业务实现的角度出发，由服务消费者自己定义需要的数据格式及交互细节，并驱动生成一份契约文件。然后服务提供者根据契约文件实现自己的逻辑，并在持续集成环境中持续验证。由服务消费者驱动的契约测试解决了传统 API 的痛点，其示意图如图 6-52 所示。

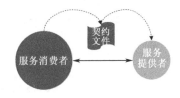

图 6-52　服务消费者驱动的契约测试示意图

契约测试有 2 个核心原则。

（1）服务消费者提出接口契约，交由服务提供者实现，并以测试用例对契约进行约束，服务提供者在满足测试用例的情况下可以自行更改接口或架构实现，而不影响服务消费者的使用。

（2）能够验证服务是否满足服务消费者期待的契约，其本质是从利益相关者的目标和动机出发，最大限度地满足需求方的业务价值实现需求。

6.5.4 契约测试与其他测试的区别

契约测试不等同于 API 测试或集成测试。如表 6-6 所示为契约测试与其他测试（如单元测试、API 测试及集成测试）在定义上的区别。

表 6-6 契约测试与其他测试在定义上的区别

测试类型	描述
单元测试	是针对代码单元（通常是类）的测试，测试模块内部的代码逻辑是否正确
API 测试	是针对业务接口进行的测试，主要测试 API 的内部功能实现是否完整，如内部逻辑是否正常、异常处理是否正确等
契约测试	测试服务之间的连接或接口调用的正确性，验证服务提供者的功能是否真正满足服务消费者的需求，把原本需要在集成测试中体现的问题前移，用更轻量的方式快速进行验证
集成测试	从用户的角度验证整体功能端到端的正确性，并且加入了用户场景和数据，验证整个过程的正确性

总体来说，API 测试和单元测试更强调覆盖 API 内部逻辑，而契约测试更强调组件之间连接的正确性，不仅要保证组件内部的正确性，还要保证组件间调用的正确性，即 API 服务之间的调用正确性。如图 6-53 所示为契约测试与其他测试的区别。

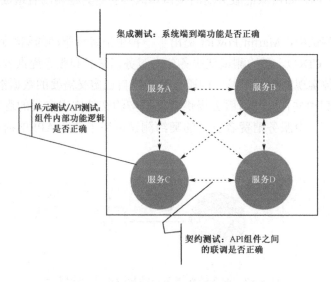

图 6-53 契约测试与其他测试的区别

6.5.5 契约测试常见测试框架与测试实例

目前,市面上使用较多的契约测试框架为 PACT 框架和 Spring Cloud Contract 框架,下面主要介绍这 2 种框架。

1. PACT 框架

PACT 框架是实现 CDC 的框架之一,此框架起源于 REA(澳大利亚一家房地产门户网)在微服务演进过程中所面临的服务之间的测试挑战。PACT 框架主要支持服务之间 REST 接口的验证,经过几年的发展,PACT 框架已经被开发出 Ruby、JVM、Scala、JS、Swift 等多个版本。

PACT 框架的常见术语如下。

- Consumer 端:微服务接口的调用者。
- Provider 端:微服务接口的提供者。
- 契约文件:是由 Consumer 端和 Provider 端共同定义的接口规范,包括接口访问的路径、输入和输出数据。在具体实施过程中,由 Consumer 端生成的一个 JSON 文件,并存放在 Pact Broker 上。
- Pact Broker:保存契约文件的服务器。

注意,通常在工程实践上,当服务消费者根据需要生成契约后,我们会将契约上传至一个可公开访问的地址,服务提供者在执行时会访问这个地址并获得最新版本的契约,然后对照这些契约执行相应的验证过程。

实施 PACT 框架的基本流程如下。

(1)基于服务消费者的业务逻辑,驱动契约。

利用 PACT 框架生成契约文件,如图 6-54 所示。

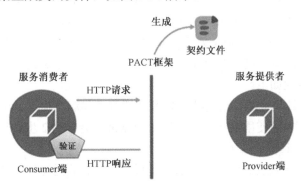

图 6-54 利用 PACT 框架生成契约文件

- 使用 PACT 框架的 DSL 定义 Mock 的服务提供者,如 localhost:8080。
- 将 Mock 地址传给服务消费者,并向 Mock 的服务提供者发送请求。
- 使用 PACT 框架的 DSL,定义响应内容(包括 Headers、Status 及 Body 等)。
- 在 Consumer 端使用@PactVerification 运行单元测试(PACT 框架集成了 JUnit、

RSpec 等框架），生成契约文件。
- 运行测试后，通过 PACT 框架记录服务消费者的名称、发送的请求、期望的响应，以及元数据，将其保存为当前场景下的契约文件，通常命名为[Consumer]-[Provider].json，例如，orderConsumer-orderProvider.json。
- 在契约文件生成后，可以将其保存在文件系统或 Pact Broker（PACT 框架提供的中间件，用于管理契约文件）中，以便后续服务提供者使用。

（2）基于服务消费者驱动契约，并对服务提供者进行验证。

如图 6-55 所示为服务提供者根据契约文件进行开发。

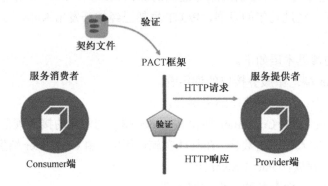

图 6-55　服务提供者根据契约文件进行开发

在 Consumer 端不需要编写任何用于验证的代码，PACT 框架已经提供了验证的接口，我们只需要做好如下配置。
- 为服务提供者指定契约文件的托管服务（如文件系统或 Pact Broker）。
- 启动 Provider 端，运行 pact:vertify（PACT 框架有 Maven、Gradle 或 Rake 插件，提供 pact:vertify 命令）。当执行 pact:vertify 时，PACT 框架将按照如下步骤自动完成对服务提供者的验证：①构建 Mock 的 Consumer 端；②根据契约文件记录的请求内容，向 Provider 端发送请求；③从 Provider 端获取响应结果；④验证 Provider 端的响应结果与 PACT 框架的契约文件中定义的契约是否一致。

PACT 框架的特性如下。

在传统情况下，做集成测试前需要先把服务消费者和服务提供者这 2 个服务都启动起来，然后再进行测试，而使用 PACT 框架做契约测试时会分为 2 步进行，每一步都不需要同时启动 2 个服务，其特性如下。
- 测试解耦：就是服务消费者与服务提供者解耦，甚至可以在没有服务提供者实现的情况下开始服务消费者的测试。
- 一致性：通过测试保证契约文件与现实具有一致性。
- 测试前移：可以作为持续集成的一部分在开发阶段运行，甚至在开发本地就可以做，而且可以通过一条命令完成，以便尽早发现问题，降低解决问题的成本。
- 自动生成服务调用关系图：PACT 框架提供的 Pact Broker 可以自动生成一张服务调用关系图，为团队展示全局的服务依赖关系。

- Pact Broker 管理契约文件：PACT 框架提供 Pact Broker 这个保存契约文件的工具，用来完成对契约文件的管理。在使用 Pact Broker 后，契约文件上传与验证都可以通过命令完成，而且契约文件可以定制版本。
- 尽早验证接口变更：使用 PACT 一类的框架能有效帮助团队降低服务间的集成测试成本，尽早验证服务提供者接口在被修改后是否破坏了服务消费者的期望。
- 不支持 RPC：PACT 框架目前仅支持 REST、HTTP 通信，暂不支持 RPC 的通信机制。

2. Spring Cloud Contract 框架介绍及示例

Spring Cloud 是业界流行的微服务框架，其中包含很多与微服务相关的组件。Spring Cloud Contract 是 Spring 社区的契约测试框架。

下面仍然以银行账户为例，假设有如下用户故事：

作为银行储户
我想要 ATM 服务
以便我能够在任何时候都可以取款、存款

我们简单将个人业务拆解一下，可以分为以下 5 种简单的业务。
（1）验证密码。
（2）查询余额。
（3）取款。
（4）存款。
（5）修改密码。
基于上述业务可以分解出如下 5 个用户故事。

用户故事 1：
作为银行储户
我想要在 ATM 上验证密码
以便我可以安全地进行操作

用户故事 2：
作为银行储户
我想要在 ATM 上查询余额
以便了解我的账户余额情况

用户故事 3：
作为银行储户
我想要在 ATM 上取款

以便我在任何时候都可以取出现金

用户故事 4：
作为银行储户
我想要在 ATM 上存款
以便我在任何时候都可以存入现金

用户故事 5：
作为银行储户
我想要在 ATM 上修改密码
以便我可以随时修改密码

可以通过 BDD 驱动整个微服务的开发。从微服务的角度来看，目前存在 3 种微服务：①ATM 微服务；②银行卡微服务；③账户微服务。

在用户发起请求后，先通过微服务验证密码，在获得授权后再进行账户上的操作。不过，这时要先通过以下 2 个步骤以"服务消费者驱动"的方式"驱动"出其他 2 个微服务。

（1）创建服务消费者。

按照测试驱动的方式，先开发第一个微服务的第一个用户故事，创建第一个 Spring Boot 项目。

Spring Initializr 是 Spring 官方提供的工具，能够帮助我们快速构建 Spring 的工程项目。读者选择对应的版本和相应的依赖软件包进行安装，打开后就可以获得一个项目脚手架，在上面进行开发，如图 6-56 所示。本次我们选择以 Maven 的方式构建项目。

为了应用 Spring Contract，我们需要使用 Spring 的以下 3 个组件。

- Spring Web：用于构建基础的 API。
- Spring Contract Validator：用于验证契约文件。
- Spring Stub：用于构建桩服务（Stub）。

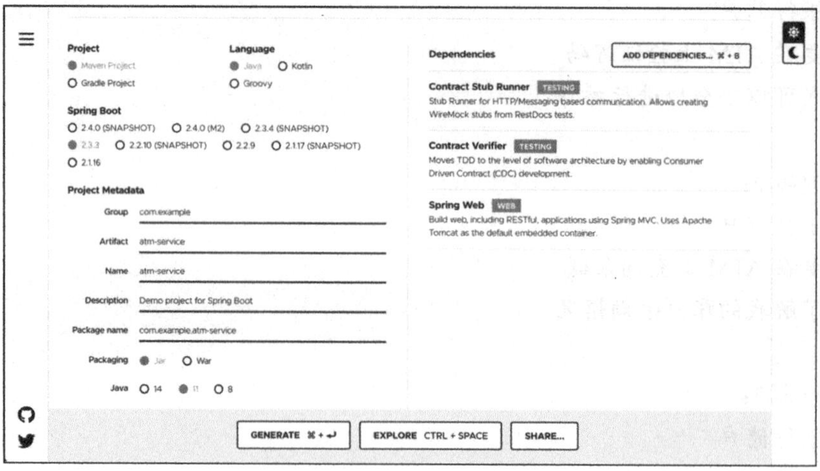

图 6-56　Spring Boot Start

运行 mvn verify 会报错并提示没有契约文件，因此还需要增加一个空的契约文件 verify_pin.yml，其在项目中的位置中如图 6-57 所示。

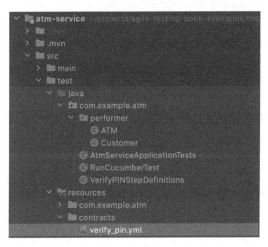

图 6-57　契约文件在项目中的位置

使用 Cucumber 实践 BDD。首先，在 pom.xml 文件中增加 cucumber-jvm 的依赖。

```
<dependency>
    <groupId>io.cucumber</groupId>
    <artifactId>cucumber-spring</artifactId>
    <scope>test</scope>
</dependency>
<dependency>
    <groupId>io.cucumber</groupId>
    <artifactId>cucumber-java</artifactId>
    <scope>test</scope>
</dependency>
<dependency>
    <groupId>io.cucumber</groupId>
    <artifactId>cucumber-junit-platform-engine</artifactId>
    <scope>test</scope>
</dependency>
```

在<dependencyManagement>标签中增加 cucumber-jvm 的依赖管理。

```
<dependency>
    <groupId>io.cucumber</groupId>
    <artifactId>cucumber-jvm</artifactId>
    <version>${cucumber.version}</version>
    <type>pom</type>
    <scope>import</scope>
</dependency>
```

其次，在 ATMAtmServiceApplicationTests.java 中加入 Cucumber 的注解，以便使用 Spring IoC 容器管理对象的生命周期。

```java
package com.example.atm;

import io.cucumber.junit.platform.engine.Cucumber;
import io.cucumber.spring.CucumberContextConfiguration;
import org.junit.jupiter.api.Test;
import org.springframework.boot.test.context.SpringBootTest;
import org.springframework.context.annotation.Scope;

import static io.cucumber.spring.CucumberTestContext.SCOPE_CUCUMBER_GLUE;

@SpringBootTest
@Cucumber
@CucumberContextConfiguration
@Scope(SCOPE_CUCUMBER_GLUE)
class AtmServiceApplicationTests {

    @Test
    void contextLoads() {
    }

}
```

接下来，编写用户故事中的第一个 .feature 文件。

```
# language: zh-CN
功能:验证密码
    作为银行储户
    我想要在 ATM 上验证密码
    以便我可以安全地进行操作

    场景:查询余额
        假如储户拥有一张卡号为"1111222233334444"的借记卡
        并且密码为"123456"
        并且储户借记卡账户余额为"100.00"元
        当储户将卡插入 ATM
        并且储户选择查询余额
        那么提示储户输入密码
        并且输入密码"123456"
        那么储户可以看到自己的余额"100.00"元
```

为了实现以上测试用例，我们可以编写如下测试代码。

```java
package com.example.atm;
```

```java
import com.example.atm.domain.model.Account;
import com.example.atm.domain.model.DebitCard;
import com.example.atm.performer.ATM;
import com.example.atm.performer.Customer;
import io.cucumber.java.zh_cn.假如;
import io.cucumber.java.zh_cn.当;
import io.cucumber.java.zh_cn.那么;

import static org.junit.Assert.assertEquals;

public class VerifyPINStepDefinitions {
    private final Customer customer = new Customer();
    @Autowaired
    private final ATM atm;

    @假如("储户拥有一张卡号为\"{}\"的借记卡")
    public void 储户拥有一张卡号为_的借记卡(Long cardId) {
        this.customer.haveCard(new DebitCard(cardId));
    }

    @假如("密码为\"{int}\"")
    public void 密码为(Integer PIN) {
        this.customer.setDebitCardPIN(PIN);
    }

    @假如("储户借记卡账户余额为\"{double}\"元")
    public void 储户借记卡账户余额为_元(Double balance) {
        this.customer.setCardAccount(new Account(balance));
    }

    @当("储户将卡插入 ATM")
    public void 储户将卡插入 atm() {
        this.customer.insertCardToATM(atm);
    }

    @当("储户选择查询余额")
    public void 储户选择查询余额() {
        this.customer.queryBalanceOn(atm);
    }

    @那么("提示储户输入密码")
    public void 提示储户输入密码() {
        assertEquals("Please input PIN:", this.atm.getScreenMessage());
    }
```

```java
@那么("输入密码\"{int}\"")
public void 输入密码(Integer pin) {
    this.customer.enterPIN(this.atm, pin);
}


@那么("储户可以看到自己的余额\"{double}\"元")
public void 储户可以看到自己的余额_元(Double balance) {
    assertEquals(String.format("Your balance is: %f", balance), this.atm.getScreenMessage());
}

}
```

需要注意的是，因为我们使用 Spring 创建对象，所以会多出一个 @Autowire 的注解，这个注解的作用是把 Spring IoC 容器中的对象自动引用到声明的地方。

我们可以把 .feature 文件看作一个剧本，剧本中需要"演员"和"道具"，它们都是这个场景的一部分。在一个步骤定义的类中，我们需要尽可能让这个场景保持真实。

在这个场景的代码中，我们新建了两个类：一个是模拟用户操作的储户类（Customer.java），另一个是模拟 ATM 类（ATM.java）。它们在本案例中对借记卡和 ATM 进行操作。

读者可能会认为借记卡实际上也是一个"道具"，但我们在这个场景中假设借记卡属于储户的私人物品，未来还可以新增"银行""卡片""柜员"等角色，让场景尽可能逼真，此处只作简单处理。为了快速通过测试，我们需要快速建立以下类。

建立储户类（Customer.java），以便进一步了解用户的行为。

```java
package com.example.atm.performer;

import com.example.atm.domain.model.Account;
import com.example.atm.domain.model.DebitCard;

public class Customer {
    private DebitCard debitCard;

    public void haveCard(DebitCard debitCard) {
        this.debitCard = debitCard;
    }

    public void setDebitCardPIN(Integer pin) {
        this.debitCard.setPIN(pin);
    }

    public void setCardAccount(Account account) {
        this.debitCard.setAccount(account);
    }
```

```java
    public void insertCardToATM(ATM atm) {
        atm.reset();
        atm.insertCard(this.debitCard);
    }

    public void queryBalanceOn(ATM atm) {
        atm.queryBalance();
    }

    public void enterPIN(ATM atm, Integer pin) {
        atm.enterPIN(pin);
    }
}
```

在上述案例中,储户只有一张借记卡,剩下都是在对借记卡进行操作,有些操作是预设的,如设定卡密码;有些是 ATM 暴露的操作,如查询余额、输入密码。而且,当储户插卡的时候,ATM 应该重置其状态。所以,ATM 作为道具也有对应的操作和逻辑,以下是 ATM 类(ATM.java)的实现代码。

```java
package com.example.atm.performer;

import com.example.atm.domain.model.DebitCard;

public class ATM {
    private DebitCard card;
    private String screenMessage;
    private boolean verifiedPIN=false;

    public void insertCard(DebitCard debitCard) {
        this.card = debitCard;
    }

    public void queryBalance() {
        if (this.verifiedPIN){
            this.screenMessage = String.format("Your balance is: %f",this.card.getBalance());
        }else{
            this.screenMessage = String.format("Please input PIN:");
        }
    }

    public String getScreenMessage() {
        return this.screenMessage;
    }
```

```java
public void enterPIN(Integer pin) {
    this.verifiedPIN = this.card.verifyPIN(pin);
    this.queryBalance();
}
}
```

在 ATM 类中，我们设计了屏幕信息（Screen Message），用来简单模拟储户与 ATM 的交互过程。借记卡类（Debit.java）和账户类（Account.java）也有类似的逻辑，因此，借记卡设置密码、设置卡号、验证密码的代码如下。

```java
package com.example.atm.domain.model;

public class DebitCard {
    private Integer PIN = -1;
    private final Long cardId;
    private Account account;

    public DebitCard(Long cardId) {
        this.cardId = cardId;
    }

    public void setPIN(Integer pin) {
        this.PIN = pin.intValue();
    }

    public void setAccount(Account account) {
        this.account = account;
    }

    public double getBalance() {
        return this.account.getBalance();
    }

    public boolean verifyPIN(Integer pin){
        return this.PIN.intValue() == pin;
    }
}
```

同样，我们也需要了解账户和借记卡之间的关系，设置获取账户初始余额和取得余额信息的代码如下。

```java
package com.example.atm.domain.model;

public class Account {
    private final Double balance;
    public Account(Double balance) {
```

```java
        this.balance = balance;
    }

    public double getBalance() {
        return balance;
    }
}
```

由于 TDD 的原则是增加一个测试代码才可以修改代码,所以这里要先快速通过测试代码。

借记卡的卡片本身不记录额度,卡片上只有卡号,对应的密码也需要远程访问才可以获得,所以不能通过借记卡对象直接访问卡片,只能通过 REST 服务访问卡片中心的微服务来验证卡片的密码。

我们需要修改 ATM 的密码验证方法,将其从通过卡片验证改为通过服务验证。卡片也需要添加获得 ID 的方法。

```java
package com.example.atm.performer;

import com.example.atm.domain.model.DebitCard;
import com.example.atm.domain.service.DebitCardardService;

public class ATM {
    private DebitCard card;
    private String screenMessage;
    private boolean verifiedPIN = false;
    private DebitCardService debitCardService = new DebitCardService();

    public void insertCard(DebitCard debitCard) {
        this.card = debitCard;
    }

    public void queryBalance() {
        if (this.verifiedPIN) {
            this.screenMessage = String.format("Your balance is: %f", this.card.getBalance());
        } else {
            this.screenMessage = String.format("Please input PIN:");
        }
    }

    public String getScreenMessage() {
        return this.screenMessage;
    }

    public void enterPIN(Integer pin) {
        this.verifiedPIN = this.debitCardService.verifyPIN(this.card.getCardID(), pin);
```

```java
            this.queryBalance();
        }
    }

    package com.example.atm.domain.model;

    public class DebitCard {
        private Integer PIN = -1;
        private final Long cardId;
        private Account account;

        public DebitCard(Long cardId) {
            this.cardId = cardId;
        }

        public void setPIN(Integer pin) {
            this.PIN = pin.intValue();
        }

        public void setAccount(Account account) {
            this.account = account;
        }

        public double getBalance() {
            return this.account.getBalance();
        }

        public boolean verifyPIN(Integer pin){
            return this.PIN.intValue() == pin;
        }

        public Long getCardID() {
            return this.cardId;
        }
    }
```

同时，也要修改借记卡服务类（DebitCardService.java）的代码，增加验证密码是否正确的 verifyPIN 方法。

```java
    package com.example.atm.domain.service;

    public class DebitCardService {
        public boolean verifyPIN(Long cardID, Integer pin) {
            return true;
        }
    }
```

但是，这段验证密码的方法只是刚好通过测试，如果我们再增加一个测试用例，这个测试就会失败。

场景:查询余额密码验证不通过
　　假如储户拥有一张卡号为"1111222233334444"的借记卡
　　并且密码为"123456"
　　并且储户借记卡的账户余额为"100.00"元
　　当储户将卡插入 ATM
　　并且储户选择查询余额
　　那么提示储户输入密码
　　并且输入密码"456987"
　　那么储户可以看到密码错误的提示

所以此处需要补充一条步骤定义。

```
@那么("储户可以看到密码错误的提示")
public void 储户可以看到密码错误的提示() {
    assertEquals("Your PIN is invalid.", this.atm.getScreenMessage());
}
```

同时，修改 ATM 提示输入密码的 enterPIN 方法。

```
public void enterPIN(Integer pin) {
    this.verifiedPIN = this.debitCardService.verifyPIN(this.card.getCardID(), pin);
    if (!this.verifiedPIN) {
        this.screenMessage = "Your PIN is invalid.";
    } else {
        this.queryBalance();
    }
}
```

然后，修改借记卡服务类（DebitCardService.java），设置一个刚好通过测试的密码。

```
package com.example.atm.domain.service;

@Service
public class DebitCardService {
    public boolean verifyPIN(Long cardID, Integer pin) {
        return pin == 123456;
    }
}
```

执行 mvn test，测试通过。

由于 ATM 只能获取借记卡号码，而验证卡片的信息需要调用卡片服务，因此，需要修改借记卡服务类（DebitCardService.java），使它能够访问相应的卡片中心服务。

（2）通过服务消费者请求创建并发布契约文件。

卡片服务的服务消费者应当清楚自己对卡片服务的需求，所以我们为 ATM 准备了如下的用户故事，以及 ATM 的.feature 文件。

```
#language: zh-CN
功能:访问借记卡中心
  作为 ATM
  我想要向卡片中心验证密码
  以便确认储户身份

  场景:验证密码成功
    假设储户有一张卡号为"1111222233334444"且密码为"123456"的卡片
    当向借记卡中心请求验证密码"123456"时
    那么借记卡中心返回成功

  场景:验证密码失败
    假设储户有一张卡号为"1111222233334444"且密码为"123456"的卡片
    当向借记卡中心请求验证密码"234561"时
    那么借记卡中心返回失败
```

卡片中心的开发工程师需要与服务消费者确认 API 规格，所以要为 ATM 编写一个未来与借记卡服务通信时需遵守的 API 契约。例如，当我们请求服务提供者的/verify_pin 接口时，输入卡号"1111222233334444"和密码"123456"，就可以收到 HTTP 的响应代码 200 OK。如果密码不正确，就返回响应代码 403；如果传输内容不符合规格，就返回响应代码 400 Bad Request。

遵循 TDD 的原则，我们先来实现第一个最简单的契约。我们期望未来的服务提供者能够提供如下格式的响应。

```
request:
  method: GET
  url: /verify_pin/1111222233334444/123456
response:
  status: 200
  headers:
    Content-Type: Application/json;charset=utf-8
  body:
    result: "OK"
```

这个契约文件包含 2 部分内容，分别是请求（request）和响应（response）。请求部分包括 HTTP 方法、API 入口的 URL 路径、参数，以及对应的参数匹配方式，匹配逻辑的 key 与查询参数里的 key 对应，value 可以使用正则表达式进行匹配；响应部分则包括 HTTP 响应状态、HTTP 响应头和内容。服务消费者驱动的契约测试实际上为 API 的开发设置了具体的规格。

(3）通过契约文件创建服务提供者的 Stub。

在契约文件编写好后，执行 mvn spring-cloud-contract:convert && mvn spring-cloud-contract:run 命令启动一个与契约内容相对应的 Restful API，通过浏览器或 Postman 等工具访问 http://localhost:8080/verify_pin/1111222233334444/123456 这个 URL 来测试 API，其结果显示 API 调用成功，如图 6-58 所示。

图 6-58　API 调用成功

打开一个新窗口，运行 mvn verify，快速通过测试用例，借记卡服务的密码验证逻辑如下。

```
package com.example.atm.domain.service;

import org.springframework.http.HttpStatus;
import org.springframework.http.ResponseEntity;
import org.springframework.web.client.RestTemplate;

import java.util.Map;

public class DebitCardService {

    public boolean verifyPIN(Long cardID, Integer pin) {
        RestTemplate template = new RestTemplate();
        String requestURL = String.format("http://localhost:8080/verify_pin/%d/%d",cardID,pin);
        ResponseEntity<Map> entity = template.getForEntity(requestURL, Map.class);
        Map body = entity.getBody();
        return "OK".equals(body.get("result")) && (entity.getStatusCode() == HttpStatus.ACCEPTED);
    }

}
```

这时可能会报错，因为我们只做了对服务消费者的验证，此时的测试中没有也不需要考虑对服务提供者的验证。在 pom.xml 的 spring-cloud-contract-maven-plugin 中增加一条配置。

```xml
<testMode>EXPLICIT</testMode>
```

这样，测试中的 HTTP 请求就会发送给真实的服务提供者，而非 Mock 的服务提供者。

为了方便读者练习，本书采取了将 API 地址硬编码到代码中的临时做法，这是为了更快地通过测试。更好的做法应该是在验证成功后，通过重构从 Application.properties 文件中读取 API 地址作为配置，并且使用 Spring 对其进行管理。因此，在 Application.properties 文件中增加一行代码来配置卡片服务的地址。

```
card-service.host=localhost:8080
```

这样就可以通过@Value 注解来读取配置了。不过，为了使用 Spring IoC 容器注入管理对象，要先给借记卡服务类（DebitCardService）增加@Service 注解，标明这是需要通过 Spring IoC 容器管理的 Service 对象。此外，还要先将主机名从文件中抽取出来，等到读取配置的时候再重新注入，代码如下。

```java
package com.example.atm.domain.service;

import org.springframework.beans.factory.annotation.Value;
import org.springframework.http.HttpStatus;
import org.springframework.http.ResponseEntity;
import org.springframework.stereotype.Service;
import org.springframework.web.client.RestTemplate;

import java.util.Map;

@Service
public class DebitCardService {

    @Value("${card-service.host}")
    private String cardServiceHost;
    public boolean verifyPIN(Long cardID, Integer pin) {
        RestTemplate template = new RestTemplate();
        try {
            String requestURL = String.format("http://%s/verify_pin/%d/%d",this.cardServiceHost, cardID, pin);
            ResponseEntity<Map> entity = template.getForEntity(requestURL, Map.class);
            Map body = entity.getBody();
            return "OK".equals(body.get("result")) && (entity.getStatusCode() == HttpStatus.ACCEPTED);
        }catch (Exception e){
            return false;
        }
    }
}
```

此时，ATM 代码就不需要创建 Service 对象了，可直接引用 Spring IoC 容器中的对象。同时，ATM 也要通过增加@Component 注解的方式让 Spring 知道这是一个需要 Spring IoC 容器管理的对象。

```java
package com.example.atm.performer;

import com.example.atm.domain.model.DebitCard;
import com.example.atm.domain.service.DebitCardService;
```

```java
import org.springframework.beans.factory.annotation.Autowired;
import org.springframework.stereotype.Component;

@Component
public class ATM {
    @Autowired
    private DebitCardService debitCardService;
    private DebitCard card;
    private String screenMessage;
    private boolean verifiedPIN = false;

    public void insertCard(DebitCard debitCard) {
        this.card = debitCard;
    }

    public void queryBalance() {
        if (this.verifiedPIN) {
            this.screenMessage = String.format("Your balance is: %f", this.card.getBalance());
        } else {
            this.screenMessage = String.format("Please input PIN:");
        }
    }

    public String getScreenMessage() {
        return this.screenMessage;
    }

    public void enterPIN(Integer pin) {
        this.verifiedPIN = this.debitCardService.verifyPIN(this.card.getCardID(), pin);
        if (!this.verifiedPIN) {
            this.screenMessage = "Your PIN is invalid.";
        } else {
            this.queryBalance();
        }
    }
}
```

运行 mvn test，显示测试失败，这是因为重复使用了 DebitCardService 对象和 ATM 对象，而 ATM 的状态并未改变。因此，我们需要增加 ATM 初始化状态的步骤。在.feature 文件中增加 ATM 已初始化的假设，并在步骤定义中也进行相应补充。

```java
@假设("ATM 已初始化")
public void ATM已初始化() {
    this.atm.init();
}
```

在 ATM 代码中增加如下方法。

```java
public void init() {
```

```
                this.verifiedPIN = false;
                this.card = null;
                this.screenMessage = null;
            }
```

再次运行 mvn test，测试通过。

此时，服务消费者的契约测试已完成。接下来，我们需要让服务提供者按照契约提供服务。

（4）通过契约文件创建服务提供者。

可以为卡片服务（card-service）创建如下用户故事。

作为借记卡服务
我想要验证 ATM 的验证密码请求
以便确认储户身份

此时，需要新建一个微服务，而不是写到原有的代码中，以便标记单一职责。新建一个借记卡中心服务，在 https://start.spring.io 中创建一个新的 Spring Boot 工程，并将 ATM 服务（atm-service）中的契约复制到卡片服务（card-service）的相同目录下。运行 mvn test，测试失败。

这是 Spring Contract Validator 和 spring-cloud-contract-maven-plugin 共同作用的结果。这时，在 microservices/maven/card-service/target/generated-test-sources/contracts/com/example/card/ 目录下会生成一个新的测试 ContractVerifierTest.java，运行 mvn test 时，其可以根据契约文件生成 Restful API 的测试用例。

```java
package com.example.card;

import com.example.card.CardServiceApplicationTests;
import com.jayway.jsonpath.DocumentContext;
import com.jayway.jsonpath.JsonPath;
import org.junit.jupiter.api.Test;
import org.junit.jupiter.api.extension.ExtendWith;
import io.restassured.module.mockmvc.specification.MockMvcRequestSpecification;
import io.restassured.response.ResponseOptions;

import static org.springframework.cloud.contract.verifier.assertion.SpringCloudContractAssertions.assertThat;
import static org.springframework.cloud.contract.verifier.util.ContractVerifierUtil.*;
import static com.toomuchcoding.jsonassert.JsonAssertion.assertThatJson;
import static io.restassured.module.mockmvc.RestAssuredMockMvc.*;

@SuppressWarnings("rawtypes")
public class ContractVerifierTest extends CardServiceApplicationTests {

    @Test
    public void validate_verify_pin() throws Exception {
```

```java
// given:
    MockMvcRequestSpecification request = given();

// when:
    ResponseOptions response = given().spec(request)
            .get("/verify_pin/1111222233334444/123456");

// then:
    assertThat(response.statusCode()).isEqualTo(202);
    assertThat(response.header("Content-Type")).isEqualTo("Application/json;charset=utf-8");

// and:
    DocumentContext parsedJson = JsonPath.parse(response.getBody().asString());
    assertThatJson(parsedJson).field("['result']").isEqualTo("OK");
    }

}
```

这与 TDD 的思想一致，即先写测试，再写实现。现在，测试已经通过契约文件自动生成，只需要再完成卡片 Controller 的实现。

```java
package com.example.card.interfaces;

import org.springframework.http.HttpHeaders;
import org.springframework.http.HttpStatus;
import org.springframework.http.ResponseEntity;
import org.springframework.web.bind.annotation.GetMApping;
import org.springframework.web.bind.annotation.PathVariable;
import org.springframework.web.bind.annotation.RestController;

@RestController
public class CardController {

    @GetMApping("/verify_pin/{id}/{pin}")
    public ResponseEntity verifyPIN(@PathVariable("id") Long id,
                                    @PathVariable("pin") Integer pin) {
        HttpHeaders responseHeaders = new HttpHeaders();
        responseHeaders.set("Content-Type", "Application/json;charset=utf-8");
        return new ResponseEntity("{\"result\":\"OK\"}", responseHeaders, HttpStatus.ACCEPTED);
    }

}
```

运行 mvn test，测试通过，表示服务消费者的契约测试开发完成。

在完成对服务消费者和服务提供者的开发后，在 card-service 的目录中执行 mvn spring-boot:run，就可以启动卡片服务。

（5）完成 API 集成测试。

在启动卡片服务（card-service）后，可以重新执行 ATM 服务的测试，此时会发现有一条测试没有通过，如图 6-59 所示，离开契约测试的集成测试失败了。

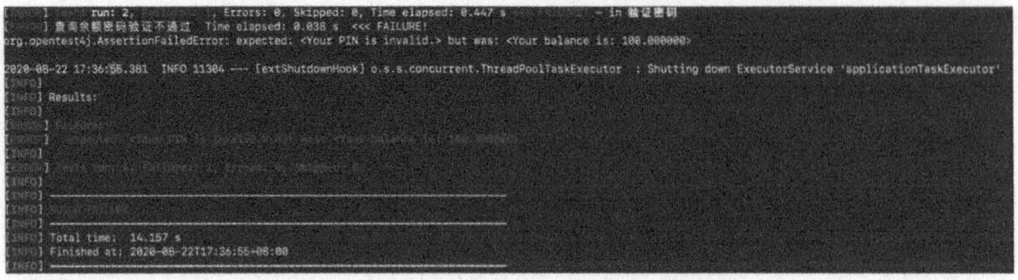

图 6-59　离开契约测试的集成测试失败

这是因为契约文件中只有成功的契约，没有失败的契约。为什么使用 Stub 就通过了呢？因为 Stub 具有识别非法 URL 的能力，但是 API 却没有这样的功能。

因此，契约测试只能验证接口的格式和参数是否合法，不能验证业务是否正确。这时单独运行服务消费者测试的集成测试或服务提供者的契约测试都是成功的，我们还需要把集成测试和契约测试结合起来进行测试，这也是在一开始先使用 Cucumber 做集成测试用例的原因。

再回到 TDD 的原则：没有失败的测试就不写代码。既然服务消费者没有改变契约，那么就不能新增代码。所以，这时我们要新增加一个密码验证失败的契约文件 verify_pin_fail.yml。

```
request:
    method: GET
    url: /verify_pin/1111222233334444/432124
response:
    status: 400
    headers:
        Content-Type: Application/json;charset=utf-8
    body:
        result: "Your PIN is invalid"
```

执行测试，契约测试失败。停止卡片服务（card-service），通过 mvn spring-cloud-contract: convert && mvn spring-cloud-contract:run 启动 ATM 服务（atm-service）的 stub-server，然后运行 mvn test，测试通过，如图 6-60 所示为使用 Stub API 进行测试。

图 6-60　使用 Stub API 进行测试

这时需要先把契约文件同步增加到卡片服务（card-service）中，然后再执行并修复测试。此时卡片服务实现代码基本完成。

```
package com.example.card.interfaces;
```

```java
import org.springframework.http.HttpHeaders;
import org.springframework.http.HttpStatus;
import org.springframework.http.ResponseEntity;
import org.springframework.web.bind.annotation.GetMApping;
import org.springframework.web.bind.annotation.PathVariable;
import org.springframework.web.bind.annotation.RestController;

@RestController
public class CardController {

    @GetMApping("/verify_pin/{id}/{pin}")
    public ResponseEntity verifyPIN(@PathVariable("id") Long id,
                                    @PathVariable("pin") Integer pin) {
        HttpHeaders responseHeaders = new HttpHeaders();
        responseHeaders.set("Content-Type", "Application/json;charset=utf-8");
        ResponseEntity response;
        if (id == 1111222233334444l && pin == 123456)
            response = new ResponseEntity("{\"result\":\"OK\"}", responseHeaders, HttpStatus.ACCEPTED);
        else
            response = new ResponseEntity("{\"result\":\"Your PIN is invalid\"}", responseHeaders, HttpStatus.BAD_REQUEST);
        return response;
    }
}
```

再次运行卡片服务（card-service）的 mvn test，测试通过。随后，通过 mvn spring-boot:run 启动卡片服务（card-serivce），在 atm-service 的目录下执行 mvn test，集成测试通过。

契约测试帮助我们构建了服务消费者的集成测试，也就是说，契约文件既是服务消费者的测试依据，也是服务提供者的测试用例，这样就实现了 API 的服务消费者与服务提供者的"握手"。

需要注意的是，为了便于理解，此处开发服务提供者和服务消费者所使用的方式较为简单，但并不安全。比较安全的做法是为服务提供者和服务消费者都设置一个定期更新的密钥，每次把字符串和密码通过密钥加密传输，把卡号和密码在 ATM 上加密，形成加密的字符串，然后通过卡片服务的密钥解密，在完成验证后，再以同样的加密方式为 ATM 发送响应。

（6）托管和同步契约文件。

在上述例子中，服务消费者到服务提供者最重要的步骤是同步契约文件，双方都需要将更新后的契约文件复制到对方的代码库中，否则会出现请求不一致的情况。在真实的场景中，常常 2 个团队/工程师相互独立工作，而且服务消费者和服务提供者的代码都不在一个代码库中，无法及时同步契约文件。

契约文件应满足单一可信来源原则，2 份契约文件拷贝就违反了这一原则。

因此，我们需要使用契约代理托管契约文件，无论服务提供者还是服务消费者，都要通过契约代理才能获得最新版本的契约。PACT 框架以 Pact Broker 作为契约文件代理。

Spring Cloud Contract 则提供了更加灵活的方式，我们可以通过 Maven 仓库或 Git 仓库托管契约文件。

首先，新建一个 Git 仓库存放契约文件和 Stub。其次，通过 Spring Initializr 创建一个名为 atm-card-contract（ATM 卡片契约）的 Spring Boot 工程，形成如图 6-61 所示的契约文件托管项目。

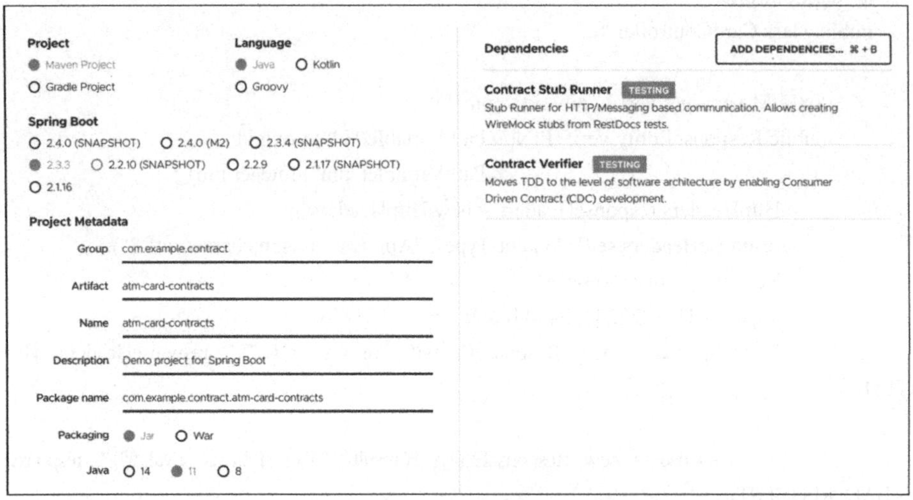

图 6-61　通过 Spring Initializr 创建契约文件托管项目

把契约文件 verify_pin.yml 和 verify_pin_fail.yml 从 ATM 服务（atm-service）复制到 ATM 卡片契约（atm-card-contract）项目中，并删除 ATM 服务（atm-service）中相应的契约文件，让 ATM 服务（atm-service）从该项目获取唯一契约文件。在 ATM 卡片契约（atm-card-contract）的代码下运行 mvn spring-cloud-contract:convert && mvn spring-cloud-contract:run，生成并运行从契约文件构建的 Stub。在 ATM 卡片契约（atm-card-contract）中运行 mvn test，证明 Stub 没有问题，只是换了一个地方存放。这时需要在 ATM 卡片契约（atm-card-contract）中增加一些配置。

```xml
<plugin>
    <groupId>org.springframework.cloud</groupId>
    <artifactId>spring-cloud-contract-maven-plugin</artifactId>
    <version>2.2.4.RELEASE</version>
    <extensions>true</extensions>
    <configuration>
        <testFramework>JUNIT5</testFramework>
        <!-- 指向新建的 Git 仓库 -->
        <contractsRepositoryUrl>git://https://github.com/wizardbyron/contract_repo.git</contractsRepositoryUrl>
        <contractsMode>LOCAL</contractsMode>
        <contractDependency>
            <groupId>${project.groupId}</groupId>
            <artifactId>${project.artifactId}</artifactId>
```

```xml
            <version>${project.version}</version>
        </contractDependency>
    </configuration>
    <executions>
        <execution>
            <phase>package</phase>
            <goals>
                <!-- 将生成的 Stub 和契约推送到仓库 -->
                <goal>pushStubsToScm</goal>
            </goals>
        </execution>
    </executions>
</plugin>
```

然后，运行 mvn spring-cloud-contract:pushStubsToScm -DcontractsRepositoryUsername=<仓库的用户名>-DcontractsRepositoryPassword=<仓库的密码>，将契约代码推送到远程仓库。

此时再运行 Maven 就会发现多了以下几行信息。

```
[INFO] Pushing Stubs to SCM for project [com.example.contract:atm-card-contracts:0.0.1-SNAPSHOT]
[INFO] Passed username and password - will set a custom credentials provider
[INFO] Cloning repo from [https://github.com/wizardbyron/contract_repo.git] to [/var/folders/zs/kg10wf3x12l0tgybycqrrbpc0000gn/T/git-contracts-1598147721701-0]
[INFO] Cloned repo to [/var/folders/zs/kg10wf3x12l0tgybycqrrbpc0000gn/T/git-contracts-1598147721701-0]
[INFO] Won't check out the same branch. Skipping
```

这时，契约文件就已经提交到 Git 仓库上了。

需要注意的是，不要把用户名和密码写到 pom.xml 配置里。虽然 Spring Cloud Contract Maven Plugin 提供了<contractsRepositoryUsername>和<contractsRepositoryPassword>两个标签，但使用后会造成用户名和密码泄露，所以不建议使用。若使用公共账号，则将难以追踪是谁修改了契约文件。因此，在执行 mvn 命令的时候应通过-DcontractsRepositoryUsername=<仓库的用户名>和-Dcontracts RepositoryPassword=<仓库的密码>运行测试。

当契约文件被成功推送到契约库后，接下来就需要修改卡片服务（card-service），使其从契约库读取契约文件，分为以下 3 个步骤。

首先，删除代码库中的契约文件，因为之后契约文件都要从契约仓库 ATM 卡片契约（atm-card-contract）中读取。

其次，修改卡片服务（card-service）配置，使契约文件能够从远程契约仓库中被读取，在 spring-cloud-contract-maven-plugin 中的<configuration>的标签里新增以下代码。

```xml
<!-- 从远程读取契约文件-->
<contractsMode>REMOTE</contractsMode>
<!-- 指定契约仓库的地址 -->
<contractsRepositoryUrl>git://https://github.com/wizardbyron/contract_repo.git</contractsRepositoryUrl>
<!-- 指定契约仓库的制品 -->
<contractDependency>
    <groupId>com.example.contract</groupId>
```

```
            <artifactId>atm-card-contracts</artifactId>
        </contractDependency>
```

最后，运行卡片服务（card-service）下的 mvn test，测试通过！

现在，我们就把契约文件从代码内移动到了代码外，并且通过共同的代码仓库保存版本化的契约。在工作的时候，无论是从服务提供者还是服务消费者，都需要额外克隆契约仓库，所使用的契约文件以契约仓库的最新版本为准。

此时，ATM 服务（atm-service）中与 pom.xml 契约测试相对应的依赖就可以删除了，如果需要将契约测试作为 Stub，那么可以通过契约仓库生成。作为服务消费者，只需要构建新的 Stub 让下游实现就可以了。

> **小技巧**：在项目一开始就使用独立的契约测试仓库
>
> 本节的示例一开始就在项目内创建契约文件，通过将项目内的契约测试移到第三方契约仓库，实现了契约相互通知的功能。
>
> 最好的做法就是在项目一开始就先建立一个独立的契约代码库，将这个代码库以"上游-下游"的方式命名，如本节的 ATM 卡片契约（atm-card-contract）。有多少个契约仓库，就有多少个 API 集成，这样，所有的 API 集成都可以通过自动化测试成功率。

契约测试的示例就介绍到这里，读者可以通过继续完善这个示例来了解契约测试是如何协调不同团队进行微服务开发的。第 8 章还将继续使用这个契约测试为大家介绍如何解决微服务中最困难的集成问题。

6.5.6 契约测试的价值

1. 降低集成难度

以服务消费者的需求为出发点，将服务消费者的需求作为测试用例，从而驱动出一份契约文件，验证服务提供者的功能。

2. 支持并行开发

在接口调用双方协商好接口后就可以并行开发，并且可以在开发过程中利用契约文件进行预集成测试，不必等到联调再来集成调通接口。

3. 接口变动可控

通过契约文件监测接口变动，使变动有迹可循。这样即使出现了变动，也可以确保变动的安全性和准确性。

4. 支持离线

能以离线的方式（不需要服务消费者、服务提供者同时在线），通过契约文件作为接口规范，验证服务提供者提供的内容是否可以满足服务消费者的期望。

6.6 探索式测试

6.6.1 传统脚本测试的局限

传统测试一般先根据需求文档编写测试用例,而后由测试人员或指定人员根据测试用例的具体描述步骤(脚本)执行与验证,这种测试方法已经持续了几十年,我们又称其为脚本测试(Scripted Test,ST)。近几年,随着敏捷开发的流行,以及业务本身快速发展的需要,开发速度得到了提升,但测试却出现了瓶颈,主要体现为以下 2 点。

(1)传统脚本测试的测试速度难以应对敏捷快速交付的要求。当前,大部分敏捷项目的迭代周期是 1~2 周,除去提出需求和开发所需工时,能够留给测试的时间少之又少。但编写详细的测试用例文档也需要投入大量的时间与精力,这使测试人员只能通过加班解决问题。

(2)频繁变更的需求也导致测试人员需要花费大量时间来更新和维护测试用例。而在上线时间的压力下,测试人员经常感到疲于奔命,压力巨大。

那么,测试人员在敏捷开发环境下到底如何应对测试呢?答案就是使用探索式测试(Exploratory Test,ET)。

6.6.2 探索式测试介绍

不同的测试专家都曾经对探索式测试进行定义。最新的一种定义为:探索式测试是一种强调测试人员的自由和责任,并且要求他们不断优化其工作价值的测试方法,它通过将学习、测试设计和测试执行作为互相支持的活动在整个项目过程中并行执行。

如何解读这个定义?我们可以提炼出以下 3 个重点。

(1)探索式测试不是新的测试技术,其更像是新的测试模式或测试风格。如同 Scrum 的本质是把工作分批次完成但不改变开发方法,探索式测试也依然使用如等价类、边界值等常见的测试技术,同时,探索式测试也可以被应用于不同的测试阶段。

(2)如同敏捷宣言更强调个体,探索式测试同样强调测试人员个人的主观能动性,在这一点上,探索式测试的观点与敏捷不谋而合,尽管探索式测试概念的提出比敏捷更早(探索式测试由 Cem Kaner 博士在 1983 年提出)。

(3)在传统测试中,测试学习、测试设计和测试执行需要在不同阶段完成,而在探索式测试中则可并行执行。这里的并行其实就是一次小的循环迭代,测试可以更快得到反馈,并且指导优化下一轮的迭代,这一点和 Scrum 的核心思想完全一致。

其实,探索式测试的其他特点也体现了敏捷思想,例如,与敏捷轻文档一样,探索式测试不再要求详细的测试用例文档;再例如,和 Sprint 有固定时间盒一样,后面将要介绍的 Session-Based Test Management 也是基于固定时间盒来完成的，等等。

6.6.3 探索式测试与脚本测试的区别

脚本测试一般分为两个阶段：第一阶段根据需求、标准、测试规范等文档输出测试计划、测试用例等测试交付件；第二阶段则根据已准备好的测试用例由测试人员或指定人员针对被测系统执行测试，输出测试报告、缺陷报告等，如图 6-62 所示。

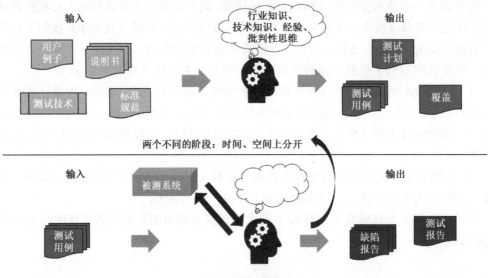

图 6-62　脚本测试

而探索式测试只有一个阶段，测试人员根据掌握的信息和资料，针对被测系统进行学习，在学习的过程中一边设计测试要点，一边进行测试，最终得到相关的测试结果，如图 6-63 所示。

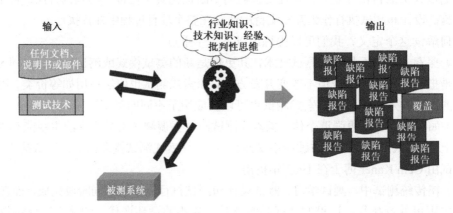

图 6-63　探索式测试

那么，这 2 种测试的效果分别如何呢？我们以扫雷问题为例进行对比，脚本测试扫雷问题如图 6-64 所示，黑色边框代表的是雷区，框中的小方块则代表地雷。

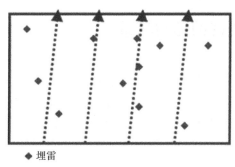

图 6-64　脚本测试扫雷问题

通过脚本测试能发现一部分地雷，但依然有很多无法发现，如图 6-65 的圆圈所示。而探索式测试，因为其测试更加发散，覆盖面更广，所以效率更高，能发现的地雷也更多，如图 6-66 所示。

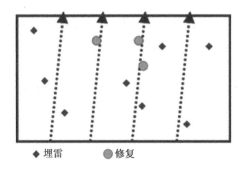 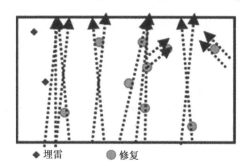

图 6-65　脚本测试未能发现的地雷　　　　图 6-66　探索式测试能发现更多的地雷

6.6.4　探索式测试与随机测试的区别

或许有人会觉得，既然测试前不再需要提前准备测试用例，而测试又要依靠测试人员的自由发挥，那不就变成随机测试（Ad-hoc Testing）了吗？为了解答这个问题，我们来看一个猜数字游戏的例子。

游戏规则如下。A 预先在心里想好一个 1～100 中的数字（假设为 66）让 B 猜测，B 可以提问任何问题，但 A 只给 2 种回答：是或不是。然后 A、B 经过多次问答，猜测得出正确数字。在这一过程中提问次数越少，得分越高。

一种方法是随机猜测。B 可能会天马行空，想到什么数字就问什么数字，例如，提问是不是 80？是不是 2？是不是 60？等等。就像在做随机测试，难以快速找到答案。

另外一种方法是使用策略，比如，B 先提问 A 所想的数字是否比 50 小？这里得到的回答应该是"否"，那么 B 就会根据这个回答判断答案一定在 50～100 中，下一个问题 B 就会根据二分法原则提问 A 所想的数字是否比 75 小，从而进一步缩小范围。这种根据前一个结果的反馈进行分析,以结果指导和优化问题设计的方式,其实就体现了探索式测试的核心理念。

6.6.5 探索式测试的适用场景

我们需要知道什么时候适合使用探索式测试。当然,无论是脚本测试还是探索式测试都有其优势和劣势,最好的方式是将二者结合使用,至于哪个为主、哪个为辅,取决于具体项目情况和所处环境。有时在时间很短的情况下,只使用探索式测试也是可行的,其适用场景分析矩阵如表 6-7 所示。

表 6-7 探索式测试的适用场景分析矩阵

类别	时间紧迫	时间充裕
需求不明确/需求变更频繁	探索式测试	探索式测试为主、脚本测试为辅
需求明确/需求变更较少	探索式测试为主、脚本测试为辅	脚本测试为主、探索式测试为辅

对于需求不明确或需求变更频繁的项目,如果时间比较紧迫,那么可以采取只使用探索式测试的测试策略;如果时间比较充裕,那么可以采用探索式测试为主、脚本测试为辅的测试策略。

对于需求明确或需求变更较少的项目,如果时间比较紧迫,那么可以使用探索式测试为主、脚本测试为辅的测试策略;如果时间比较充裕,那么可以使用以脚本测试为主、探索式测试为辅的测试策略。

6.6.6 探索式测试执行实例

对于探索式测试的具体执行情况,可以用 SBTM(Session-Based Testing Management)的方法进行测试。史亮、高翔两位老师在《探索式测试实践之路》中将 SBTM 翻译成"基于测程的测试管理"。至于为什么不翻译成"基于会话的测试管理",他们在书中也做了特别注释,有兴趣的读者可以查阅。

SBTM 把整个测试工作分成了多个 Session,每个 Session 均包含下面 4 个要点。

(1) Charter(章程):每个 Session 所要完成的使命和目标。

(2) Time Box(时间盒):一段固定的、不被打扰的时间,一般为 45~90 分钟。

(3) Reviewable Results(可检查的结果):Session 的汇总结果测试报告,常以 Session Sheet 的形式展现,如图 6-67 所示为探索式测试的 Session Sheet 示例。

(4) Debriefing(汇报):测试人员与产品负责人、团队汇报交流,检查本次测试的发现,并且查找可优化改进之处。

如图 6-68 所示为 SBTM 测试流程示例,供各位读者参考。

图 6-67 探索式测试的 Session Sheet 示例(来源:外国期刊《软件测试与质量工程》)

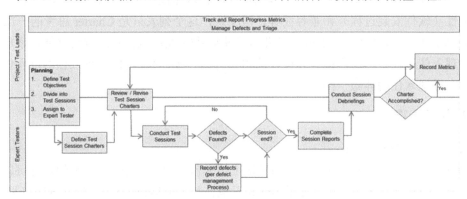

图 6-68 SBTM 测试流程示例

以某酒店登记入住的场景为例介绍 SBTM 是怎么进行的。某酒店针对其酒店 App 的旅客入住自助登记模块进行了优化更新,针对不同级别的会员,在其办理入住登记时给予相应的福利。例如,若金卡会员预定了普通房型,当豪华房型有空房的时候,就可以自动升级,而金卡权益过期的会员不享有升级的福利。

1. 计划步骤

在计划的过程中,我们需要确定测试目标、分解测试的 Session、准备相关测试资源等。那么,什么时候开始创建 Session 呢?可以在 Sprint 计划时,也可以在开发过程中,或是在用户故事准备好进行测试时。具体的时间没有明确规定,但是建议尽早进行一些初始计划,如此可以尽早创建和准备进行探索式测试的 Session,然后在测试开始之前对现有的 Session 进行评审,包括是否需要额外增加的 Session,以及指定的 Session 与测试目标是否仍具有相关性。

一个 Session 将包括以下内容。
- 本次 Session 范围/目标的 Charter。
- Session 的 Time Box，一般为 45～90 分钟。
- 一个简短描述 Session 和 Charter 的标题。这样，一旦在讨论中提到某个 Session，查找将会很方便。

新的 Session 可以马上分配给测试人员，但是建议在用户故事进入测试阶段时再进行分配，这样可以保证分配的灵活性。

至于 Charter，一个好的 Charter 不用描述得十分精确，但也不应该太过宽泛和模糊，以至于 Session 无法在指定的 Time Box 内完成。在刚接触 SBTM 时，读者可能很难知道应如何计划 Session，可以尝试这个简单的技巧：识别对于用户故事来说较为重要的和对被测应用来说比较重要且相关的风险，并分别为这些风险创建 Session。

- 如果某个变更或特性对性能特别敏感，就创建一个关于性能测试的 Session。
- 如果可用性是产品成功的关键，就创建一个关于可用性的 Session。
- 现有的高价值功能如果进行了更改，就需要创建一个或多个专注于回归测试的 Session。

此时需要考虑的基本风险列表内容包括性能、可靠性、可用性、安全性、可伸缩性、可安装性（软件安装过程）和兼容性等。请注意，这个列表只是 Charter 思考的一部分。

针对上述场景，我们将 Charter 定义为通过某酒店 App 入住自助登记功能探索旅客在自动办理入住过程中的用户体验和接收的相关房间升级福利，自助办理入住的过程体验需要和前台办理入住的体验一样好。

2. 执行步骤

（1）开始一个 Session。

计划和跟踪 Session 执行过程中的测试工作非常重要，一个 Session 的状态可以分为开始、处理中和结束 3 种。建议使用 Jira 和看板监控 Session 的状态，使其透明可见（Jira 把 Session 看作一个 "Issue Type"，把 Charter 和 Time Box 等设置成属性字段，并可以设置 "开始" "处理中" "结束" 3 个流程状态）。

可以在 Session 处于 "开始" 状态时编辑 Charter，但不能记录任何注释或缺陷，只有在 "处理中" 状态下才可以记录。"开始" 状态用来确保我们能够思考测试想法。

如果发现了缺陷，就要在 Jira 中登记并报告。登记缺陷一般有两种途径：一种是在 Jira 的 Session 流程中进行登记，另一种是在 Jira 的主菜单入口进行登记。在 Session 中报告缺陷比在主菜单中创建一个常规缺陷具有更多优势。

- 在 Session 中报告缺陷时，可以为用户自动关联相关的问题类型。
- 可以记录在一个 Session 中发现的缺陷数量。
- 记录所报告的缺陷的可跟踪性信息，同时显示它的父问题和它所在的 Session。
- 如果配置了问题链接，那么被测试的 Session 可以显示所发现的缺陷列表。
- 在 Session 活动中添加一个注释就可以自动链接所报告的缺陷。

(2) Taking Notes（记笔记）。

很多测试可能只进行几小时，所以在 Session 期间做笔记十分重要。特别是在 Session 结束时，测试人员需要编写简短的 Session 结果摘要，并向产品所有者或团队做简要说明。有了之前做好的笔记，再写一份准确的总结就容易很多，同时也不会遗漏重要事项。在必须提交证据的监管环境中，Session 记录和附件也可以作为证据提交。

如果在 Session 中有各种不同的 Notes（笔记）需要记录，我们可以为每条 Note 打上不同的标签（Label）。

- 想法（Idea）：用于在执行之前记录测试想法，同时记录所进行的测试的类型。
- 问题（Question）：有些内容可能还不是很清晰，可能需要留到 Debriefing 期间询问，这些内容可能是一个缺陷，也可能是一个新功能。
- 惊讶（Surprise）：在测试过程中令人感到惊讶的事情需要在稍后的测试过程中进一步调查，因为缺陷可能就隐藏在惊讶背后。
- 问题（Issue）和关注（Concern）：这是指一些不需要提出缺陷，但需要在 Debriefing 期间讨论，或者在 Session 期间进一步调查的事情。
- 积极（Positive）：测试不一定是消极的，也可以记录和分享团队的优点。

例如，在酒店登记入住这个场景中，我们就可增加一条 Note，并且打上"Idea"的标签。

- 关注旅客自助办理事务的时间。
- 关注页面的加载时间。
- 关注点击手机屏幕后 App 的响应时间。

如果读者发现自己花费了很多时间在 Charter 上，想要回到"正轨"，那么可以通过记录当前的转移并创建新 Charter 的方式实现。Session 期间的观察和发现常常能为日后的 Session 提供很好的 Charter 参考。

(3) 停止一个 Session。

在完成测试后，剩下要做的就是选择"结束"状态，以结束该 Session。在完成此操作后，通过设置 Jira 提示用户填写 Session 的简短摘要（Summary）、对已测试的工作质量（Quality）和 Session 覆盖率进行评级，并选择性地记录他们的时间使用情况（Time Tracking），如图 6-69 所示为测试结果记录。

请注意，图 6-69 中的 Session Summary 只是 Session 结果的一个高级视图，还应该通过一个完整的 Debriefing 来最大化探索式测试的价值。

3. Debriefing 的步骤

在测试的过程中，测试人员会捕获大量信息，这些信息需要通过一个紧凑且简洁的形式传递给团队才能发挥作用，

图 6-69 测试结果记录

这种形式就是 Debriefing。Debriefing 不只是与团队共享信息，还能使团队对 Session 和测试工作负责，并且提供一个机会来评审和改进 Session 的执行方式。

Debriefing 由负责总结会议进展情况、发现关键信息及其他质量看法的测试人员，以

及产品负责人、Scrum Master（如果使用 Scrum）和其他团队成员共同参与。

Debriefing 期间讨论的主要内容如下。

- 在 Session 期间发现的缺陷并对其分类。
- Session 的覆盖范围是否由于时间限制有所疏漏？
- 在 Session 中发现的任何风险或问题，讨论这些问题常常会生成新的缺陷报告。
- 与应用程序、系统或软件测试有关的积极信息，因为测试不只报告消极信息。

请注意，这些信息都是在 Session 中通过 Taking Notes 捕获的，这些 Notes 使 Debriefing 变得更容易。

（1）Debriefing 输出。

在 Debriefing 结束时，通常会决定接下来的一系列行动，可能需要开发人员针对用户故事或缺陷开展更多工作，特别是在发现了缺陷或识别了此前未知的风险的情况下。如果产品所有者或团队发现经过一系列行动后，产品仍然存在风险或 Session 覆盖率较低，那么 Debriefing 给出的结果可能是创建另一个 Session。

（2）Session 改进。

让测试人员参与 Debriefing 通常是一个好主意，他们可以从 Debriefing 中回顾已执行的测试想法，同时为备选的测试想法和技术提供建议，为未来的测试提供参考，这一过程也可视为对测试 Session 的回顾。

探索式测试本身具备敏捷特性，这使其非常适合应用于敏捷开发项目，也使其成为敏捷开发的"最佳拍档"。当然，探索式测试也不是能"包治百病"的"灵丹妙药"，关键还是测试人员有强烈的学习意愿，同时努力实践探索式测试，并且不断对其进行优化，因为这个世上不会有"银弹"。

6.7 本章小结

在敏捷中，测试贯穿了整个开发活动。最特别的是，测试其实早于开发活动开展，而且更多地利用了自动化测试工具，再加上敏捷软件开发宣言的签署人都是开发人员出身，这就带来了新的开发方式——测试驱动开发（Test Driven Development，TDD）的出现。随着 TDD 实践的不断深入推广，在 TDD 思想的基础上又衍生出 ATDD 和 BDD 等实践。随着应用架构的演进，以及微服务架构和云原生的流行，TDD 也发展出了以 API 为测试中心的契约测试。本章主要介绍这些开发实践，并配以示例，帮助测试人员赋能开发人员。

（1）单元测试是由产品团队的开发人员编写和维护的简短程序片段，它使用产品源代码的一小部分并检查测试结果。

（2）代码覆盖率分析可以帮助发现代码的哪些部分没有经过测试，从而提高测试的充分性。

（3）TDD 是指一种编程风格，其中紧密结合了 3 项活动：编码、测试（以编写单元测试的形式）和设计（以重构的形式）。

（4）契约测试把服务分为服务消费者和服务生产者，核心思想是从服务消费者业务实现的角度出发，由服务消费者自己定义需要的数据格式及交互细节，并驱动生成一份契约文件。服务提供者根据契约文件实现自己的逻辑，并在持续集成环境中持续验证。

（5）探索式测试是一种通过强调测试人员的自由和责任来不断优化其工作价值的测试方法，其将学习、测试设计和测试执行作为互相支持的 3 项活动，在整个项目过程中并行执行。

（6）对于需求不明确或需求变更频繁的项目，如果时间比较紧迫，那么可以只使用探索式测试策略；如果时间比较充裕，那么可以使用探索式测试为主、脚本测试为辅的测试策略。

（7）对于需求明确或需求变更较少的项目，如果时间比较紧迫，那么可以使用探索式测试为主、脚本测试为辅的测试策略；如果时间比较充裕，那么可以使用脚本测试为主、探索式测试为辅的测试策略。

第 7 章 敏捷非功能性测试实践

7.1 性能测试

7.1.1 性能测试定义

对于一个系统，除了需要关注其功能的正确性，还需要考虑非功能性方面的问题，如性能。如果一个系统虽然功能逻辑没有问题，但是每次操作都很慢，需要等待很长时间，可想而知，用户的使用满意度也会大打折扣。所以，我们需要在系统上线前针对其性能目标进行测试，这就是我们常说的性能测试。

那么，性能测试的定义是什么？性能测试是指利用负载生成工具模拟实际用户访问系统，从而发现应用系统的性能问题或可靠性问题，然后定位系统性能瓶颈。从上述定义中可知，性能测试的实施需要依赖工具，因为如果使用人工来做性能测试，就会出现以下四个问题。第一个问题是扩展性，如果系统只需要支持 10 个用户，我们当然可以找到 10 个真实用户来模拟测试，但是如果需要支持 100 个，甚至 1000 个用户呢？这时就会发现，在测试过程中很难通过"人海战术"来模拟这么多的并发用户。第二个问题是不精确，即使组织能找到这么多的真实用户，但是每个人都有不同的系统访问习惯，有人是"生手"，有人是"熟手"，此时很难按照预置的负载模型分配这些真实用户，这样做出来的测试结果自然也是不精确的。第三个问题是结果不可重现，每次测试的结果都有可能受真实用户当时的状态等因素影响而不同。最后一个问题是不可持续，例如，即使在某一轮测试中真的组织了这么多真实用户来做测试，但是未来多轮的回归测试呢？我们是不是还能持续组织这么多的真实用户？所以，性能测试主要还是通过借助计算机工具模拟真实用户的操作进行的。

7.1.2 性能测试目标

很多新手在做性能测试的时候，认为性能测试就是选择性能场景、开发性能脚本、执行性能脚本这"三板斧"，所以在还没有搞清楚为什么要做性能测试这个问题时，就迫不及待地开始开发性能测试脚本，结果可想而知，最终跑出来的性能测试结果没有意义。因此，性能测试的成功与否，最关键的是先确定性能测试目标，因为这决定了接下来会使用哪种性能测试策略,而性能测试策略又会影响未来性能负载模型的设计及执行方式。所以,当测试人员接收到一个性能测试任务时,首先需要考虑的不是马上动手录制和开发脚本,而是需要在进行性能测试之前,先搞清楚本次性能测试的目的和性能测试的目标。

那么,常见的性能测试目标有哪些呢?第一个目标是确定系统的响应时间,即系统在收到请求后多长时间能响应,这也是在性能测试中最常见的目标,一般在需求文档中都会针对这个目标进行定义,例如,系统平均响应时间需要在 3 秒内等。第二个目标是确定系统支持的并发用户数,即系统能支持多少用户同时使用,而系统并发用户数和系统响应时间是相互关联、相互影响的,一般会把它们结合起来分析,如"在 1000 个并发用户下,系统平均响应时间为 5 秒"。第三个目标是确定系统的最佳配置,通过性能测试和资源监控,我们可以知道哪些服务器的 CPU、内存等资源是空闲的,哪些服务器的资源是不足的,这可以帮助我们更加合理地优化和分配这些资源。最后一个目标是找出系统在较重负载情况下的潜在问题,也就是我们常说的系统瓶颈。在正常的用户数压力下,系统可能表现一切正常,但是有些应用在业务上往往会出现波峰、波谷,可能会在某个时间点瞬间爆发大量请求(如"双十一"秒杀),这时如果系统出现瓶颈,轻则可能产生大量的请求响应失败,重则可能造成系统崩溃,所以这也是性能测试需要考虑的地方。

7.1.3 性能测试的类型

性能测试是针对系统的性能进行测试的一个统称,根据并发用户数、执行时长、加压模式等不同,可以将性能测试分为以下 6 种测试类型。

1. 基线测试

基线测试是指通过非常少(如 5~10 个)的并发用户数进行测试,检查性能测试脚本是否能正确执行、被测系统的环境是否正常、系统是否稳定等。基线测试是在为接下来进行的大规模加压测试做准备。

2. 负载测试

负载测试是指随着用户量的逐渐增多,测试在需求规定的并发用户数下,系统是否达到性能测试目标,如"系统响应时间不超过 5 秒""错误率不高于 3%"等。需要注意的是,在做负载测试时,不要一下就把并发用户数设置得过高,而是要通过渐进式加压的方式,逐渐提高并发用户数,多做几轮测试,同时观察在不断增长的压力下的系统性能变化趋势。

3. 压力测试

压力测试的主要目标是考察系统能够支持的最大容量。系统在设定性能指标时,一般会保留一定的冗余空间,而压力测试就是测试系统在毫无保留的情况下的崩溃临界点在哪里。随着系统的不断加压,一个性能拐点会出现,在这个拐点上,如果继续加压,系统的总体吞吐率反而会下降。如果忽视这一情况继续加压,就会出现系统崩溃点,一般表现为CPU 占用达到 100%、系统进程退出,以及错误率和响应时间急剧上升等。

4. 疲劳测试

疲劳测试是测试系统在经过一段较长时期的持续负载后是否会出现性能问题，这里的较长时期一般指持续 8 小时或更长时间。疲劳测试的主要目的是发现一些潜在的、不易发现的缺陷，如内存泄漏。这些缺陷在短时间内不会暴露，但是经过较长时间运行，系统就可能会出现问题。需要注意的是，在做疲劳测试时，一般不会使用系统支持的最大并发用户数测试，通常只选取最大并发用户数的 70%或 80%来测试。疲劳测试不是为了测试系统的极限或瓶颈，而是为了找出系统经过长时间运行才能暴露的缺陷。

5. 配置测试

配置测试是指通过测试来确定系统最小或最优的软硬件配置，或者确定增改诸如内存、硬盘、CPU 等资源后的效果，例如，我们经常会碰到系统扩容的情况，那么系统到底需要增加多少资源？如果资源准备少了，那么不足以支撑未来业务的需要；如果准备多了，那么又会出现浪费的情况，所以，对扩容资源的估算并不是随意进行的，而是需要通过性能测试进行。当然，在现在的云计算模式下，资源可以弹性伸缩，有需要时申请资源，不需要时释放资源，这样就很好地解决了这个问题。

6. 并发测试

并发测试主要检验系统是否在相同的资源（如数据记录、内存等）下能处理多用户请求的复杂问题，典型场景是数据库死锁问题。这种问题一般难以通过功能测试（无论是手工还是自动化）发现，只有在性能测试的环境下，在多并发的用户处理过程中才较容易暴露出来。

在上述 6 种性能测试类型中，基线测试、负载测试和压力测试的主要区别是并发用户数不同，也最容易让人混淆。如图 7-1 所示为系统压力模型，可以帮助读者更好地理解三者之间的差别。

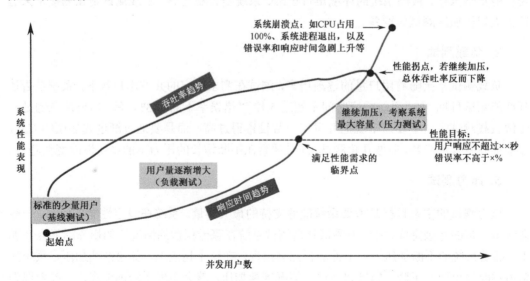

图 7-1　系统压力模型

7.1.4 性能测试的流程

一般来说,性能测试的基本流程分为以下 4 步,如图 7-2 所示。

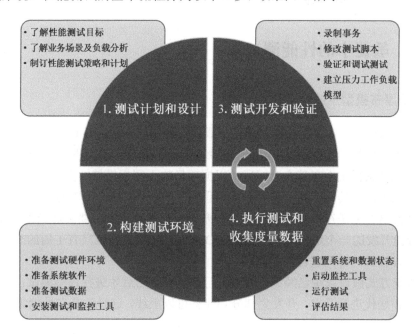

图 7-2 性能测试的基本流程

1. 测试计划和设计

要了解性能测试目标,了解业务场景并进行负载分析,同时制订性能测试的测试策略和测试计划。

2. 构建测试环境

准备测试硬件环境,包括准备被测系统和测试机的硬件环境等。同时,还要安装系统软件、准备测试数据,以及安装部署测试工具和监控工具。

3. 测试脚本开发和验证

一般来说,应先通过录制事务获取初步的测试脚本,然后再针对脚本进行修改和扩展,包括进行数据关联、参数化、设置验证点等。同时,还需要调试和验证测试脚本是否存在问题。另外,还需要建立压力工作负载模型。

4. 执行测试和收集度量数据

启动监控工具,运行性能测试,在性能测试的执行过程中不定时地查看监控结果,随时发现资源变化。在测试完成后,收集和分析测试结果,并且为项目组和开发人员提供性能报告和优化建议。

值得注意的是，性能测试一般不会只执行一次，很多时候需要执行多次才能发现和定位性能问题。另外，还需要通过执行回归测试来确认性能问题是否被解决，所以第3步和第4步会反复循环执行，直至性能问题被解决。因此，每次循环执行测试前都需要注意重置系统和数据状态，有时也需要重新准备测试数据。

7.1.5 敏捷中的性能测试

1. 传统瀑布模型下的性能测试问题

在传统瀑布模型下，针对性能的测试一般会在测试的末尾阶段进行，如在所有需要开发的模块和子系统都已实现后，再把它们部署到一个性能测试的环境中进行压力测试。通常来说，性能测试会集中在某个时间段，根据项目的不同规模持续大概2周至2个月。

这种测试方法在传统方式下是可行的，因为漫长的测试阶段可以容忍我们进行一次性的集中性能测试。但是在敏捷环境下，这种方式就行不通了，主要会遇到以下4个问题。

（1）敏捷开发的一个迭代周期通常只有2周，有些项目甚至只有1周的时间，不可能专门预留一段较长的时间进行性能测试。

（2）传统方式假设系统已经完全开发并已准备好，然后才进行性能测试；而敏捷开发则是按增量和迭代进行开发，开发完部分功能就可以上线，这导致其在性能策略上和传统方式无法匹配。

（3）传统方式需要等到系统"准备好"才能进行测试，其导致的直接结果是性能测试必须在开发周期的末尾阶段才能进行。根据缺陷修复规律：缺陷发现得越晚，修复的代价就越大。届时，再解决任何问题所付出的代价都将非常昂贵。

（4）传统方式将所有测试脚本放到一起进行端到端执行，这使调优和故障排查变得非常困难。很多时候，我们不得不把问题定位到子系统、模块，甚至代码级别（如类、函数等）才能进行性能排查，从而增加了排查时间。

所以，在敏捷环境下，我们需要思考一种新的性能测试策略和模式。

2. 敏捷环境下的性能需求何处安放

首先来看看性能需求。性能需求属于非功能需求，所以当然也属于需求的一种。那么，是否也可以使用用户故事的方式来表达呢？我们知道，用户故事更多的是从业务的角度来描述用户的需要，而性能更多的是从系统的反应和表现的角度描述，二者之间存在一定区别，使用用户故事表示性能需求不是一种很好的方式。那么，应该怎么表示呢？

我们可以把性能需求放到用户故事的DOD中，以下面的用户故事为例进行演示。

作为一名网购者
我需要根据商品关键字查询商品
以便我能较快找到商品并购买

在上述用户故事中,我们有一系列的 DOD 条件,其中一条是关于性能需求的,指标可定义为"系统在 1000 个并发下搜索的响应时间不超过 7 秒"。在实现这个用户故事的时候,一定要对这个故事进行性能测试,并且测试结果需要实现性能的指标,此时才能说这个用户故事已经完成。

另外,除了性能需求,建议将所有非功能需求(包括安全、可用性等)都放入 DOD 中进行管理。

3. 敏捷性能测试策略

前面已经介绍过,在敏捷环境中,我们需要尽早开展性能测试,才能适应其快速迭代的模式,因此,不能再像在传统方式下等待所有系统准备好再开始性能测试,而是在早期就可以开始进行小粒度级别的性能测试。性能测试的 3 个级别如图 7-3 所示。

图 7-3　性能测试的 3 个级别

(1) L1:单元模块级别性能测试。

这一级别主要是针对单元模块级别进行的性能测试,如模块的 API 性能等。这一级别是最小级别,主要关注模块本身的性能表现,但由于其业务逻辑比较简单,所以测试脚本也相对简单。

(2) L2:用户故事级别性能测试。

这一级别主要是针对用户故事级别进行的性能测试,属于中间级别,既有可能包含 API 性能,也可能包含业务逻辑性能。

(3) L3:端到端版本级别性能测试。

这一级别主要是针对一个版本进行的端到端性能测试,属于最高级别,主要测试的是端到端的业务流程过程中的性能。

针对不同级别的性能测试可以制订出相应的敏捷性能测试策略。

L1 级别的性能测试必须和 CI/CD 集成,做到每日构建、每日测试。另外,需要注意的是,很多时候,当进行 L1 级别的性能测试时,系统还没有完全准备好,这时可能需要使用一些技术手段隔离外部依赖系统,如使用服务虚拟化组件(关于服务虚拟化的内容请阅读 6.4 节)。如图 7-4 所示,L1 级别的性能测试目标是保证每个单元模块或 API 没有性能方面的问题。

L2 级别的性能测试需要在每次 Sprint 结束之前完成,其主要针对单一用户故事进行性能测试。在这个过程中,我们经常使用复合场景来测试,而不是像 L1 级别那样使用单一场景进行测试(如某个 API 的单一性能测试场景)。L2 级别的性能测试目标是保证在本次 Sprint 中需要做性能测试的用户故事没有性能方面的问题。

L3 级别的性能测试主要是在版本发布前进行的测试,主要针对端到端的业务流程和用户群体使用的复杂业务场景进行性能测试,所以必须使用复合场景。L3 级别的性能测试目标是保证在本次版本发布之前不存在性能方面的问题。

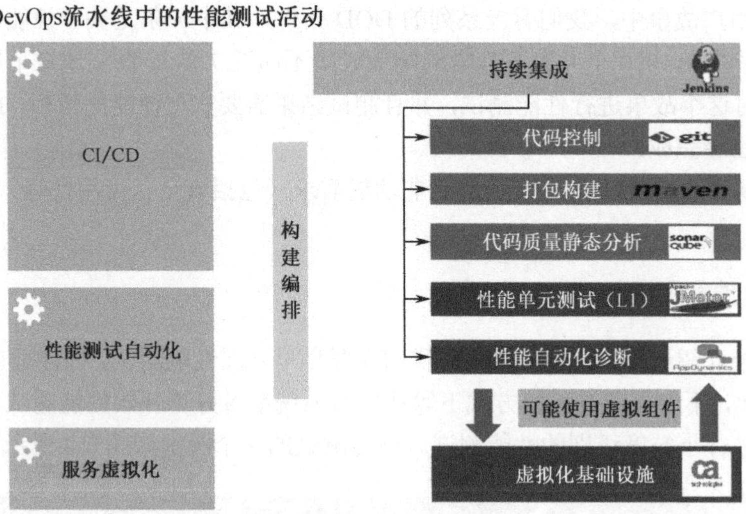

DevOps流水线中的性能测试活动

图 7-4　L1 级别的性能测试

使用上述敏捷性能测试策略可以使性能测试前移。性能测试不再是测试尾声的工作，而是被嵌入开发过程，从而使我们可以尽早地发现性能问题，减少修复缺陷所付出的代价。

7.1.6　敏捷性能测试实例

还是以 7.1.5 节的用户故事为例进行演示。

作为一名网购者
我需要根据商品关键字查询商品
以便我能较快找到商品并购买

其性能测试的 DOD 为"系统在 1000 个并发下，搜索的响应时间不超过 7 秒"。

在这个例子中，我们不讨论具体的性能测试工具应如何使用，这不是本书的目的。关于性能测试工具的使用，读者可以自行阅读相关书籍。

当性能测试作为单独的活动被执行时，与在传统方式下的做法没有太大差别，所以接下来探讨得更多的是如何将性能测试集成在 CI/CD 的交付流水线中。我们选择通过 JMeter+Maven+Jenkins 进行集成，使性能测试可以具备每日构建、每日测试的能力。那么，为什么选择 JMeter？首先，因为 JMeter 本身既可以做性能测试，也可以做 API 测试，使用 JMeter 可以减少在交付流水线工具链上使用的工具数量；其次，API 测试的脚本可以直接用来进行性能测试，这样，1 份测试脚本实现了 2 种用途，大大减少了测试脚本开发的工作量；最后，JMeter 是开源工具，特别适合放在交付流水线工具链上使用。

1. 创建性能测试脚本

（1）在 JMeter 中创建性能测试脚本，包括登录（Login）、查询商品（Search）和退出

（LogOut）3 个脚本。

（2）确保性能测试脚本可以在不同的环境中使用，如性能测试环境、CI/CD 环境、准生产环境等。

（3）将线程数（Number of Threads）、爬坡时间（Ramp-Up Period）和运行时长（Duration）设置为参数，在实际运行时通过 Jenkins 传参赋值。JMeter 测试用例配置界面如图 7-5 所示。

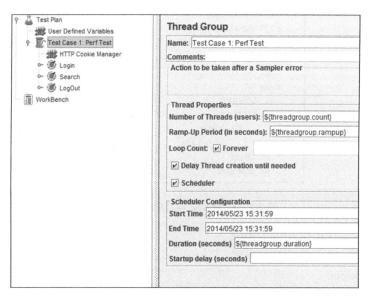

图 7-5　JMeter 测试用例配置界面

（4）在独立模式下，通过用户自定义变量（User Defined Variables）设置线程数为 1，爬坡时间 1 秒，运行时长 5 秒，配置如图 7-6 所示。

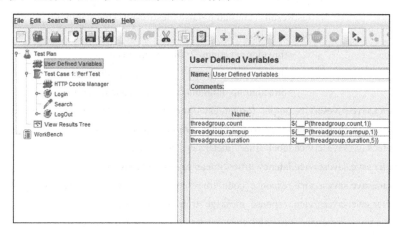

图 7-6　用户自定义变量配置

2. 通过 Maven 运行 JMeter

在 eclipse 中创建一个简单的 Maven 项目并配置 JMeter，如图 7-7 所示。

（1）在 src/test 目录下创建一个 jmeter 目录。
（2）将 JMeter 中的 tag.jmx 文件拷贝到 src/test/jmeter 目录下。
（3）将 bin 目录下的 report-template 和 reportgenerator.properties 移至 src/test/resources 目录下。

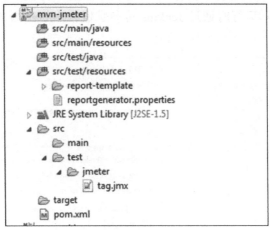

图 7-7　在 Maven 项目中配置 JMeter

（4）在 pom.xml 中添加以下内容。

```xml
<build>
    <plugins>
        <plugin>
            <groupId>com.lazerycode.jmeter</groupId>
            <artifactId>jmeter-maven-plugin</artifactId>
            <version>2.0.3</version>
            <configuration>
                <testResultsTimestamp>false</testResultsTimestamp>
                <propertiesUser>
                    <threadgroup.count>2</threadgroup.count>
                    <threadgroup.rampup>2</threadgroup.rampup>
                    <threadgroup.duration>5</threadgroup.duration>
<jmeter.save.saveservice.output_format>csv</jmeter.save.saveservice.output_format>
<jmeter.save.saveservice.bytes>true</jmeter.save.saveservice.bytes>
<jmeter.save.saveservice.label>true</jmeter.save.saveservice.label>
<jmeter.save.saveservice.latency>true</jmeter.save.saveservice.latency>
<jmeter.save.saveservice.response_code>true</jmeter.save.saveservice.response_code>
<jmeter.save.saveservice.response_message>true</jmeter.save.saveservice.response_message>
<jmeter.save.saveservice.successful>true</jmeter.save.saveservice.successful>
<jmeter.save.saveservice.thread_counts>true</jmeter.save.saveservice.thread_counts>
<jmeter.save.saveservice.thread_name>true</jmeter.save.saveservice.thread_name>
<jmeter.save.saveservice.time>true</jmeter.save.saveservice.time>
                </propertiesUser>
            </configuration>
```

```xml
<executions>
    <execution>
        <id>jmeter-tests</id>
        <phase>verify</phase>
        <goals>
            <goal>jmeter</goal>
        </goals>
    </execution>
</executions>
</plugin>
<plugin>
    <artifactId>maven-antrun-plugin</artifactId>
    <executions>
        <execution>
            <phase>pre-site</phase>
            <configuration>
                <tasks>
                    <mkdir dir="${basedir}/target/jmeter/results/dashboard" />
                    <copy file="${basedir}/src/test/resources/reportgenerator.properties"
                          tofile="${basedir}/target/jmeter/bin/reportgenerator.properties" />
                    <copy todir="${basedir}/target/jmeter/bin/report-template">
                        <fileset dir="${basedir}/src/test/resources/report-template" />
                    </copy>
                    <java jar="${basedir}/target/jmeter/bin/ApacheJMeter-3.0.jar" fork="true">
                        <arg value="-g" />
                        <arg value="${basedir}/target/jmeter/results/*.jtl" />
                        <arg value="-o" />
                        <arg value="${basedir}/target/jmeter/results/dashboard/" />
                    </java>
                </tasks>
            </configuration>
            <goals>
                <goal>run</goal>
            </goals>
        </execution>
    </executions>
</plugin>
</plugins>
</build>
```

（5）使用 jmeter-maven-plugin 来执行 JMeter 测试。不必在远程机器中下载和安装 JMeter，只要安装了 Maven 就可以运行。检查 Maven 插件的配置部分，查看传递给 JMeter

测试的"运行时"(Run on)属性。

(6) 从 JMeter v3.0 版本开始,JMeter 就为非 GUI 测试创建了一个非常好的 HTML 仪表板。因为 Maven 具有标准的文件夹结构,所以不能像使用 Ant 那样在运行时自主创建文件夹。不过,Maven 有一个 antrun 插件,能够帮助创建自定义文件夹。

此时配置基本完成,接下来可以使用 mvn clean verify 运行 JMeter 测试,结果显示测试执行成功,如图 7-8 所示。

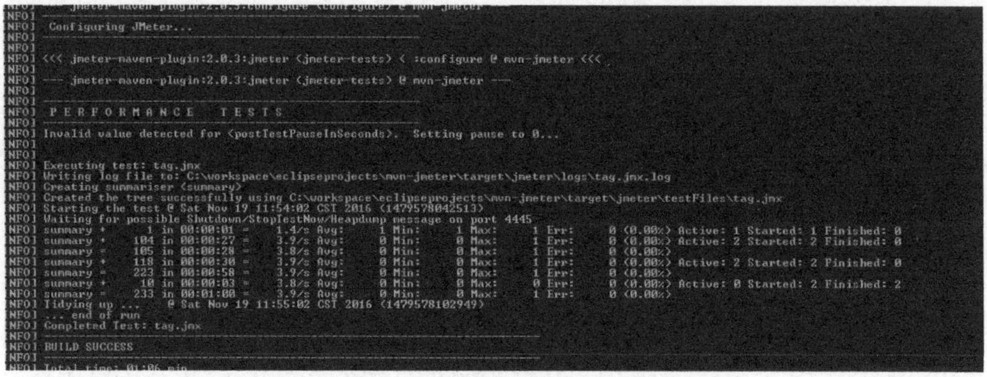

图 7-8　JMeter 测试执行成功

3. 创建 HTML 格式的仪表板及测试报告

使用 maven-antrun-plugin 创建一个自定义文件夹和新的 HTML 仪表板,执行 mvn pre-site 得到 HTML 版的 JMeter 测试报告,如图 7-9 所示。报告和图表将被创建在 target\jmeter\results\dashboard 目录下。

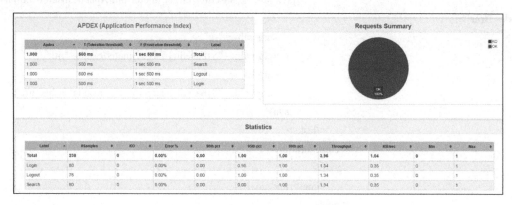

图 7-9　HTML 版的 JMeter 测试报告

使用 jmeter-maven-plugin 即可运行 JMeter 测试。每当我们构建新的工件时,也可以执行 JMeter 测试得到关于应用程序功能和性能行为的即时反馈。

7.2 安全测试

7.2.1 安全威胁的类型

安全与整个社会息息相关，大到一个国家的国防安全，小到一家企业的企业安全，甚至个人的信息安全，都非常重要。安全在近几年是非常热门的话题，原因是企业不断出现安全问题，导致用户隐私泄露，吸引了很多眼球。一般来说，被利用的安全漏洞可以分为以下 8 种。

1. 特权提升

特权提升是一种黑客利用其在系统上的账户将自身的系统特权提升到本不应该拥有的更高级别的攻击。如果攻击成功，黑客可能会获得 UNIX 操作系统上的最高 root 权限。一旦黑客获得这种超级用户权限，就可以使用这种权限运行代码，进而影响整个操作系统。

2. SQL 注入

SQL 注入是黑客使用的最常见的应用层攻击技术。通过使用这种技术，恶意的 SQL 语句被插入一个输入字段中并被执行。SQL 注入的威胁性很大，因为攻击者可以从服务器的数据库中获取关键信息，这是一种黑客利用 Web 应用程序实现中的漏洞来攻击系统的攻击类型。所以，必须要检查 SQL 注入，同时必须处理输入字段，如文本框、注释等。为了防止注入恶意的 SQL 语句，应该正确处理或跳过输入字段中的特殊字符。

3. 未经授权的数据访问

未经授权就访问应用程序中的数据是一种比较流行的攻击类型，黑客在服务器或网络上就可以访问数据。未经授权的数据访问包括：
- 未经授权就通过数据获取操作访问数据。
- 通过监视他人的访问，对可重用客户端身份验证信息进行未经授权的访问。
- 通过监视他人的访问，对数据进行未经授权的访问。

4. URL 操纵

URL 操纵是指黑客操纵网站的 URL 查询字符串和获取重要信息的过程，当应用程序使用 HTTP GET 方法在客户端和服务器之间传递信息时，就会发生这种情况。信息通过查询字符串中的参数传递，测试人员可以通过修改查询字符串中的某个参数值检查服务器是否接受这个信息。

5. 拒绝服务攻击

拒绝服务攻击（Denial-of-Service，DoS）是一种使计算机或网络资源对其合法用户不可用的显式攻击，应用程序也可能因受到此类攻击而无法使用，甚至有时整个计算机都无法使用。

6. 数据操纵

在数据操纵中，黑客通过更改网站使用的数据获利或使网站所有者难堪。黑客通常会访问 HTML 页面，并将页面上的信息更改为诱导用户损失利益的信息（如更改支付信息），或者更改为具有讽刺、谩骂性质的内容。

7. 身份欺骗

身份欺骗是黑客利用合法用户或设备的凭据对网络主机发起攻击、窃取数据或绕过其访问限制的技术。如果想要缓解此类攻击，需要借助 IT 基础设施和采取网络级的措施。

8. XSS（跨站点脚本）

跨站点脚本（Cross-Site Scripting）简称为 XSS，是在 Web 应用程序中发现的一种计算机安全漏洞。XSS 允许攻击者将客户端脚本注入其他用户查看的 Web 页面并诱使用户点击该页面的 URL。一旦其他用户使用浏览器执行了这个操作，这些代码就可以执行一些操作，如完全改变用户在网站的行为、窃取用户个人数据或代表用户执行操作。

以上列出的是最常见的安全威胁类型，需要注意的是，这并不是全部类型，我们仍然要时刻保持安全防范意识。国际非营利安全组织 OWASP（Open Web Application Security Project）每隔几年就会发布最新的前 10 名针对 Web 应用程序进行攻击的方式，测试人员可以对此持续关注并提高安全防范意识。

7.2.2 安全测试的定义与分类

安全测试是一个揭示信息系统安全机制缺陷的过程，其保护数据的安全并按照预期维护系统功能。由于安全测试存在一定的逻辑限制，通过安全测试并不意味着不存在缺陷或系统充分满足安全需求。

典型的安全需求包括机密性、完整性、身份验证、可用性、授权和不可抵赖性等。测试的实际安全需求取决于系统实现的安全需求。安全测试作为一个术语拥有许多不同的含义，可以通过多种不同的方式完成，其目标是识别系统存在的威胁并检测其潜在漏洞，使系统不会因此停止运行或被利用。同时，安全测试还有助于检测系统中所有可能存在的安全风险，促使开发人员通过编码进行修复。

根据业内普遍认可的《开源安全测试方法手册》，安全测试可以分为以下 7 类。

（1）漏洞扫描：通过自动软件扫描已知签名漏洞的系统来完成。

（2）安全扫描：包括识别网络和系统的弱点，以及它们可能带来的风险，同时提供降低这些风险的解决方案。该扫描可通过手动和自动的方式执行。

（3）渗透测试：这种测试会模拟来自恶意黑客的攻击，其可用来对特定系统进行分析，以检查是否存在外部黑客可利用的潜在漏洞。

（4）风险评估：这种测试包括对组织中观察到的安全风险进行分析。风险评估将风险分为低、中、高3种，同时给出建议采取的控制措施，以此降低风险。

（5）安全审计：对应用程序和操作系统的内部进行检查，以发现其安全缺陷。安全审计也可以通过逐行检查代码的方式完成。

（6）道德黑客：也被称为"渗透测试"或"白帽黑客"，是一个入侵系统或网络的过程，其目的是找出恶意攻击者可利用的恶意软件样本和漏洞，避免造成数据丢失，防止造成重大损失。不同于恶意黑客为了自己的利益而"偷窃"，道德黑客是获得了授权方的许可来执行黑客攻击的，其攻击目的是暴露系统的安全缺陷。

（7）态势评估：其结合安全扫描、道德黑客和风险评估显示组织的整体安全态势。

7.2.3　安全测试技术介绍

1. 访问应用程序

无论是桌面应用程序还是网站，访问安全都是通过对角色和权限进行管理来实现的。例如，在医院管理系统中，接待员最不关心实验室测试，因为他的工作就是为病人登记并为他们预约医生，所有与实验室测试相关的菜单、表格和屏幕都不应该被接待员这一角色访问。因此，角色和权限的正确匹配将保证访问的安全性。

如何测试角色与权限：为了测试这一点，应该对所有角色和其拥有的权限进行彻底测试。测试人员应该创建多个具有不同角色的用户账户，然后使用这些账户访问应用程序，验证每个角色是否只能访问开放给自己的模块、屏幕、表单和菜单。如果测试人员发现角色与权限存在冲突，应该自信地记录安全问题。对角色和权限的测试也可以理解为身份验证（Authentication，你是谁）和授权测试（Authorization，你能做什么）。

所以，测试人员需要对不同的用户进行身份验证和授权测试。身份验证测试包括对密码质量规则的测试、对默认登录的测试、对密码恢复的测试、对验证码的测试、对注销功能的测试、对密码更改的测试、对安全问题/答案的测试等。同理，授权测试包括路径遍历测试、缺失授权测试、水平访问控制问题测试等。

2. 数据保护

数据安全包含以下三个方面。

第一个方面是用户只能查看或使用其应该使用的数据，角色和权限管理也是为了确保这一点，例如，一家公司的电话销售员可以查看产品可用库存，但是不能查看为生产该产品购买了多少原材料。

第二个方面与如何在数据库中存储数据有关，所有的敏感数据都必须通过加密的方式保证安全，特别是对于如用户账户的密码、信用卡号或其他关键业务信息等敏感数据来说，加密应该是强大的。

第三个方面是对第二个方面的延伸，当存在敏感或业务关键型数据流时，开发人员必须采取适当的安全措施，无论该数据是在同一应用程序的不同模块之间流动，还是传输到不同的应用程序上，都必须对其进行加密，以保证其安全性。

如何保护测试数据：测试人员应查询数据库中用户账户的密码、客户的账单信息、其他业务关键数据和敏感数据，并且确认这些数据都以加密的形式保存在数据库中。测试人员还要验证这些数据必须经过适当加密，才能在不同的表单或屏幕之间传输。此外，测试人员应确保加密的数据已被接收方正确解密，还应验证当信息在客户端和服务器之间传输时，Web 浏览器的地址栏中的 URL 难以被解读出来。如果上述验证中的任何一个失败了，那么应用程序肯定存在安全缺陷。

不安全的随机机制作为应用程序脆弱性的一种表现也需要进行检验。除了测试数据加密，测试数据保护的另一种方法是检查弱算法的使用情况，例如，由于 HTTP 是明文协议，如果用户凭证一类的敏感数据通过 HTTP 传输，就会使应用程序存在一定的安全风险。敏感数据应该通过 HTTPS 传输，而非 HTTP。但 HTTPS 增加了攻击面，因此，还应该测试服务器配置是否正确，并且确保证书的有效性。

3. 蛮力攻击

蛮力攻击主要通过一些软件工具完成，其原理是借助有效的用户账户软件工具尝试通过一次又一次地登录来猜测对应的密码。

针对此类攻击，一个简单且安全的应对方法是将账户锁定一段时间，就像 iPhone 在解锁时，如果连续数次输入错误密码，那么该账户就会被锁定一段时间。

如何测试蛮力攻击：测试人员必须验证某些账户的锁定机制可用且正确运转。测试人员必须交替尝试使用无效的用户账户及密码登录，以确保在连续尝试后应用程序会阻塞账户。如果应用程序可以实现这一点，就不会受到蛮力攻击，否则测试人员必须报告这个安全漏洞。

以上 3 点应同时考虑基于 Web 的应用程序和桌面应用程序，而以下 5 点仅与基于 Web 的应用程序有关。

4. SQL 注入和 XSS

从概念上来说，SQL 注入与 XSS 这 2 种方法具有相似之处，因此放在一起讨论。在这 2 种方法中，黑客都使用恶意脚本来操纵网站。

以下方法可以避免这 2 类的攻击。对于网站的所有输入字段，字段长度应该被定义得足够小，以限制任何脚本的输入，例如，一个名字的字段长度应该是 30 而不是 255。可能确实会存在一些字段需要大量数据输入，那么这些字段应该在输入数据保存到应用程序之前就进行适当验证。此外，在这些字段中不能包含任何 HTML 标记或脚本标记。同时，为了防止 XSS 攻击，应用程序应该放弃来自未知或不受信任的应用程序的脚本重定向。

如何测试 SQL 注入和 XSS：测试人员必须定义并实现所有输入字段的最大长度，并且应该确保定义的输入字段长度无法添加任何脚本标记，这 2 项约束都很容易实现。例如，"Name" 字段的指定最大长度为 20，通过输入字符串 "<p>thequickbrownfoxjump soverthelazydog"可以验证这 2 个约束。

测试人员还应该确认应用程序不支持匿名访问。如果应用程序存在上述任何漏洞，就会处于危险之中。

5. 服务接入点（密封、安全开启）

企业之间会相互协作，应用程序之间也同样如此，网站之间更不例外。在这种情况下，协作双方都应该为对方定义和发布一些服务接入点。不过，对于一些基于 Web 的 To C 产品，如淘宝网，事情就不那么简单了。当拥有大量目标用户时，服务接入点应该足够开放，可以为所有用户提供便利，能够满足所有用户的需求，并且足够安全，可以应对任何安全测试。

如何测试服务接入点：以淘宝网为例，其用户应该能够获取商品列表、商品详情信息、价格和评论等数据，这要求淘宝网应该足够开放。通过安全机制，淘宝网应可为潜在消费者的自由下单、付款购买提供便利，同时这些交易数据必须免受任何黑客攻击。此外，大量用户会同时与淘宝网交互，因此淘宝网应该提供足够的服务接入点来满足所有用户的需求。

不过，在某些情况下，服务接入点可能会被密封，以防止无关的应用程序或人员访问，这取决于应用程序及其用户的业务领域。例如，一个基于 Web 的自定义办公管理系统可以根据 IP 地址信息拒绝与该应用程序有效 IP 范围外的所有其他系统连接。测试人员必须确保对应用程序的所有网络内访问都是由受信任的应用程序、机器（IPs）和用户进行的。为了验证应用程序开放的服务接入点足够安全，测试人员必须尝试从具有可信和不可信 IP 地址的不同机器上对其进行访问，从而对应用程序的安全建立良好的信心。

6. 会话管理

Web 会话是链接相同用户的 HTTP 请求和响应事务的序列，会话管理测试则是检测在 Web 应用程序中如何处理会话管理，测试人员可以测试特定空闲时间后的会话过期、最大生存期后的会话终止、注销后的会话终止，检查会话 Cookie 范围和持续时间，以及测试单个用户是否可以拥有多个并发会话等。

7. 错误处理

错误处理测试包括检查错误代码和检查堆栈跟踪。

（1）检查错误代码：例如，测试应用程序返回的错误信息为 408 请求超时、400 错误请求、404 未找到等。如果想要测试这些错误，需要先向页面发出一些请求，以便应用程序的服务端能够返回这些错误代码。错误代码将与详细信息一起返回，在这些详细信息中不应包含任何可被黑客利用的关键信息。

（2）检查堆栈跟踪：其基本上是为应用程序提供一些异常输入，以返回包含堆栈跟踪的错误信息，其中可能包含令黑客感兴趣的信息。

8. 有风险的特定功能

两个主要的具有风险的功能是支付和文件上传，这些功能应该受到严格测试。针对文件上传，需要测试应用程序是否限制了任何不想要的或恶意的文件上传；针对支付，需要主要测试注入漏洞、不安全的密码存储、缓冲区溢出、密码猜测等。

7.2.4 常见 Web 应用系统安全测试工具

如表 7-1 所示为常见的 Web 应用系统安全测试工具。

表 7-1 常见的 Web 应用系统安全测试工具

类型	工具	适用场景	是否收费
静态扫描工具	Fortify	支持大部分语言	收费
	Checkmarx	支持大部分语言	收费
	Flawfinder	支持 C/C++	免费
静态扫描工具	LAPSE+	支持 Java	免费
	Brakeman	支持 Ruby on Rails	免费
动态代码扫描工具	ZAP	通用 Web 应用漏洞	免费
	SQLMap	SQL 注入	免费
	Burp Suite	通用 Web 应用漏洞	收费
	N-Stalker	通用 Web 应用漏洞	收费
依赖扫描工具	OWASP Dependency-Check	NVD 和 CVE	免费
	Victims	CVE 和 Redhat	免费/收费

7.2.5 敏捷 Web 安全测试实例[1]

由于安全测试的范围很广，并且最近这几年 Web 应用系统逐渐成为主流，本节将内容聚焦于 Web 安全测试。

Web 应用程序存在很多的安全问题，针对于此，全球范围内的有志之士成立了 OWASP 组织，致力于普及各种 Web 应用程序的安全问题，以及传播如何有针对性地扫描、防御等知识。虽然 OWASP 提供了较为丰富的安全知识，但是很多开发团队没有对此充分利用，多种原因导致当前中国互联网上的众多 Web 应用程序存在大量安全问题。

面对当前如此复杂和危险的互联网环境，如果一个在线金融系统（如网银）存在安全问题，而系统管理员又没有及时发现安全问题并修复，那么时间越久，攻击者对其利用的程度越高，系统遭受的损失越大。这些安全问题可能来自系统自身的业务设计或编码过程，也可能来自所依赖的第三方组件或服务存在的安全问题。对于一些金融系统来说，修复安全问题哪怕只晚几个小时，所造成的损失也可能是巨大的。如果不及时发现系统的安全问题并修复，那么系统开发成本和系统带来的损失随着时间的推移可能会呈现指数级增长。所以，尽早发现安全问题并修复是节省成本和避免损失的有效方法。

而提及 Web 应用程序，当前许多企业只会在其上线或发布前才进行一次渗透测试，其流程图如图 7-10 所示。

---

[1] 本节内容由刘冉提供。

第 7 章 敏捷非功能性测试实践

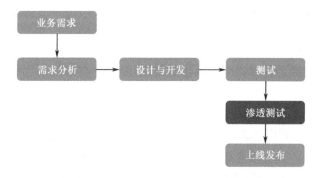

图 7-10 发布前才进行渗透测试的流程图

这种一次性的测试方式存在很多问题,并且其结果的有效性很难得到保证,如果测试时发现了问题,上线发布时间可能会被严重拖延。为了避免出现上述情况,可以引入内建安全流程(Build Security In,BSI),其示意图如图 7-11 所示。

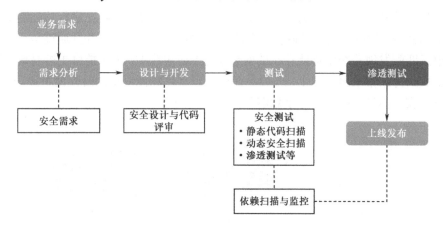

图 7-11 引入内建安全流程(BSI)的示意图

其中,自动化的静态代码扫描、动态安全扫描,以及依赖扫描与监控等安全测试都比较容易在持续集成中实现,如图 7-12 所示为加入安全测试后的持续集成。

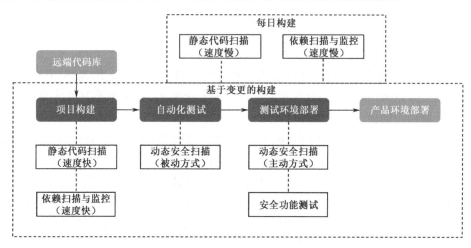

图 7-12 加入安全测试后的持续集成

1.3 种可被集成到流水线的安全测试介绍

（1）静态代码扫描。

利用静态代码扫描工具对代码在编译之前进行扫描，并在静态代码层面发现各种问题，如安全问题。

（2）动态安全扫描。

在系统部署之后，利用动态安全扫描工具对运行中的系统进行安全扫描。动态安全扫描一般分为2种类型：主动扫描和被动扫描。

主动扫描首先要给定需要扫描的系统地址，扫描工具通过某种方式访问这个地址，如使用各种已知漏洞模型进行访问，并且根据系统返回的结果判定系统存在哪些漏洞；或者在访问请求中嵌入各种随机数据，进行一些简单的渗透测试和弱口令测试等。对于一些业务流程比较复杂的系统，主动扫描并不适用，如一个需要登录和填写大量表单的支付系统就需要使用被动扫描。

被动扫描的基本原理就是将扫描工具设置为一个代理服务器，在进行功能测试时可以通过其访问系统，扫描工具可以截获所有的交互数据并进行分析，并且通过与已知安全漏洞进行模式匹配发现系统中可能存在的安全缺陷。在实践中，为了能够更容易地把动态安全扫描集成到持续集成服务器上，一般会在运行自动化功能测试的时候使用被动扫描，从而实现持续安全扫描，被动扫描示意图如图7-13所示。

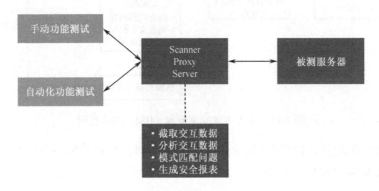

图7-13 被动扫描示意图

（3）依赖扫描与监控。

虽然使用自动扫描工具可以发现大部分基本的Web安全漏洞，如XSS、CSRF等，但是不能发现业务逻辑、身份认证及权限验证等相关安全漏洞，如果想要发现这类安全漏洞，那么需要开发相应的自动化功能测试。

由于当前系统依赖的第三方库和框架越来越多、越来越复杂，如SSL、Spring、Rails、Hibernate、.Net，以及各种第三方认证系统等，所以在系统开发时，一般在选定某个版本后很长一段时间都不会更新，因为更新的成本一般都比较高。但是，往往这些依赖为了添加新的功能和修复各种当前的问题——当然包括安全问题，会经常更新。开源项目的安全漏洞只要被发现，通常都会被公布到网上，如CVE、CWE、乌云网（WooYun）等，导致很多黑客都可能利用它攻击使用这些依赖的系统。

第 7 章 敏捷非功能性测试实践

依赖扫描与监控就是扫描当前 Web 应用程序使用的所有第三方依赖，并将扫描结果与网上公布的安全漏洞库进行比较，如果发现当前某个第三方依赖存在某种危险级别的漏洞，就立即发出警告（如阻止持续集成服务器编译成功等）通知开发人员或系统管理员，使其在最短的时间内修复这个问题，防止遭受攻击，减少或避免损失。依赖扫描与监控如图 7-14 所示。

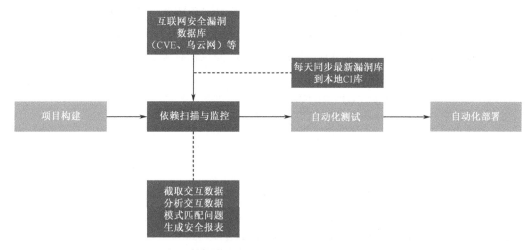

图 7-14　依赖扫描与监控

2. 安全测试持续集成流水线的搭建

将上述 3 种类型的自动化安全扫描实践集成到持续集成服务器中，就可以实现对系统的持续安全扫描，如图 7-15 所示。

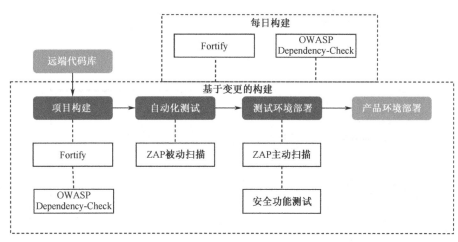

图 7-15　持续安全扫描

安全测试持续集成流水线的构建分为 3 步，本节将以 Jenkins 为例，介绍安全测试持续集成流水线的搭建方法。

（1）在项目构建阶段进行依赖扫描与监控。

对项目使用的依赖进行安全扫描和监控是非常必要的，而将这一过程自动化能够进一步加强它的效果。下面以 OWASP Dependency-Check 为例，介绍如何在项目构建阶段进行依赖扫描和监控。OWASP Dependency-Check 是一款开源免费的自动化依赖扫描工具，由 OWASP 开发并维护，使用 NVD 和 CVE 作为漏洞数据源，可以自动识别依赖并扫描其是否存在安全问题。OWASP Dependency-Check 支持 Shell 脚本并提供 Ant 插件、Maven 插件和 Jenkins 插件。

以 Maven 插件为例，首先在 pom.xml 文件中添加这个插件，其次使用 Maven 插件对项目进行构建，OWASP Dependency-Check 会自动识别项目的依赖（包括间接依赖），对其进行安全扫描并生成报告，在 Jenkins 中运行扫描，并且保存安全报告的配置，如图 7-16 所示。

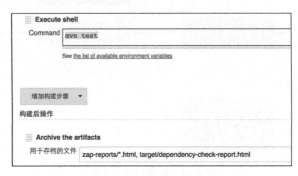

图 7-16　Jenkins 中的安全报告配置

如图 7-17 所示为依赖扫描报告示例，其中列出了 commons-fileupload 和 Struts2 两个依赖存在安全漏洞及其严重程度等信息。

图 7-17　依赖扫描报告示例

如果项目没有使用 Maven 插件，OWASP Dependency-Check 还可以提供 Jenkins 插件，同样可以实现对依赖的扫描，但这种方式需要明确指定所需扫描依赖的目录或文件名，Jenkins 中的依赖扫描配置如图 7-18 所示。

第 7 章 敏捷非功能性测试实践

图 7-18　Jenkins 中的依赖扫描配置

OWASP Dependency-Check 以自动化的方式对项目的依赖进行扫描，极大地降低了人力成本、提高了效率。不过，目前其仅能扫描 Java 和 .Net 项目的依赖，针对 Node.js、客户端 JavaScript 库的支持还处于计划阶段。另外，目前其不提供适用于 Gradle 的插件，如果项目使用的是 Gradle，那么只能通过命令行来运行。

（2）在自动化测试阶段进行被动方式的动态安全扫描。

针对 Web 应用程序的安全扫描工具非常多，其中 OWASP ZAP（以下简称为"ZAP"）是免费软件中最常用的。虽然官方没有提供相应的方案与持续集成流水线进行集成，但是存在一些第三方的开源工具可以帮助其集成。下面以 Gradle 项目为例，介绍如何在持续集成自动化测试阶段集成 ZAP，并且进行被动方式的动态安全扫描。

第 1 步：下载并安装 ZAP。

第 2 步：在 Gradle 项目中构建脚本并配置 security-zap 插件，用以集成 ZAP。

第 3 步：配置 WebDriver，为其设置代理。在默认的配置下，security-zap 插件在启动 ZAP 之后，ZAP 会侦听本地 7070 端口，因此需要将 WebDriver 的代理设置为 localhost:7070。

第 4 步：启动 ZAP 并运行测试。使用 gradle zapStart build-Dzap.proxy=localhost:7070 命令启动 ZAP，使用 build 运行一次程序构建，在运行所有测试的同时进行被动扫描。

第 5 步：生成安全扫描报告。在所有测试都执行完毕后，使用 gradle zapReport 命令生成安全扫描报告，Gradle 会在项目的根目录下新建一个名为 zap-reports 的目录并将安全扫描报告放置其中。如图 7-19 所示为一份

图 7-19　ZAP 的安全扫描报告示例

ZAP 的安全扫描报告示例，它列出了所测试的 Web 应用程序存在的安全漏洞，并且按照严重程度及类别进行了统计，其中包含每个安全漏洞的细节信息。

第 6 步：执行 gradle zapStop 命令，关闭 ZAP。

第 7 步：Jenkins 集成。可参考图 7-20 进行 Jenkins 的集成配置。

图 7-20　Jenkins 的集成配置

（3）在测试环境部署阶段进行主动方式的动态安全扫描。

继续以 Gradle 项目和 ZAP 为例，在安装好 ZAP 并在构建脚本中配置好 security-zap 插件后（同上一阶段的第 1 步、第 2 步），使用 zapStart 和 gradle zapStart zapScan 命令就可以启动主动方式的动态安全扫描（主动扫描）。

主动扫描的检查能力更强，可以弥补被动扫描的不足，但缺点是耗时长，以及在扫描需要进行身份验证的系统时操作较为复杂。在默认配置下启动主动扫描后，security-zap 插件会主动检测扫描进度，默认扫描等待时间为 60 分钟。如果主动安全扫描的执行时间超过了默认的时间，security-zap 插件会因为超时而终止运行。不过，ZAP 安全扫描并不会因此停止，其还将继续运行，直到完成所有的安全扫描。如果想要了解当前的扫描进度，那么可以通过使用 gradle zapScanStatus 命令查询。

在扫描完成后，运行 gradle zapReport zapStop 命令生成安全扫描报告，并且关闭 ZAP。

自动化持续 Web 动态安全扫描是一个复杂的课题，其扫描效果在很大程度上依赖自动化 Web 安全扫描工具本身的能力。当前，绝大部分 Web 安全扫描工具不能发现所有的安全问题，就算是"OWASP Top10"也无法将其全部扫描出来，但可以在较小投入的情况下持续发现大部分 Web 应用程序存在的基础安全问题，从而阻止来自几乎所有初级和大部分中级黑客的攻击。如果需要更高级别的安全保障，那么人工渗透测试和威胁建模等必不可少，但是成本也相对较高。所以，对于 Web 应用程序的安全，首先要分析 Web 应用程序的安全需求和可用资源，在资源有限的情况下应首选实施自动化持续安全扫描。如果 Web 应用程序的安全需求较高，那么在资源允许的情况下，可以再增加人工渗透测试等，从而获得安全上的最高投资回报率。

7.3 可用性测试

7.3.1 可用性原则

可用性是应用程序为用户提供安全、有效、高效使用其功能的条件，同时使其用户获得较好的用户体验的能力。无论应用程序是哪种类型，都应该努力满足以下 7 条基本原则，为用户带来较好的体验。

（1）简单的应用程序设计。

将应用程序设计得简单易用，减少来自外部的"噪声"，使用户能专注完成他们的操作。同时，保持文本内容简洁并遵循一定页面元素布局逻辑，使用户可以不需要借助外力帮助就能完成任务。

（2）了解用户并使用他们的语言。

应用程序在设计和说明时应该使用用户常用的单词、短语和概念，不要使用面向系统的语言。

（3）一致性。

应用程序在设计时应使所有页面的"外观和风格"保持一致，以增加其易学性、记忆性和用户的主观满意度。一个应用程序的设计思路也应该符合常用的心智模型，如一个面向用户张开手掌的图标意为"停止"。其常用图标或符号也应与其他应用程序保持一致，例如，网址下方若出现蓝色下画线，则表示这是一个超链接。

（4）有效且易用。

有效且易用的应用程序能够清楚地展示出其可提供的内容或功能，同时告知用户访问和使用的方法与途径，如提供快捷方式说明，帮助访问者或用户快速完成其使用目标。该应用程序的性能设计应有助于增强用户体验，如页面可快速加载、损坏的图像可及时消除、脚本和链接可及时修复等。

（5）吸引人的用户体验。

用户在使用应用程序时应能感到舒适。容易完成的操作会使用户产生信心和满足感，而吸引人的体验是一种主观感受，其中涵盖了交互式、快速、简单、难忘、高效、符合预期、直观、可理解和亲切感等多重要素。

（6）支持用户并提供反馈。

用户应该始终了解自己在与产品交互的过程中发生了什么，其操作步骤应该被清楚地记录下来，这样，如果用户在操作时遇到困难，应用程序就可以提供用户支持，同时使用户能够较容易地访问帮助文档。

（7）提供清晰的导航结构。

应用程序应为用户提供清晰的导航，使用户通过回顾自己的操作路径回答如"我在哪里？""我从哪里来？""我能从这儿去到哪里？"等问题。当用户在应用程序的不同部分之间切换时，他们应该有一种控制感。

对应用程序进行有效的可用性测试，若其无法满足上述原则，则证明其存在缺陷。

7.3.2 可用性测试的定义

可用性测试（Usability Test）十分有效，测试人员通过测试可以在更结构化和更可控的环境中获得用户关于应用程序可用性的反馈，从而提高应用程序的可用性。可用性测试的测试参与者应该能够代表真正的用户，因为应用程序或用户界面是为服务他们的使用而设计的。

可用性测试有多种测试技术形式，从卡片分类到测试站点的信息架构，再到用户与模拟应用程序交互的高保真原型。

在可用性测试中，测试人员将观察并捕捉用户与应用程序交互的细节，如他们对应用程序的口头评论和操作行为，并将这些观察结果记录下来。然后分析这些观察结果，并以此为依据分析应用程序的可用性及存在的问题，给出解决这些问题的建议。

用户通过用户界面与应用程序实现交互。用户界面的类型有很多种，如条形码阅读器、电话短信传递系统、表单、报告、触摸屏、Web 页面等。在针对不同的用户界面进行可用性测试时，应设置不同的侧重点，但进行可用性测试的过程基本相同，这与选用何种测试技术无关。

7.3.3 可用性测试的价值

可用性测试能够暴露应用程序在支持用户方面所存在的问题，包括功能问题、用户界面问题等。用户界面设计人员可以使用最新的技术设计出最美观、最复杂的应用程序，满足所有确定的功能需求，但是，如果应用程序不能做到简单易用，那么这些工作就没有价值。需要注意的是，用户才是决定应用程序是否易于使用的人，而不是设计人员或开发人员。可用性测试允许设计人员和开发人员观察并留意真实用户与用户界面的交互行为，这可以为增强或修复应用程序的设计提供帮助。

在应用程序的设计和开发初期就引入可用性测试无疑是最有效的。初期实现的可用性度量越多，可用性方面的问题解决得越早，在以后的可用性测试或完成的应用程序中出现的问题就越少。通过可用性测试尽早发现并解决缺陷可以节省时间和金钱，有助于创建功能强大的应用程序。

由于项目经常面临尽快部署应用程序的压力，为了节省时间并提高效率，有时可用性测试会被直接忽略，有时会等到应用程序完成部署后才进行，这可能导致应用程序需要针对现有版本进行额外的更新和维护，才能修复其可用性问题。

执行可用性测试需要花费额外的时间与资金，增加了应用程序的开发成本，但其所产生的价值远大于成本。当为客户开发应用程序时，如果需要进行可用性测试，可通过向客户解释能从中获得的价值来说服他们，如增加销售、提高声誉、减少用户培训需求、提升客户忠诚度、提高生产率等。

如果不进行可用性测试,日后可能需要投入更多的资金与资源来解决出现的问题、培训用户,以及提供售后支持。因此,应用程序在部署前一定要进行可用性测试,如果部署后再由数百万用户进行"测试",届时所付出的代价可能是巨大的。

可用性测试为创建应用程序的人员(设计人员和开发人员)与用户建立了联系,这通常会改变他们对用户的看法,因为看到用户在使用应用程序时在各种"困境"中"挣扎"会非常痛苦,而可用性测试可以帮助他们改进设计和开发过程,从而为用户创建更好用的应用程序。

7.3.4　可用性测试技术

根据不同的实际情况可以选用不同的可用性测试技术。

1. 卡片分类

为用户提供一张卡片,要求其按照一定的逻辑分类卡片上的内容并打上标签,然后要求用户为分类所依据的逻辑类别也总结一个标签。例如,用户可以将标签为"苹果""香蕉"和"葡萄"的卡片归入标签为"水果"的逻辑类别。

在分析和初期设计的过程中,卡片分类非常适用于确定内容的信息架构。

2. 结构化评估

结构化评估测试的是应用程序在设计初期的信息架构(架构设计以卡片分类结果为依据),用户可使用预定义的导航选项在架构中查找特定的内容块。例如,用户收到一张写着"公司地址"的卡片,那么他们就会以"公司信息"为关键词在导航提供的选项列表中查找地址。

在初期设计阶段,结构化评估可用于验证为应用程序设计的信息架构。

3. 低保真测试

在进行低保真测试时,用户与以 Visio、PowerPoint 或基本 HTML 等形式呈现的应用程序的线框图进行交互,可将线框图视为一个完全运行的站点,此时由于应用程序在视觉设计(颜色和图形)上的主观性已被移除,用户将会更加专注于测试。

因为低保真测试的迭代是低成本但高效的,所以可以将低保真测试贯穿应用程序的整体设计活动。

4. 高保真测试

高保真测试的开展方式与低保真测试相似。在这些测试中,因为被测应用程序包含图形、颜色等,并且用户可以与之完全交互,所以被测应用程序模拟的是实时版本。高保真测试通常在设计的最后阶段进行,以在将设计发送给开发团队之前识别剩余的可用性问题。高保真测试也常应用于分析当前版本的应用程序,以确定下一个版本的功能和可用性需求。

7.3.5 可用性测试实验室

可用性测试可以在正式的实验室或临时创建的实验室中进行,实验室将被划分为以下3个区域。

(1)测试区域。

测试区域是一个隔离区域,其存在是为了给测试参与者和主持人留出足够的空间。通常,设置测试区域是为了模拟用户与应用程序交互的环境。

(2)观察区域。

观察区域是一个独立区域,通常观察员会身处此区域,通过单向镜或闭路视频查看测试过程。如果观察员没有单独的观察区域,那么可以待在测试区域中。

(3)询问区域。

询问区域是在对测试参与者进行测试资格评估之前,对他们进行询问、为他们简要介绍测试,并且要求他们签署法律文件(如保密协议)的区域。

可用性测试实验室可以是固定式的,也可以是移动式的。固定式实验室中的设备是固定的,不需要在每次测试后拆卸;而移动式实验室则允许将设备灵活移动到不同的场地,但需要预留拆卸与安装时间。大多数实验室中均具有以下5种设备。

- 摄像机:可以安装在测试区域周围的任意位置。通常,摄像机会对准测试参与者的面部拍摄,捕捉其面部表情变化。在进行卡片分类和低保真测试时,通常会使用摄像机捕捉测试参与者与测试道具之间的交互行为。
- 录屏软件:用来捕获并录制应用程序在计算机上的运行情况。
- 麦克风:用来捕获测试参与者的口头评论。
- 记录软件:当进行可用性测试时,在录制测试视频的同时,可记录同步观察到的内容,并且为所记录的内容添加时间戳。这样做的目的是在对测试视频进行分析时能够通过时间戳较为容易地查找到具体注释。

在敏捷开发过程中,有时需要花费大量时间来准备实验室和组织测试参与者,如何巧妙、合理安排时间就成为需要解决的难题。一个简单的解决方法是,在敏捷环境下,邀请测试参与者以远程参与的方式完成测试,借助视频通信软件,以及共享桌面和画中画等方式实现互动。

7.3.6 寻找测试参与者

寻找与应用程序的目标用户相符的人员参与测试对于可用性测试的有效性和测试质量来说至关重要。可以通过以下3种方法找到符合测试要求的测试参与者。

1. 本公司员工

本公司可能就存在与应用程序的可用性测试要求相符的员工,可以将他们列为测试参与者。

(1) 优点：这类测试参与者往往很容易找到，一般也不会产生额外的测试成本。此外，因为测试参与者是本公司员工，所以也不必额外提出法律要求，如签署保密协议。

(2) 限制：除非被测试的应用程序是一个内部应用程序，否则一般很难在本公司内找到完全符合测试要求的测试参与者。

(3) 成本：选取本公司员工作为测试参与者会影响员工完成本职工作，在一定程度上降低了公司的生产力。

2. 对外招募志愿者

可以从社区、学校、商店或其他公共场所招募志愿者参与测试，这些测试参与者来自公司外部，不会对测试结果的客观性产生影响。

(1) 优点：很容易就能够找到符合测试要求的测试参与者。

(2) 限制：通常需要一位全职员工专职负责招募工作，招募较为耗时。

(3) 成本：除了付出专职负责招聘的员工的时间和薪水，还需要为每位测试参与者提供一定奖励，奖励的价值取决于测试的类型、花费的时间和测试参与者的类型。

3. 招聘机构

招聘机构往往掌握着一个候选测试参与者数据库，可以与招聘机构合作，将候选测试参与者的个人资料与测试要求进行匹配，从中筛选出符合的人员。

(1) 优点：与招聘机构合作可以轻松、快速地匹配并招募到符合要求的测试参与者，使可用性测试团队可以专注准备测试。

(2) 限制：测试人员从招聘机构的数据库中提取测试参与者的数据，但如果这些测试参与者之前参加了类似的测试，在一定程度上就会影响测试结果的准确性。

(3) 成本：成本费用差别较大，具体取决于招募条件的复杂度和招募时间的要求。同时，由于寻找测试参与者需要花费比较长的时间，而在敏捷环境下，应用程序的迭代周期通常较短，所以需要尽早准备和开展招募工作。

7.3.7 时间线

可用性测试的时间线可能会因应用程序而异，具体取决于以下3个因素。

1. 规划

(1) 在计划可用性测试时，所需开展的工作内容取决于可用性测试团队对第三方供应商依赖的程度。

(2) 为了创建一个测试脚本，发放和收集使用前问卷和使用后问卷通常需要3天时间，具体天数取决于涉众的审查次数。

(3) 如果测试团队没有使用第三方实验室,那么测试前还需要准备实验室和调试设备,这可能会带来额外的工作。

(4) 如果没有将测试参与者的招募工作外包给第三方招聘机构,那么测试团队还需要预留一些时间组织测试参与者。

2. 执行

执行可用性测试所需花费的时间取决于测试参与者的数量。大多数测试,不论使用何种测试技术,都会持续 30~45 分钟,中间包含 15 分钟的休息时间。可用性测试团队通常由 1 名测试协调员和 1 名观察员总计 2 名成员组成。

3. 分析

分析可用性测试的结果所花费的时间也取决于测试参与者的数量,测试参与者越多,需要分析的数据就越多。一般来说,每个 8 小时的测试在完成后还需要花费 6 小时分析测试结果和 2 小时生成文档。

具体的时间线应该根据可用性测试的具体情况进行规划,此处给出的说明仅作为指导方针。

7.3.8 可用性测试过程实例

接下来介绍一个可用性测试的实例。假设被测应用程序为应用程序 A,现在已经完成对应用程序 A 的分析,计划开展可用性测试。可用性测试可以分为 3 个步骤:计划测试、执行测试、分析和优化测试结果。

1. 计划测试

开展可用性测试的第一步是计划测试,其中包含以下内容。

(1) 确定测试目标。

计划可用性测试的第一个任务是确定测试目标,例如,你希望实现哪些可用性目标?申请关注范围是什么?什么功能会经常使用?

大多数可用性目标应该用陈述句来表达,例如,"用户能够在 10 秒内找到主页的导航按钮""用户能掌握导航的下拉框"等。测试团队应该设计出具体的可用性测试目标,例如,"80%的用户能够在 3 分钟内注册使用这个网站",而不是像"设计一个用户友好的界面"这样模糊的可用性测试目标。设计特定的测试目标为衡量可用性测试结果提供了具体的度量标准,测试团队可以以此为依据对测试结果进行分析,但是不要将观察和分析局限于这些特定的测试目标,很多时候,在测试过程中还会发现其他意料之外的问题。

测试目标的 3 个主要来源如下。

① 可用性原则。

在可用性原则列表中,根据应用程序的用户情况不同,有些原则的优先级也不同。例如，如果正在测试一个面向儿童的交互式游戏应用程序，那么"了解用户并使用他们的语言"这一原则就显得格外重要，因为目标用户的情况与设计或开发团队成员存在较大不同，根据此原则产生的测试目标可能是"95%的用户应该能够识别并正确操作交互式游戏的开始和退出图标"。

② 业务目标。

业务目标是指公司或组织希望通过创建和部署应用程序来实现的业务方面的目标，这些目标是在分析应用程序时发现并收集的。例如，"呼叫中心"一类的应用程序，其业务目标可能是"将总呼叫时间减少到 2 分钟"，由此产生的可用性测试目标可能是"80%的呼叫中心接线员能够在 1 分钟内完成地址更改"。

③ 用户场景。

创建用户场景是"分析应用程序"活动的一部分。用户场景的创建基于用户对象及他们打算使用应用程序完成哪些操作，这些用户场景的一个子集将用于测试，通过模拟与应用程序的交互来指导测试参与者完成测试。由此产生的测试目标可能是，"90%的用户应该能够在没有帮助的情况下将商品添加到购物车"。

（2）选择合适的测试技术。

计划可用性测试的第二个任务是确定在每次测试时应使用哪种测试技术。表 7-2 对 4 种可用性测试技术进行了对比，有助于确认测试计划中所选择的技术是否合适。

表 7-2 4 种可用性测试技术的对比

要素	卡片分类	结构化评估	低保真测试	高保真测试
使用阶段	分析阶段、初期设计阶段	初期设计阶段	设计阶段	分析阶段、设计阶段、生产阶段
设备选择	摄像机	摄像机	摄像机、日志软件	摄像机、日志软件
测试参与者数量	每轮 4~6 人	每轮 4~6 人	每轮 4~6 人	每轮 4~6 人
测试团队分工	1 名测试协调员、若干名观察员	1 名测试协调员、若干名观察员	1 名测试协调员、若干名观察员	1 名测试协调员、若干名观察员
测试场所	便于测试参与者前往的地方	前往测试参与者前往的地方	便于测试参与者前往的地方	便于测试参与者前往的地方。测试场所必须具备支持应用程序的技术能力
计划测试周期	3 天	2 天	3 天	3 天
执行时间*	每位测试参与者 40~45 分钟，其中包括 10~15 分钟休息时间	每位测试参与者 40~45 分钟，其中包括 10~15 分钟休息时间	每位测试参与者 40~45 分钟，其中包括 10~15 分钟休息时间	每位测试参与者 40~45 分钟，其中包括 10~15 分钟休息时间

* 执行时间根据具体情况而定。

（3）确定测试团队的主要成员和测试参与者。

任何可用性测试均由测试团队和测试参与者 2 种角色组成。针对可用性测试团队，表 7-3 列出了可用性测试团队的主要成员和对应职责。

表 7-3 可用性测试团队的主要成员和对应职责

主要成员	职责
测试协调员	• 组织测试参与者 • 准备设备和茶点,做好后勤工作
主持人	• 带领测试参与者通过测试 • 为团队的日志记录员提供观察结果 • 向观察员简要介绍测试将如何进行,以及他们应该关注的重点
日志记录员	• 记录测试参与者在可用性测试过程中的行为和意见
观察员	• 对测试过程感兴趣的设计人员、开发人员和涉众; • 通常在每次测试后与主持人和日志记录员进行交流,获取他们的观察结果
视听支持	• 根据需要提供视听支持 • 负责摄像机的定位和视频的管理

除测试团队成员外,还需要确定测试参与者。测试团队需要根据可用性测试要求设定招募要求,为负责招募工作的人员提供一组标准,确保他们招募的测试参与者与应用程序的目标用户相符。可用性测试的测试参与者招募要求示例如表 7-4 所示。

表 7-4 可用性测试的测试参与者招募要求示例

年龄	25～35 岁
在财务部门工作年限	至少 3 年
参加工作年限	至少 5 年
教育情况	接受中等教育,但所取得的最高学位应不超过学士学位
经验要求	无电脑使用经验
项目接触情况	无

测试参与者的数量将会对测试结果带来影响,专家对此有不同的看法。根据 Jakob Nielsen 和 Rolf Molich 的研究,若只选取 3 位测试参与者,则只能发现不到一半的可用性问题。而 Robert A. Virzi 研究发现,如果选取 4～5 位测试参与者,则可检测到 80%的可用性问题;如果选取 10 位测试参与者,则可检测到 90%的问题。

一个典型的可用性测试应包括来自每个关键用户组在内的 6～12 名测试参与者。虽然测试团队希望能以最小的成本最快地获得测试结果,但同时也希望测试暴露出的是应用程序发布时的典型问题,而不是缺乏共性的特殊问题。

(4)安排测试后勤。

测试协调员需要组织可用性测试的后勤工作,包括确定适合测试的场所、预置所需的设备,还必须决定如何记录评价事件。日志(笔记)、录像、录音是较为常用的方法。

专业的可用性测试实验室通常将记录测试作为其所提供的整体服务的一部分。以录像为例,其优点和缺点如表 7-5 所示。

表 7-5　录像的优点和缺点

录像的优点	录像的缺点
未能参与测试的设计人员可以通过剪辑的视频回顾具体问题	在没有日志记录员笔记的情况下,分析录像视频需要的时间将是实际测试时间的 3～10 倍
即使项目团队和管理人员不能参加测试,他们也能够理解可用性测试的影响	可能会让测试参与者感到不适
当使用远程观察室时,更多人员可以观察到用户的近景	设备必须租用或购买,因此产生额外的费用
录像可作为测试团队分析测试结果的资源和依据	编辑录像以捕获特定的内容,这不但非常耗时,而且比较昂贵

测试协调员还必须提供测试所需的任何供应品或设备,如用于记录的铅笔、便利贴等。

（5）创建测试材料。

根据所选择的测试技术类型,为卡片分类准备记录卡片、为低保真测试准备线框图,或者为高保真测试创建应用程序原型。此外,还需要准备以下材料。

① 保密协议与免责声明。

准备一份简单的保密协议并要求测试参与者签署,使其无法对外公布任何与测试有关的信息。此外,如果测试参与者完成了测试,那么有必要让其签署一份免责声明,使其同意测试团队在合理范围内使用视频而不构成对其肖像权的侵犯。

② 主持人脚本。

主持人脚本是主持人指导测试参与者完成测试过程所使用的参考资料,在脚本中应该包含一个标准的介绍文档。当测试参与者参加可用性测试时,他们通常会觉得自己被测试了,主持人有责任向他们保证他们没有被测试,实际上只是在帮助测试应用程序的接口。在测试参与者开始测试时和结束测试后,及时消除他们的疑虑。

主持人可向测试参与者提供以下关键信息。

- 谢谢您来帮助评估这个界面。
- 您没有被测试,而是在帮助我们了解如何设计和建立一个界面,以服务您完成日常操作。
- 您所给出的所有评论及本次测试的结果将会保密,并且将以匿名的形式使用。
- 这个测试将持续约×小时,我们将在每隔×分钟休息×次。

此外,该脚本中还应该包括主持人需要让测试参与者执行的每个测试的摘要,也可能包含一个后续可提问的问题列表。此脚本仅供主持人参考,不与测试参与者共享。

③ 观察员指南。

有些项目不需要使用正式的观察员,因为会通过录像的形式记录测试的全过程。但是,如果项目分配了观察员,也可以创建一个观察员指南,在可用性测试开始前提供给观察员。观察员指南将概述观察员的职责和对他们的期望。

2. 执行测试

可用性测试的准备工作已经完成,接下来需要记录测试参与者在测试期间的评论、肢体语言,以及完成测试后提供的所有反馈。可使用数据记录技术记录测试过程,包括日志记录（使用软件或纸笔）、录像和音频录制。

（1）问候安抚测试参与者。

首先，测试协调员必须问候和安抚测试参与者。如果想要做到这一点，主持人应该向他们介绍测试脚本的引言部分，同时强调测试参与者要注意收听每个测试的简要介绍。

（2）发放使用前问卷和测试资料。

主持人应为每位测试参与者发放一份使用前问卷，要求他们在测试开始前完成。通常，测试参与者还会收到一份知情同意书或保密协议，告知他们所拥有的权利、所面临的风险和他们的数据结果。测试参与者还会得到一些背景资料，并被要求在测试开始之前阅读这些资料。测试参与者需独自完成问卷，并阅读材料。

（3）评估使用前问卷的答案。

主持人应快速评估已完成的使用前问卷，及时发现并解决阻碍测试的问题。例如，如果测试参与者不熟悉鼠标，那么应该为测试参与者预留一定的熟悉时间。最好的方法是让测试参与者坐在主持人旁边尝试执行每项操作，主持人给测试参与者解释要做什么和为什么要做，同时可以用手指指出应该在屏幕上点击什么。

（4）开始测试。

使用主持人脚本引导测试参与者完成测试。如果测试参与者请求帮助，主持人可告知测试参与者自己不提供支持，测试参与者需自行了解更多关于应用程序可用性的信息。此外，确保主持人没有突出任何测试参与者在测试过程中出现的任何问题。例如，不要说"你做错了某件事"或"你应该这样做某件事"，要给予测试参与者思考与操作的空间，而不是在他们前面徘徊。

（5）鼓励测试参与者反馈。

在测试期间，可通过以下方式鼓励测试参与者给予反馈。

① 设置规则。

主持人应该为测试参与者设置基本规则。例如：

- 除非你完全被困住了，无法继续前进，否则不要寻求帮助。
- 试着在你进入应用程序的时候思考。
- 不要局限你的想法。
- 尽量忽略房间里的人或设备。

② 提出反馈要求。

在测试过程中，主持人应该和测试参与者交谈，提示他们表达自己的看法。一些提示示例为：

- 我们对你在探索这些新应用程序时的想法很感兴趣，所以希望你大胆说出来。
- 在你思考的时候想说什么就说什么。
- 不要在感觉、猜测、期望、意图、挫折等方面有所保留。
- 尽可能连续地说话，不要担心表述的句子不完整。
- 不要局限你的想法，说出你所想的积极的和消极的事情。
- 你的诚实对我们最有帮助。

③ 避免引导测试参与者。

在测试期间避免引导测试参与者，这点非常重要。例如，主持人不应该询问如下问题。

- 你有什么不舒服的地方？

- 你看起来困惑。
- 你能描述一下你不喜欢什么吗？
- 你好像很喜欢最后那部分，是真的吗？

④ 进一步探究。

如果测试参与者停止表达，主持人可以尝试通过以下问题进一步探究。

- 请描述你的想法或感受。
- 告诉我你喜欢什么，以及不喜欢什么。
- 告诉我什么是困难或容易使用的界面。
- 你能进一步解释一下吗？
- 这是你想要的吗？
- 你在期待什么？
- 还有什么事吗？

（6）常见问题。

在进行可用性测试时，应该注意以下常见问题。第一个常见问题是测试参与者只说不做。例如，测试参与者说："下一步我将尝试单击退出"。然而，测试参与者并没有单击"退出"。在这种情况下，主持人应该鼓励测试参与者执行他们所说的内容。

第二个常见问题是主持人过早地询问测试参与者对应用程序的期望。测试参与者只需对他们看到的问题或促成的改进给予反馈，同时他们只负责测试，不参与设计，主持人需避免将其置于设计人员的位置，应尽量避免过早提问过多的问题。

第三个常见问题是通常人们对变化很敏感，尤其是那些会导致他们学习新流程的变化。因此，必须让测试参与者的目光聚焦在应用程序的新设计上，并对其影响做出反应，而不要过多关注变化本身。

另外，在测试期间，任何人员都不能对应用程序进行解释说明。如果测试参与者提问："为什么这样设计？"主持人应该反问："你希望看到那里发生什么？"或"你希望它能够起什么作用？"观察员应该保持沉默，如果他们大声发表评论，测试参与者即便身处不同的测试房间，也能够接收到这些信息。同时，不要向测试参与者保证他们所提出的修改建议都会被采纳，只需要表现出对他们的反馈的重视即可。虽然在项目中通常会使用术语"测试"，但是在与测试参与者讨论时应避免使用这个词。相反，应该使用"评估"来强调测试参与者没有以任何方式被测试。

3. 分析和优化测试结果

（1）使用后问卷。

在测试结束时，主持人应将使用后问卷分发给测试参与者并要求他们填写。通常，测试参与者需要在离开测试实验室之前给出他们的建议。

（2）整合测试结果。

在完成各种可用性测试后会收获大量数据，测试团队需要以结构化的格式合并，并分类测试中出现的所有问题和测试结果，同时根据整理出的测试结果判断设计、接口、工作流程等需要进行哪些改进。测试结果一般可归纳为以下 2 类。

- 对界面、工作流程、应用设计等的正面评价。

- 对界面、工作流程、应用设计等的改进建议。

（3）分类测试结果。

在整合了测试结果的所有问题后，接下来就需要确定问题的重要性。一种方法是创建一个表格来整理有多少测试参与者遇到了相同的问题，将结果分类整理后，再进行另一轮整合，这次使用具体的问题（如"发票菜单术语混淆"）来描述所关心的问题。

（4）排序测试结果。

根据以下情况对分类后的测试结果进行优先排序。

- 对用户的重要性（对应用程序接受程度的影响）。
- 对可用性目标的影响。
- 对应用程序的影响。

（5）生成可用性测试报告。

可用性测试的结果将被记录在可用性测试报告中。形成该报告的目的是捕获潜在的问题和需要改进的领域，以及找到对应的解决方案。该报告提供了对应用程序特定界面在某个时间点的可用性的客观记录，包含对用户交互界面是否达到了可用性目标，或者是否必须重新设计等描述。可用性测试报告应包含以下 3 个要素。

- 对每个问题的描述。
- 问题类型。
- 修改或优化建议。

7.4 本章小结

非功能性测试的类型有很多，目前比较重要的测试包括性能测试、安全测试和可用性测试等。本章着重介绍了这 3 种类型的测试，具体内容如下。

（1）性能测试是指利用负载生成工具模拟实际用户访问系统，从而发现应用系统的性能问题或可靠性问题，定位系统性能瓶颈。

（2）性能测试的目标主要有确定系统的响应时间、确定系统支持的最大并发用户数、确定最佳容量配置等。

（3）性能测试包括基线测试、负载测试、压力测试、疲劳测试、配置测试、并发测试等多种测试类型。

（4）在敏捷中，性能测试可以分为 3 层：基于单元模块的性能测试、基于用户故事的性能测试，以及端到端版本级别性能测试。

（5）安全测试是一个揭示信息系统安全机制缺陷的过程，其保护数据并按预期维护功能。受安全测试的逻辑限制，通过安全测试并不意味着不存在缺陷或系统充分满足安全需求。

（6）可用性测试是一种有效的测试技术，可以在更结构化和更可控的环境中获得最终用户关于应用程序可用性的反馈。可用性测试的目的是提高产品或应用程序的可用性。可用性测试的测试参与者应能代表真正的用户。

第 8 章　敏捷测试延伸实践

敏捷软件开发的运动不仅影响了软件开发和测试本身，更影响了软件交付的方方面面，从一个团队扩展到多个团队，从软件的开发延伸到软件的部署和运维。秉持着"事事可测，时时可测，人人可测"的精神，如持续集成、持续交付、DevOps 等实践和运动逐渐形成，敏捷测试的范围和内容进一步延伸。这也对测试人员的职业发展提出了新的技能要求，测试人员不光要成为测试方面的专家，而且要能够帮助团队采取更好的质量实践。本章将对这些拓展的敏捷实践进行简要介绍。

8.1　持续集成

在软件行业发展初期，软件项目中令人感到最棘手、最紧张的就是集成。能单独工作的一些模块，在被组装在一起作为一个系统运行时却常常失败，而且很难找到失败的原因，这成为项目的痛苦之源，因为不仅集成的成本高，集成的风险也高。如果能够通过自动化的方法，让集成工作和测试工作的成本降低，那么不仅降低了集成成本，也便于查找集成失败的原因。

然而，这并不是先自动化集成再运行持续集成这么简单，在有限的资源下，如何协调多个团队按照同样的纪律有效利用好资源，才是持续集成所面临的最大挑战。

8.1.1　持续集成的定义

持续集成（Continous Integration，CI）是每天数次将所有开发人员的工作副本合并到共享主干上的实践。Grady Booch 在 1991 年首次提出了术语"持续集成"，尽管他并不提倡一天集成几次，但极限编程（XP）采用了持续集成的概念，并且提倡每天集成不止一次，甚至可以多达数十次。Kent Beck 和 Gynthia Andres 在 1999 年出版的《解析极限编程：拥抱变化》让更多人了解了持续集成。后来，Martin Fowler 在其博客"持续集成"中总结了 11 条实践。

（1）维护单一代码库。
（2）自动化构建。
（3）让自动化构建可以自测试。

（4）每天提交代码到主干。
（5）每个主干上的代码提交都要在持续集成服务器上构建。
（6）快速修复失败的构建。
（7）保持快速的构建过程。
（8）在生产环境的克隆环境上进行测试。
（9）让每个人都能很容易地得到最新的可执行产物。
（10）让每个人都可以看到整个过程发生了什么。
（11）自动化部署。

这11条实践可以被总结为以下4条原则。

（1）保证软件构建单一可信源。采用版本控制系统来统一团队的代码来源，避免来自不同来源的代码。同时，采用统一的代码主干进行测试和发布，使团队中的每位成员都有同样的源代码基准和构建产物基准。

（2）减少环境之间的差异。软件最终的运行环境是生产环境，部署环境的差异越小，开发和测试中因为差异导致的问题就越少。使生产环境和测试环境一致、测试环境和开发环境一致，最后使每位成员的开发环境都一致，可以大大减少花费在处理环境不一致的问题上的时间。

（3）自动化所有步骤。将重复的工作自动化，一方面可以提升效率，另一方面可以减少人为因素导致的错误。

（4）让团队的工作快速得到反馈。让每位成员的工作增量持续通过自动化测试及时发现可能导致集成失败的问题，有利于快速定位问题并节约分析问题的时间。

在通常情况下，我们会通过构建持续集成服务器实现持续集成，并且通过持续集成服务器软件监控代码主干的变动。一旦代码发生变动，就可以自动获取最新代码，执行代码的静态检查、自动化单元测试，以及自动化构建。随后，把构建制品上传到制品库进行版本管理。最后，通过自动化部署构建制品，同时完成性能测试和端到端测试，为最终的发布做好验证和准备。

8.1.2 持续集成与测试

持续集成包括提交阶段和自动化验收阶段。需要注意的是，在进入持续集成之前，还有一个个人构建的过程。个人构建是代码在本地环境中进行开发测试，并且未合并到主干的过程，其中包括开发人员本地代码开发和编译、本地单元测试、静态代码扫描和动态代码覆盖率分析等活动，只有在确定代码没有质量问题后，才会将其提交到主干进行合并。一旦代码合并，就进入了提交阶段。

在提交阶段，开发人员将代码合并到主干后会触发相关活动，包括代码合并、服务器端编译构建、服务器端单元测试、静态代码扫描和动态覆盖率分析等。一般来说，提交阶段的活动，其执行时长不超过10分钟，所以需要通过对单元测试进行解耦来提高执行速度，如通过Mock的方式尽量减少与外部系统、数据库等连接，以提高执行的效率。提交阶段的输出物是可以部署到测试环境的二进制包。

在提交阶段的活动完成并生成二进制包后，进入自动化验收阶段。此阶段包含自动部署、冒烟测试及自动化测试等活动，自动部署会把二进制包自动部署到验收测试环境中，冒烟测试是针对基础环境和基础业务场景进行的测试，自动化测试会通过 API 自动化或 UI 自动化进行业务的验收测试。一般来说，整个自动化验收阶段的执行时间不超过 2 小时，所以，当自动化测试用例较多的时候，我们可以通过分布式执行的方式并行执行测试用例，提高整个测试效率。最终，整个持续集成输出的是可工作的软件。持续集成的整体部署流水线如图 8-1 所示。

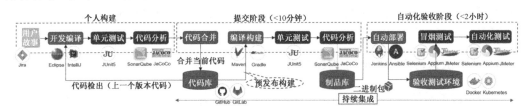

图 8-1　持续集成的整体部署流水线

图 8-1 中以最深底色标记的活动就是与测试相关的活动，从中可以看出，测试在持续集成的过程中扮演着极其重要的角色。如果没有测试，持续集成将变得毫无意义。

8.1.3　与测试相关的持续集成实践

Jez Humble 和 David Farley 在共同出版的《持续交付：发布可靠软件的系统方法》中列出了持续集成必不可少的实践和一些推荐的实践，这些实践中有些和测试的关系并不紧密，而有些则与测试密切相关。本节主要介绍一些与测试相关的持续集成实践。

1. 提交前在本地运行所有的提交测试

也许有人认为在个人构建和提交阶段都执行单元测试和代码分析是一种重复的浪费，可以在个人构建中忽略单元测试，但其实这两个过程的执行都很有必要。首先，提交代码前可先在本地进行测试，确保代码在合并到主干前是高质量且没有问题的。其次，如果在提交代码前，其他人已经更早地提交了新代码，那么此时提交的变更在与那些新代码合并后可能会导致测试失败。此时如果自己在本地先进行测试，发现问题直接在本地修复，就不会影响持续集成服务器的构建和其他人的及时提交。最后，我们经常会在提交代码的时候出现遗漏，如果在本地和服务器端都进行了测试，那么如果出现本地构建成功而持续集成系统失败的情况，就很有可能是因为别人同时提交了代码，或是自己遗漏了部分类或配置文件等需要提交的文件。

2. 提交测试通过后再继续工作

保持部署流水线常绿是持续集成的基础，开发人员在提交代码合并后也需要密切注意部署流水线是否存在错误，以便尽快修复，因为在短时间内或许还有其他开发人员需要提交代码。开发人员在提交代码后不应立即开展其他工作或外出、休息，而是应该继续观察，直到提交阶段结束。如果在这一过程中出现了问题，就立即通过提交新版本或回滚进行修复，待提交阶段顺利完成，再开展新的工作。因为整个提交阶段的执行时间一般不会超过 10 分钟，所以不会为开发人员带来较大影响。

3. 不要轻易将失败的测试注释掉

当部署流水线因为执行的测试用例未通过而变红时，不要为了赶进度或追求部署流水线的常绿而轻易将引起失败的测试注释掉，因为你不知道这个失败是由缺陷引起的，还是由需求变更引起的。如果是由需求变更引起的，那么需要更新测试用例；如果该测试场景已经不存在，那么需要删除对应的测试用例。

4. 若测试运行变慢，则让构建失败

提交阶段的持续时间不超过 10 分钟，如果测试执行效率较低，持续集成的整体时长也会受到影响。因此，如果发现测试运行得很慢，就需要使整个构建失败并对其进行优化。优化可以分为两个层次。第一个层次是确保每个单元测试用例的执行时间都足够短，如将执行时间设置为小于 2 秒，如果哪个单元测试用例的执行时间超过了 2 秒，开发人员就有义务对其进行优化，例如，可以使用 Mock 替代数据库、文件系统等外部组件，加快单元测试执行速度。第二个层次是通过分布式执行的方式执行测试用例。即使每个单元测试用例的执行时间都足够短，但如果单元测试用例总数较多，也会影响整个提交阶段的总持续时长。可以通过搭建更多的测试执行环境来分摊要执行的测试用例数量，从而缩短整个测试的执行时间。

5. 若存在编译警告或代码风格问题，则让测试失败

如果代码编写得不规范，就会影响代码的可读性，同时增加维护成本。好的开发人员应该能编写出代码风格一致且可读性强的程序。在实际的项目实践中，我们会借助工具对代码的规范性进行检查，如 SonarQube 和 CheckStyle 等。如果出现了编译警告，就需要让测试失败。很多时候，开发人员会认为这种方式过于苛刻，所以也可以采取循序渐进的方式，例如，若新版本的编译警告总数多于上一个版本，则构建失败；若少于上一个版本，则构建成功。这样，在每次提交后，编译警告出现的次数都应会减少。

8.1.4 基于 Jenkins 和 Docker 的微服务持续集成案例

如今，让团队建立持续集成已经成为敏捷测试人员的必备技能。Jenkins 是目前最流行且容易上手的持续集成软件，拥有活跃的社区和丰富的插件，可以解决不同企业环境下方方面面的持续集成问题。本节将以 Jenkins 为例，结合前面的 TDD 代码示例介绍如何建立持续集成。

现在的 Jenkins 已不同于以往，强大的插件和自动化的执行能力已经让其成为一项用途广泛的自动化服务，持续集成只是 Jenkins 的一个执行场景。

Docker 是目前主流的微服务运行方式，是一种可运行于 Linux 和 Windows 系统的软

件,可用于创建、管理和编排容器。Docker 一词来自英国口语,意为码头工人(Dock Worker),即从船上装卸货物的人。Docker 的核心观念是镜像(Image)和容器(Container),容器类似于一个小型的虚拟机,这个虚拟机可以通过镜像快速创建,同时也可以基于别人构建的镜像创建自己的镜像,以便于传播环境构建的知识和最佳实践。

Docker 对语言不设限制,因此可以使用其将多种语言构建出来的应用程序封装起来,形成统一的应用程序格式,避免因操作系统环境和编程语言不一致引发的各种问题。

接下来以第 6 章的微服务为例,结合 Docker 从零搭建微服务的持续集成测试环境。在第 6 章中,我们引入了一个 ATM 微服务(atm-service)和一个借记卡中心微服务(card-service),并且建立了契约测试。接下来,我们希望持续集成服务器能够验证各自的契约测试,并部署借记卡的微服务进行集成测试。

通过以下 7 步构建持续集成。
(1)安装持续集成软件。
(2)让持续集成服务器监控代码分支变动。
(3)执行自动化测试和构建。
(4)将构建制品存入制品库。
(5)自动化部署到测试环境。
(6)执行运行集成测试。
(7)检查集成测试运行结果。

1. 安装 Docker 和 Jenkins

Docker 的安装过程相对简单,读者可以在 Docker 的官方网站下载对应的版本,此处不再赘述。接下来主要介绍 Jenkins 的安装和配置。

Jenkins 可以在多种操作系统上运行,但前提是必须配备 Java 运行环境(Java Runtime Environment,JRE)。如果已具备 JRE,Jenkins 就可以运行。Jenkins 有多种安装方式,此处介绍如何以 war 包进行安装。

在安装 Jenkins 前,请确保计算机已安装 JRE 8 以上的版本。

首先,从 Jenkins 的官网下载 jenkins.war 安装包,如图 8-2 所示。

图 8-2　Jenkins 官网

其次,在下载 jenkins.war 的目录下执行 java -jar jenkins.war 命令,如果 Java 版本大于 11,那么需要添加 --enable-future-java 参数。

命令执行后会启动 Jenkins 的安装程序,安装时默认在主机的当前用户下创建一个 .jenkins 目录。随后启动一个 Web 服务器,Jenkins 默认会监听 8080 端口。也可以在命令行之后添加--httpPort=<你要制定的端口号>参数指定 Jenkins 的监听端口。此时，我们的微服务会监听到 8080 端口被占用（也可以修改微服务的端口）。所以，我们让 Jenkins 监听 8090 端口：

```
java-jar jenkins.war--enable-future-java--httpPort= 8090
```

通过浏览器访问 http://localhost:8090，点开就会看见如图 8-3 所示的 Jenkins 安装的初始化界面。

图 8-3　Jenkins 安装的初始化界面

此时，在个人用户目录中已经创建了一个文件夹或目录，例如，图 8-3 中的/Users/guyu/.jenkins 目录。在这个已创建的目录中找到 initialAdminPassword 文件，获取文件中的初始化密码，然后继续执行安装步骤。

简单起见，在如图 8-4 所示的选项中选择"安装推荐的插件"，进入如图 8-5 所示的插件下载界面。需要注意的是，在安装过程中要保证网络畅通，如果服务器没有连接互联网，那么插件就会下载失败。

图 8-4　选择"安装推荐的插件"

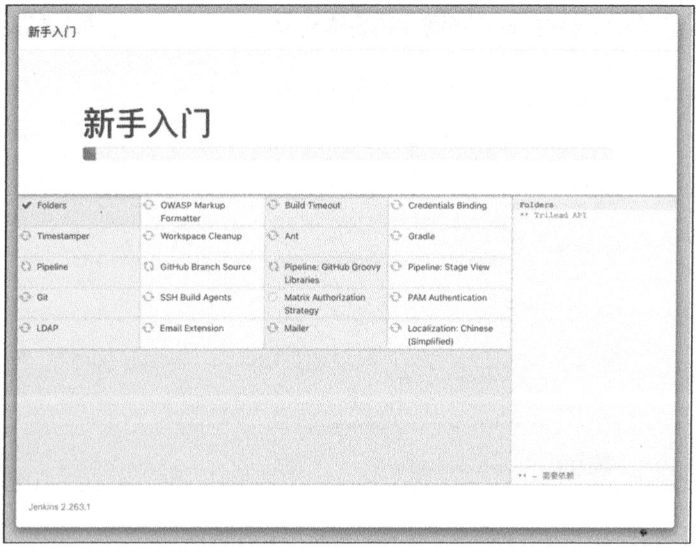

第 8 章 敏捷测试延伸实践

图 8-5 插件下载界面

安装成功后登录 Jenkins，如图 8-6 所示。

图 8-6 安装成功后登录 Jenkins

运行 Jenkins 最理想的方式是使用一个独立的服务器，这样可以保证在一个稳定的自动化测试的环境中运行，否则主机环境的变化会影响自动化测试的执行结果。这个服务器最好与生产环境的软件环境配置相同，这样，在持续集成测试时就可以减少因软件环境配置不一致而带来的风险。

2. 让持续集成服务监控代码改动

在 Jenkins 中，Job 是最基本的执行单元，包括输入、处理、输出 3 个部分。创建一个自由格式的 Jenkins 项目，如图 8-7 所示。

图 8-7　自由格式的 Jenkins 项目

输入项目名称，进入 Job 配置页面。首先要做的就是监控源代码，这里以第 6 章中案例的源代码*/master 分支为例进行介绍，配置代码库和分支如图 8-8 所示。

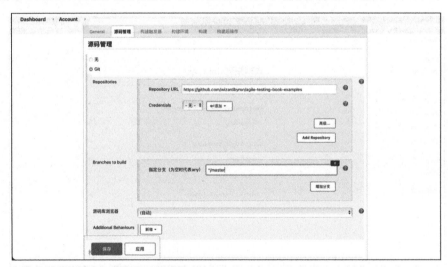

图 8-8　配置代码库和分支

> **小·技巧**：在代码托管服务器上为 Jenkins 创建独立的访问用户
>
> 持续集成服务器的职责是反映代码变动后所带来的影响，但如果其本身也会产生一定的影响，就会引发额外的问题。此时，如果使用自己的用户名和密码访问代码仓库，个人的安全信息就可能会泄露。所以，最好的方式是为 Jenkins 创建一个单独的只读用户，一方面减少这个用户对代码带来的影响，另一方面减少个人信息泄露的风险。

在设定好代码仓库 URL 后，Jenkins 就会检查代码是否可获取，如果连接或权限存在问题，就会提示错误。

设定代码仓库的变动检查频率,如图 8-9 所示。选择轮询 SCM 并采用 cron 命令的格式设置代码仓库的检测频率,用 5 个字段代表 5 个不同的时间单位,中间以空格间隔,分别代表分钟、小时、日、月、周。

例如:
- * * * * *:代表每分钟。
- H * * * *:代表每小时。
- 0 2 * * *:表示每天凌晨 2 点。
- */10 * * * *:每隔 10 分钟一次。
- 45 10 * * 1-5:每周一到周五的 10:45 分执行。

图 8-9　设定代码仓库的变动检查频率

3. 执行持续构建脚本

接下来构建配置。在构建环境中选择"Delete workspace before build starts",这是为了保证在每次构建时都有干净的测试环境,避免之前构建的项目影响当前的构建。选择"执行 shell",如图 8-10 所示。

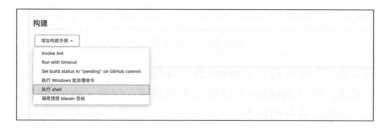

图 8-10　执行 shell

在文本框内输入如下命令。

```
cd microservices/maven/card-service
mvn test
```

进入 card-service 目录,执行 mvn test 运行之前构建的契约测试,随后保存配置,返回项目执行界面,通过单击"立即执行"来执行这个任务,或者通过向代码分支提交新代码的方式触发任务执行。这时,在菜单左下方的构建历史(Build History)中会出现项目执行记录,如图8-11所示。

图8-11 项目执行记录

待项目执行完毕,点击执行记录就可以查看执行结果,其中包含变更的触发原因、执行日志等信息,如图8-12所示。

图8-12 执行记录

通过"控制台输出"可以查看Jenkins执行过程的具体日志,如果执行失败,就可以从中找出问题的根源。通过Jenkins可以集成多种测试,如单元测试、静态扫描等。在构建出制品包前应尽可能进行全面检查。

4. 将构建制品存入制品库

在完成测试后,构建微服务。

将mvn test修改为mvn test && mvn package,在构建成功后执行mvn package,构建出可执行的springboot jar包。构建完成后,在构建目录的target/目录下会出现构建的微服务card-service-0.0.1-SNAPSHOT.jar,通过java-jar card-service-0.0.1-SNAPSHOT.jar命令使其运行。

当然，也可以通过构建 Docker 镜像创建可以执行的微服务容器。构建产物最好使用 Nexus 或 Artifactory 等制品管理工具进行管理。

> **小技巧**：根据语义化版本 2.0 命名制品
>
> 语义化版本 2.0 是目前通用的版本编码规则，一般来说，可采用如下方式对制品进行命名。
>
> <Product>--<Module>-<X.Y.Z>-[<yyyymmdd>-<BuildNumber>-[grade]]
>
> （1）Product 为产品名，每个业务域都有一至多个产品。
>
> （2）Module 为模块名，模块中可以包含一至多个微服务或独立部署单元。
>
> （3）X 为主版本号，取值范围为 0~999，当代码包含不兼容的修改时加 1，由产品路线规划确定该数字，例如，1.0 版本与 2.0 版本相互不兼容。
>
> （4）Y 为次版本号，取值范围为 0~999，当产品包含向下兼容的功能性新增时加 1，由产品路线规划确定该数字，不同的特性不能使用同一个版本号。数字代表距离主版本基线 X.0.0 不兼容的特性数量，例如，1.23.0 版本与 1.0.0 版本相比，中间多了 23 个不兼容的特性。
>
> （5）Z 为修订号，取值范围为 0~999，当产品包含向下兼容的问题时修正，以测试和运维中出现的问题数量来制订。每个数字代表一个缺陷，不同的缺陷不能使用同一个修订号，例如，1.0.1 版本代表 1.0.0 版本修复了 1 个缺陷，1.23.6 版本代表 1.23.0 版本修复了 6 个缺陷。但总体都是兼容 1.23.0 版本上的功能。如果出现了不兼容的修正，就要在 Y 位上新增 1 个版本。
>
> （6）yyyymmdd 为构建制品完成日期戳，由持续集成自动生成。
>
> （7）BuildNumber 为构建序号，可以通过环境变量 $BUILD_NUMBER 获得。
>
> （8）grade 为制品级别，其中包括：
>
> - sit：集成测试版本/制品，对应 SIT 部署制品，由持续集成自动生成。
> - uat：用户验收测试版本/制品，对应 UAT 部署制品，由持续集成自动生成。
> - rc：预发布/候选发布（Release Candidate）版本，对应准生产部署制品，由持续集成自动生成。
> - 无：没有 grade 的版本为生产版本。

在 Maven 中，正确的做法是在每次提交时都修改 pom.xml 中的 version 参数，以此改变对应的版本，并且在每次构建时都调整构建序号。

在构建脚本中，可以通过 Jenkins 的环境变量 $BUILD_NUMBER 获得构建序号。

5. 自动化部署到测试环境

通过新建一个任务部署微服务 card-service。简单起见，此处将 Jenkins 所在的机器设置为测试环境，使用 Docker 在这台机器上运行微服务 card-service。在 card-service 目录下增加一个 Dockerfile 文件，文件内容如下。

```
FROM openjdk:11-jdk-slim
COPY target/card-service-0.0.1-SNAPSHOT.jar /opt/service.jar
ENTRYPOINT ["java","-jar","/opt/service.jar"]
```

Dockerfile 以行为单位执行，每一行分为两个部分，左边为指令部分，右边为参数部分。

文件第一行使用 FROM 指令从一个名为 openjdk:11-slim 的镜像开始执行。OpenJDK 是一个开源的 Java 开发工具包（Java Development Kit），而 slim 是一个精简的、带有 OpenJDK 的镜像。COPY 命令用来复制文件，将 jar 包复制到容器中的/opt 下，并改名为 service.jar。ENTRYPOINT 命令会在容器启动后，将中括号里的字符串拼接成命令执行。

在创建好 Dockerfile 后，在机器上构建一个名为 card-service 的 Docker 镜像，执行如下命令进行构建。

```
docker build -t card-service.
```

执行结果如图 8-13 所示，其会先下载 openjdk:11-jdk-slim 镜像，然后逐行执行其中的每一条命令，执行成功后就会生成 Docker 镜像。

```
Sending build context to Docker daemon  16.69MB
Step 1/3 : FROM openjdk:11-jdk-slim
 ---> 6f92fc6c133a
Step 2/3 : COPY target/card-service-0.0.1-SNAPSHOT.jar /opt/service.jar
 ---> 020203ee7827
Step 3/3 : ENTRYPOINT ["java","-jar","/opt/service.jar"]
 ---> Running in 33a3af3c9c57
Removing intermediate container 33a3af3c9c57
 ---> e1edf4d96430
Successfully built e1edf4d96430
Successfully tagged card-service:latest
```

图 8-13　构建 card-service Docker 镜像

通过 docker images 命令查看刚构建的 Docker 镜像，如图 8-14 所示。

REPOSITORY	TAG	IMAGE ID	CREATED	SIZE
card-service	latest	a26c83bd20f6	3 days ago	360MB

图 8-14　刚构建的 Docker 镜像

- REPOSITORY 为镜像的名称。
- TAG 为镜像的标记，如果不指定标记，就默认为 latest。
- IMAGE ID 为镜像的唯一 ID。如果反复构建，那么新的镜像会覆盖旧的镜像。
- CREATED 为镜像的创建时间。
- SIZE 为镜像的大小。

可以使用 docker tag 命令为镜像增加标记，通过标记实现对 Docker 镜像的版本管理，执行如下命令。

```
docker tag card-service:latest card-service:1
```

执行命令后就可以看到 2 个镜像，但它们的 ID 是一样的（见图 8-15），如此一来，我们就多了一种管理镜像的方法。最好是用前面介绍的语义化版本规则对其命名并管理。

REPOSITORY	TAG	IMAGE ID	CREATED	SIZE
card-service	1	a26c83bd20f6	3 days ago	360MB
card-service	latest	a26c83bd20f6	3 days ago	360MB

图 8-15　同一个 ID 的 2 个相同镜像

前面介绍了将 jar 作为构建制品进行管理,如果微服务使用 Docker 运行(Docker 几乎是现在主流的微服务运行方式),那么可以将 Docker 镜像作为构建制品管理。使用 docker push 命令将本地镜像推送至远程镜像仓库,具体操作方式可以参考 Docker 文档的说明。

在镜像构建成功后,我们可以使用其启动 card-service 微服务,执行如下命令。

```
docker run -d --rm -p 8080:8080 --name card-service card-service:latest
```

- -d:将容器作为守护进程(Daemon)在后台运行,这样不占用命令行的输入与输出。
- --rm:使用此参数可以在容器关闭后将其删除,否则在容器停止后还会留下运行过的容器。运行过的容器可以用 docker start 命令重新打开。使用此参数等同于在停止容器后执行 docker rm 命令。
- -p 8080:8080:使主机的 8080 端口和容器的 8080 端口相互映射。
- --name card-service:将容器命名为 card-service,并作为全局唯一的名字将其与容器的 ID 关联。否则采用一个随机的名称命名容器。
- card-service:即刚刚构建的镜像。在默认情况下会使用 TAG 名为 latest 的镜像启动微服务,所以 :latest 可以省略。同时,也可以使用 IMAGE ID 来运行镜像。执行 docker ps 命令,可以看到容器正在运行,执行结果如图 8-16 所示。

```
CONTAINER ID   IMAGE          COMMAND             CREATED         STATUS         PORTS                    NAMES
accb78384dc2   card-service   "java -jar /app.jar"  3 minutes ago   Up 3 minutes   0.0.0.0:8080->8080/tcp   card-service
```

图 8-16 docker ps 命令的执行结果

图 8-16 中每列信息的解析如下。

- CONTAINER ID 表示容器唯一的 ID,其与最后一列 NAMES 中的容器名一一对应,因此不会出现重复的容器名。
- IMAGE 表示容器运行的镜像。
- COMMAND 表示容器执行的命令,即 Dockerfile 文件中的最后一行命令。
- CREAETD 表示从容器创建到现在所经过的时间,这里显示的是 3 分钟前。
- STATUS 表示当前容器的状态,UP 表示启动。
- PORTS 表示容器的端口映射及其协议,0.0.0.0:8080 表示主机的端口,-> 是箭头,后面的 8080/tcp 表示容器的端口和协议。

图 8-16 仅表示容器启动成功,不代表微服务启动成功,所以还需要通过执行 atm-serivce 下的 mvn test 命令验证微服务是否运行成功。

在成功后,我们需要在 Jenkins 的任务中增加以下命令来重复这个过程。

```
cd microservices/maven/card-service
./mvnw package
docker build . -t card-service
docker tag card-service:latest card-service:$BUILD_NUMBER
docker stop card-service || echo "Stop card-service failed".
docker run -d --rm --name card-service card-service
docker ps
```

首先,我们进入 card-service,使用代码库中的 mvn wrApper 运行测试(test)并打包

(pacakge)，由于./mvnw pakcage 会默认执行./mvnw test，此处不再单独执行./mvnw test。构建 Docker 镜像并使用 Jenkins 的环境变量$BUILD_NUMBER 标记最近构建的镜像。需要注意的是，在启动新的 card-service 容器前，需要先停止之前的容器，否则会占用端口和资源。

其次，采用最新版本的 Docker 镜像创建一个容器。此时每构建出一个新的 card-service 微服务，就会将其对应部署到 Jenkins 所在的机器上，否则将维持上一个成功的 card-service 微服务。

最后，执行 docker ps 命令检查容器是否运行正常，可以通过"控制台输出"查看运行结果。

6. 执行集成测试

集成测试将保存在 atm-service 中，可以通过运行 atm-service 下的 mvn test 完成集成测试。同时，可以按照运行 card-service 的方式运行 atm-service 的测试，并且构建和自动化部署。

```
cd microservices/maven/atm-service
./mvnw package
docker build . -t atm-service
docker tag atm-service:latest atm-service:$BUILD_NUMBER
docker stop atm-service || echo "Stop atm-service failed".
docker run -d --rm -p 8081:8080 --name atm-service atm-service:$BUILD_NUMBER
docker ps
```

需要注意的是，由于我们已在 8080 端口上配置了 card-service，此处就需要使用不同的端口，否则容器会启动失败。

当两个任务均执行完成后，再次执行 docker ps 命令就可以看到如图 8-17 所示的两个容器分别运行了两个微服务的镜像，并且在不同的端口上监听请求。

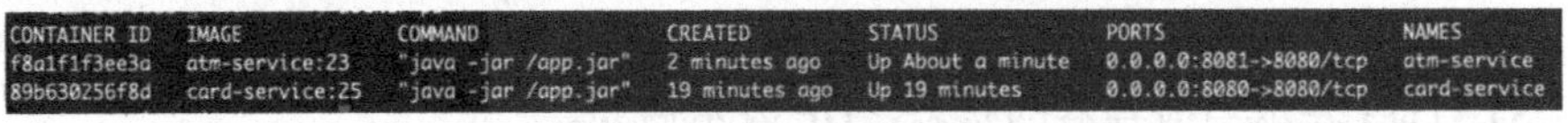

图 8-17 两个运行着不同微服务镜像的容器在不同的端口上监听请求

每当代码发生改动，两个测试都会执行这两个任务，以确保微服务的变更都经过了测试。

7. 采用上下游自动触发关联任务

通过上面的例子可以发现，只要 card-service 有改动，atm-service 就必须要执行一遍集成测试，以保证 atm-service 可以成功调用 card-service。因此，每当 card-service 构建完成，就要再触发 atm-service 进行一次测试。我们可以通过关联下游任务的方式触发测试，在 card-service 配置页面的"构建后操作"中选择"构建其他工程"，输入要构建的项目名称，即下游的任务名（本案例中的 atm-service），如图 8-18 所示。

图 8-18　通过建立"构建后操作"触发下游任务

此外，也可以将多个任务名以逗号间隔，同时触发。

我们在 atm-service 任务配置页面的"构建触发器"中选择"其他工程构建后触发"，在"关注的项目"中输入关注的项目名称，即上游的任务名（本案例中的 card-service），也可以达到相同的目的，如图 8-19 所示。

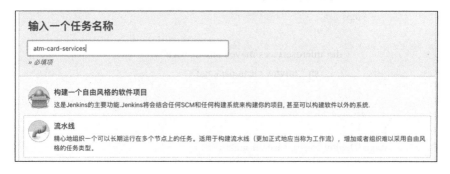

图 8-19　通过建立上游的"构建触发器"触发上游任务

在设置完成后，每次执行完 card-service 任务都会自动执行 atm-service 任务，以确保相关测试都会被执行。

8. 使用流水线（Pipeline）配置持续集成

另一种更加直接的方式是使用流水线（Pipeline）将多个任务阶段一次性编排完毕。在 Jenkins 主界面的左侧菜单上单击"新建"按钮新建流水线，如图 8-20 所示。

图 8-20　新建流水线

流水线通过一种名为 Groovy 的编程语言编写，但这并不代表需要掌握 Groovy，只要掌握几个简单的命令即可。以本文中的案例为例，可以写出如下的脚本。

```groovy
pipeline {
    agent any

    stages {
        stage('Get code from repo'){
            steps{
                // Get some code from a GitHub repository
                git 'https://github.com/wizardbyron/agile-testing-book-examples'
            }
        }
        stage('Test & Build card-service') {
            steps {

                dir('microservices/maven/card-service'){
                    sh "./mvnw clean package"
                }

            }
        }
        stage('Deploy card-service on Jenkins') {
            steps {
                dir('microservices/maven/card-service'){
                    sh "docker build . -t card-service"
                    sh "docker tag card-service:latest card-service:${BUILD_NUMBER}"
                    sh "docker stop card-service || echo \"Stop card-service failed\"."
                    sh "docker run -d --rm -p 8080:8080 --name card-service card-service:${BUILD_NUMBER}"
                    sh "docker ps"
                }
            }
        }
        stage('Test & Build atm-service') {
            steps {

                dir('microservices/maven/atm-service'){
                    sh "./mvnw clean package"
                }
            }
        }
        stage('Deploy atm-service on Jenkins') {
            steps {
                dir('microservices/maven/atm-service'){
                    sh "docker build . -t atm-service"
```

```
                    sh "docker tag atm-service:latest atm-service:${BUILD_NUMBER}"
                    sh "docker stop atm-service || echo \"Stop card-service failed\"."
                    sh "docker run -d --rm -p 8081:8080 --name atm-service atm-service:${BUILD_NUMBER}"
                    sh "docker ps"
                }
            }
        }
    }
    post {
        always {
            echo 'One way or another, I have finished'
            deleteDir()
        }
    }
}
```

以上脚本可以在示例代码的 Jenkinsfile 中找到。请注意，在输入代码时，如果想要读取环境变量，就要加上大括号，如${BUILD_NUMBER}。

执行流水线，其执行效果如图 8-21 所示。

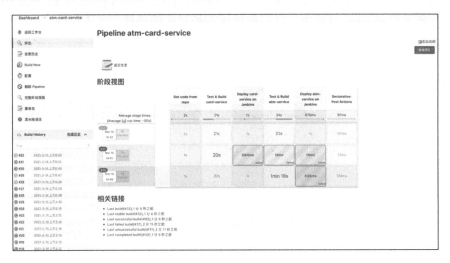

图 8-21　流水线执行效果

Jenkins 流水线脚本的指令非常多，读者可以到 Jenkins 的官网查看不同指令的用法。此外，Jenkins 的插件也提供指令。可以采用流水线即代码将持续集成和代码库解耦，将流水线作为配置文件存放在项目代码库中，此时再设置 Jenkins 就只需在流水线配置界面选择从代码库中读取流水线配置"Pipeline script from SCM"，然后选择代码库中的流水线脚本配置文件（默认为 Jenkinsfile），就可以自动完成流水线搭建。

通过上述配置，我们把流水线的配置和持续集成服务器本身解耦，代码就知道自己是如何被测试、如何被构建，以及如何被部署的了。

📢 **小技巧**：采用主从模式运行 Jenkins

在默认情况下，Jenkins 最多能同时执行 2 个任务，剩下的任务只能在队列中排队。我们可以在系统配置中通过系统管理->系统配置->执行者数量调整并行执行数字。

当任务很多但资源不足时，可以通过扩展 Jenkins 的执行节点将 Jenkins 配置为主从模式，主节点用来调度任务，从节点用来执行任务，将执行者数量设置为 0 就可以禁止 Jenkin 执行任务。

可以将虚拟机、Docker、Kubernates 集群和云虚拟机作为运行 Jenkins 的执行节点。在 Jenkins 的插件中心配置相应的插件，在系统管理中的"节点管理"中增加或删除 Jenkins 节点，并通过命令行或 SSH 登录这些虚拟机，为其创建一个执行 Jenkins 任务的用户。

建议使用 Docker 或 Vagrant 作为运行环境并使用 Ansible 这样的工具标准化测试节点的初始化工作，保证测试运行环境的一致性。

9. 检查集成测试运行结果

Jenkins 最强大的部分莫过于 Jenkins 的插件生态。在使用管理员用户的情况下，可以在 Jenkins 首页的"系统管理"菜单下的"插件管理"中安装、删除或更新 Jenkins 的插件，如图 8-22 所示为 Jenkins 的插界管理界面。Jenkins 的插件都以 .jpi 的格式下载并存放在 Jenkins 目录下的 plugins 目录中，之后被解压为相对应的插件。

图 8-22 Jenkins 的插件管理界面

图 8-22 中的 4 个标签分别代表不同的内容。
（1）"可更新"表示当前系统安装的插件有待更新版本。
（2）"可选插件"表示未安装到系统的可选插件。
（3）"已安装"表示当前系统已安装的插件，可以禁用或卸载。
（4）"高级"则是插件更新的可选配置，包括代理服务器和更新服务器。

10. 构建监控视图（Build Monitor View）

在持续集成中很重要的一点就是能够及时通知团队整个构建状态，要想实现这一点，可以使用 Build Monitor View 插件构建状态墙。首先，在插件中心搜索并安装 Build Monitor View 插件；其次，在 Jenkins 首页的"新建视图"界面中新建一个名为"All builds"

的视图,并选择"Build Monitor View",单击"确定"按钮,如图 8-23 所示。

图 8-23　新建视图

在配置页面的"Jobs Filters"下选择想要监控的构建任务,如图 8-24 所示,并且保存。

接下来就可以查看监控视图,如图 8-25 所示,绿色(右上方与下方)表示当前构建成功,红色(左上方)表示构建失败。每一部分都标明了构建号和上次失败距离本次成功的时间。

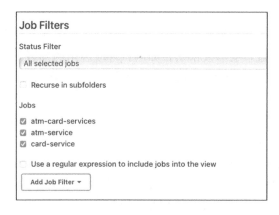

图 8-24　选择并保存想要监控的任务　　　　图 8-25　监控视图

11. 保证持续集成服务器的安全

当一个应用具有可执行的权限后,就会存在一系列安全问题。随着持续集成的构建越来越强大,Jenkins 所能处理的事情也越来越多,此时就需要通过威胁建模等技术找到持续集成的攻击面并加以预防。一般来说,Jenkins 的安全实践包括以下 6 点。

(1) 订阅 Jenkins 安全新闻。

(2) 定期更新 Jenkins 及插件的版本。

(3) 限制 Jenkins 用户的执行权限、执行主机及网络。

(4) 为 Jenkins 设定独立的账户,避免使用个人用户名密码操作。

(5) 将 Jenkins 接入公司的 SSO 机制。

(6) 对于能够产生较大影响的操作,使用人工而非自动的方式进行确认。

> 🔧 **小技巧：采用持续集成的 SaaS 化服务**
>
> 持续集成的配置和管理有一定的运维门槛，很多企业会安排专门的团队负责持续集成服务器的维护和管理，通过这一行为，可见持续集成服务器维护的复杂程度。现在，越来越多的云计算厂商或创业公司已经提供了持续集成的 SaaS 服务，如国内的 CODING、云效、ONES，以及国外的 Travis CI 等，将持续集成服务迁移到这些平台可以降低维护成本，但也要关注其中的安全问题。

Jenkins 的功能十分强大，本章对 Jenkins 的基本使用方法进行了说明，更多高级功能的使用请参考官方文档和相关著作。

8.2 持续部署

8.2.1 持续部署实践

持续部署（Continuous Deployment，CD）是一种软件工程方法，通过自动化部署频繁地交付软件功能。对于测试人员来说，测试过程会涉及部署，如测试环境应用的部署，因此测试人员有必要了解持续部署的相关知识。如果想要实现持续部署，还需要遵守以下实践。

1. 自动化部署

尽量使用自动化脚本（代码）的方式实现系统和应用的部署，自动化部署也是基础设施即代码（Infrastructure as Code，IaC）能力的部分体现。为什么需要用脚本（代码）的方式实现呢？主要原因有两个方面：一是通过自动化脚本可以提升部署的效率。现在的系统很少使用单服务器，大部分系统都是通过集群的方式部署在大规模的服务器中，如果手动完成一台台服务器部署，效率会非常低下。二是如果使用人工部署，很有可能在凌晨部署时，由于部署人员的精力不足导致出现人为错误，通过自动化脚本部署则可以避免出现此类错误。

2. 各环境的部署脚本尽量一致

尽量使自动化部署脚本可复用，例如，测试环境的部署脚本和准生产环境的部署脚本要保持一致，准生产环境的脚本和生产环境的脚本要保持一致。原因在于这样的约束可减少需要维护的脚本量，不需要再为每套环境维护独立的部署脚本。同时，同样的一套部署脚本也可以在测试环境中执行，这也是对自动化部署脚本自身的测试，如果在部署过程中出现脚本问题，那么可以在测试环境中修复，不必等到在生产环境中部署时才出现错误。

当然，要想使脚本在不同的环境中做到完全一模一样是很难的，毕竟 IP 地址、数据库实例名称等本就有所不同。我们需要尽量把这些环境数据参数化，也就是在脚本编写时，通过参数替换这些固定信息,等到在具体的环境部署时,再把这些参数按照实际的数据进行替换,使脚本更加灵活及可维护。

3. 把部署流程集成在 CI/CD 中

把部署流程集成在 CI/CD 的流水线中,最大限度地发挥部署流程的作用和价值,这也是持续部署的核心所在。通过集成,部署的触发不再由手工启动,而是通过前端的代码检入、自动化测试等进行关联和触发,使部署作为持续交付流水线的一个环节融入整个流程。

8.2.2 基于环境的部署

基于环境的部署是指通常需要在两个或更多个环境中部署系统,但实际上只有一个环境在处理客户流量,所以需要先将新的应用部署到非生产环境中,然后再把生产流量切换到这个环境中。基于环境的部署一般有两种部署模式,一种是蓝绿部署,另一种是金丝雀发布。

1. 蓝绿部署

蓝绿部署是一种比较简单的零停机部署方式。一般会有两个生产环境:蓝环境和绿环境。但在任一时刻都只有其中一个环境在真正处理客户的流量,另一个环境处于非在线的状态。当我们开始进行新版本部署时,需要先将其部署到非在线环境(蓝环境)中,同时执行一些简单测试,此时没有真实用户,所以不会影响用户体验。确认测试没有问题后,再将用户流量切换到蓝环境中,这时蓝环境变成生产环境,而绿环境则变成非在线环境。如果新版本出现问题需要回滚,那么只需要将用户流量切回绿环境即可实现。蓝绿部署如图 8-26 所示。

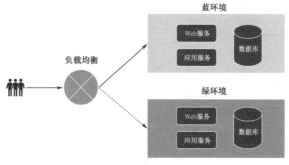

图 8-26 蓝绿部署

2. 金丝雀发布

金丝雀发布这一术语源于煤矿工人在进入矿井时,会把笼养的金丝雀也一并带进去,矿工可以通过金丝雀的反应判断井中一氧化碳的浓度,如果一氧化碳浓度太高,金丝雀就会中毒,从而提醒工人尽快离开。

在金丝雀发布中,我们先在少量的服务器中部署应用,并且监控应用在环境中的运行情况,一旦出现问题就回滚新部署的应用,在确认无问题后再进行大规模部署。例如,

Meta（原 Facebook）的金丝雀发布策略分为 3 组服务器环境：先将应用部署在仅向内部员工提供服务的生产环境服务器上，如果没有出现问题，就部署在小部分外部用户的服务器上；如果依然没有出现问题，就部署到其他大部分外部用户的服务器上。通过逐步部署的方式，减少出错对大规模用户的影响，如图 8-27 所示。

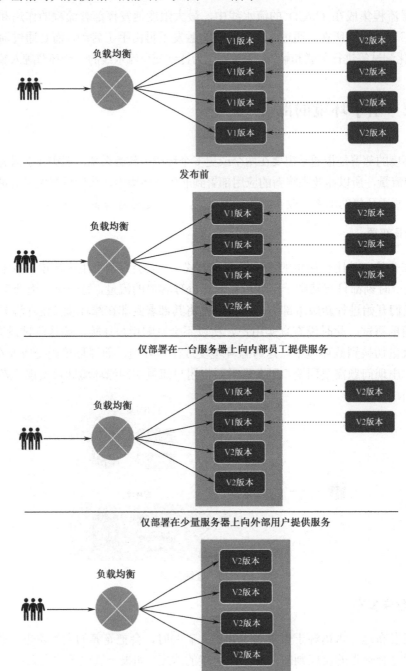

图 8-27　Meta（原 Facebook）的金丝雀发布策略

8.2.3 基于应用的部署

8.2.2 节讨论的是一些基于环境的部署策略,即通过在多个环境间切换流量控制部署的风险。其实,还可以通过应用的代码更灵活、更安全地向客户发布新的特性。当然,基于应用的部署需要开发团队参与,因为涉及对程序的修改和支持。

1. 特性开关

特性开关(Feature Toggle)就是通过在应用代码层面的条件语句来判断是否需要启动这些特性功能,一般会通过在应用配置文件来控制特性的启用和禁用。特性开关可以使部署实现更灵活、更精准地控制,其有两个重要好处,一是通过特性开关可以选择性地针对某些特定用户打开这个特性,使他们能够使用某些功能;二是如果特性出现了问题,不需要回滚整个版本,只需要关闭特性开关。所以,特性开关是一个特性级别的部署控制,比基于环境部署的控制颗粒度更细。

2. 暗启动

暗启动(Dark Launching)需要特性开关的支持才能实现。特性开关可以使特性即使被部署到生产环境,也可以暂时不启动,使我们可以先把特性部署到生产环境中,然后对客户不可见的特性执行测试,从而确保特性在生产环境中的正确性。例如,我们需要发布一个具有潜在高风险的新特性,在将代码部署到生产环境后,可以先禁用此新特性,选择性地让1%的在线用户能够对此新特性进行隐式调用(用户会调用此功能,但不向他们显示调用结果),同时观察新特性的表现。如果一切正常,我们再提高用户数量;如果出现任何问题,那么马上中止发布。通过使用暗启动,我们不用等到大规模部署后才能得到大量用户反馈,从而降低了风险。

8.3 持续反馈

在持续反馈中,一方面可以通过对应用系统进行持续监控、日志记录和分析事件获取系统的反馈,另一方面也可以通过收集用户反馈来获取更多改进信息,从而提升产品。当然,从测试的角度来说,还可以通过 A/B 测试、混沌工程、上线后测试等众多实践更快地获取到有用的反馈,以更好地改进系统。

8.3.1 A/B 测试

A/B 测试(A/B Testing)最早的应用应该是在 2000 年,Google 工程师用来测试搜索结果页面上每页应显示多少条搜索记录。后来,A/B 测试被 Google、eBay、亚马逊等各大互联网公司广泛应用。我们在日常访问淘宝网等电子商务网站时,很有可能也成为A/B测试的被测试者,只是我们不知道或没有注意到。

严格来说,A/B测试并不是传统意义上的测试,它其实是一种用户体验研究方法。A/B测试是将单个变量同时部署在2个不同版本上的随机实验,它是"双样本假设检验"在统计领域的应用,通常是通过被测试者对版本A和版本B的反应来确定这个变量中的哪个版本更有效。

例如,某电子商网站准备开展一项母亲节促销活动,需要把母婴频道的首页换个颜色。用户体验(UI/UX)设计师设计出了2个不同颜色的页面版本,一个是粉红,另一个是玫瑰红,页面布局等元素都一样,究竟哪个版本更受用户的欢迎呢?这个时候往往会使用A/B测试来选择最终版本。为这2个不同颜色的版本分别导入小部分同样规模的流量,监控用户对2个版本的喜爱程度,如观察用户停留在页面上的时长、下单率等,最终根据这些反馈确定最合适的版本。A/B测试示意图如图8-28所示。

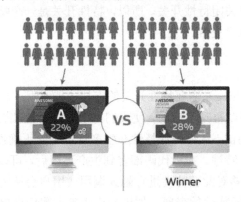

图8-28 A/B测试示意图

在进行A/B测试时,还需要注意以下4个方面。

1. 做测试时不局限于2个方案

很多时候我们以为A/B测试只有2个方案,不是A,就是B,其实,A/B测试是可以多方案并行的,没有规定只能使用2个。

2. 不能使用新版本和上个时间段的老版本进行比较

许多人认为可以通过使用相同的用户群体对新版本进行测试,然后再将所收获的数据和上个时间段的老版本数据进行比较,这种方式严格意义上不是A/B测试,虽然测试的用户群体一样,但是却忽略了一个重要因素——时间。由于这2个测试分别发生在不同的时间段,所以会存在很大的误差,例如,一个测试在"双十一"前做,一个测试在"双十一"后做,结果就会大相径庭。

3. A/B测试只能有1个变量

A/B测试的特点是每次只能有1个变量,因为只有在这一条件的限制下,我们才可以在其他条件完全相同的情况下,判断差异是因这个变量的不同版本产生的。如果同时存在

4. 避免使用用户标识奇偶法分组

有些人认为，为了让测试用户的分组更加随机，可以根据用户 ID 或设备号奇偶来划分测试用户组。这种简单的奇偶分组本身也存在一些限制，使用户的分组变得没有那么随机。而 A/B 测试又被称为分桶测试，其本身有一套更加合理的分组方式。A/B 测试会根据相关的用户 ID 使用哈希函数算法计算出唯一的、长串的哈希值，然后再选定特定的取值范围，把不同的哈希值映射到"桶"中，如通过取余的方式把这些用户平均分配到不同的组中，并且不会出现重复。这种分组方式更具有随机性和科学性。

8.3.2 混沌工程

1. 混沌工程的前身

21 世纪初，亚马逊的"灾难大师"（Disaster Master）杰西·罗宾斯（Jesse Robbins）以自身的消防员培训经历为灵感创建了一个名为"游戏日"（GameDay）的练习项目，旨在测试、培训和应对亚马逊可能发生的系统灾难。GameDay 的设计目的是通过向关键系统注入故障来提高亚马逊网站的弹性。

GameDay 的聚焦点是处理和消除区域单一的失败点，在项目中使用诸如监控、告警等工具，以及相应流程来测试标准事件响应的能力。GameDay 非常擅长暴露经典的架构缺陷，有时也会暴露所谓的潜在缺陷。例如，对恢复过程至关重要的事件管理系统由于注入故障触发了未知依赖关系而失败。

GameDay 背后的理念就是弹性工程，也就是所谓的混沌工程。

2. 混沌工程的形成

当谈到混沌工程时，除了亚马逊，另一个不得不提的就是美国在线视频播放服务商 Netflix。Netflix 从 2008 年 8 月开始就将自己的数据中心转移到 AWS 云服务上，原因是当时一个主要的数据库出现崩溃，影响了 3 天的 DVD 发货。

Netflix 衡量可用性的标准是成功的用户请求与失败的电影流媒体启动，而不是简单的正常运行时间与停机时间，而且每个地区的可用性指标都是按季度计算的。它们的全球架构跨越了 3 个 AWS 云服务区域，这样即使一个区域出现问题，Netflix 也可以在不同区域之间转移用户。

Netflix 将 Chaos Monkey（捣乱猴子）部署在 AWS 云服务上，这使其成为首批实施无状态自动伸缩微服务的应用程序之一，这一部署意味着任何实例都可以自动终止和替换，而不会造成任何状态损失。Netflix 还有另一条规定，即每项服务都应该分布在 AWS 云服务的 3 个可用区域中，如果其中只有 2 个可用，就继续运行。为了验证这个规定仍然有效，Netflix 使用 Chaos Gorilla（捣乱猩猩）关闭了可用区域。在更大的范围内，Chaos Kong（捣乱金刚）还可以隔离整个 AWS 云服务区域，以证明所有 Netflix 用户都可以从这 3 个区域的任何一个中获得服务。在生产过程中，Netflix 每隔几周就会使用这些工具进行大型的混沌测试，以确保没有任何遗漏。Netflix 还构建了专注于混沌测试的工具，以帮助其发现微服务和数据存储架构中存在的问题。Netflix 在《混沌工程》一书中记录了这些技术。

3. 混沌工程的实施步骤

混沌工程不是让 Chaos Monkey 自由活动，也不是让它们毫无目的地随意破坏"东西"（系统或基础设施），而是在一个受控的环境中打破一些"东西"，通过精心设计的实验对应用程序建立信心，让应用程序能够在动荡的环境中运行。要想实现这一点，我们必须遵循以下混沌工程循环，如图 8-29 所示。

图 8-29　混沌工程循环

（1）稳定状态。

混沌工程的一个非常重要的部分就是理解系统在正常情况下的行为，即稳定状态。在注入故障后，还需要确保系统可以回到稳定状态，并且实验不会干扰系统的正常运行。而衡量稳定状态的指标应是可度量的，并且能和客户体验联系在一起，如订单数量，而不是如 CPU、内存等系统指标。

（2）假设。

一旦确定系统处于稳定状态，接下来就可以开始进行故障假设，例如：

- 如果这个推荐引擎停止运行了呢？
- 如果这个负载均衡器坏了怎么办？
- 如果缓存失败了怎么办？
- 如果延迟增加了 300ms 会如何？
- 如果主数据库停止运行了怎么办？

当然，只设定并选择 1 个假设即可，并且不要将其设定得过于复杂，从小处着眼。以亚马逊零售站点的首页为例，如图 8-30 所示。如果"按类别购买"（Shop by Category）加载失败，是否应返回 404 错误信息。或者以空白框的形式（如图 8-31 所示）加载在页面上。又或者页面应被优雅降级，例如，被折叠并隐藏加载失败的内容，如图 8-32 所示。

第 8 章 敏捷测试延伸实践

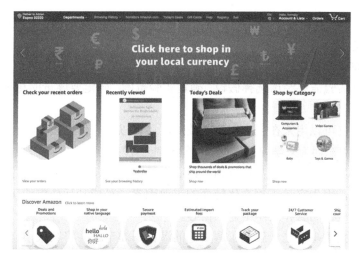

图 8-30　亚马逊零售站点的首页

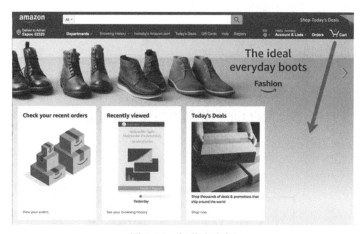

图 8-31　加载空白框

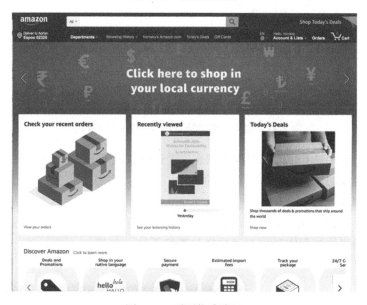

图 8-32　页面优雅降级

请牢记一点，不要进行已知会让系统失败的假设！只对系统中你认为有弹性的部分进行假设，这才是实验的重点。

（3）设计并运行实验。

设计并运行实验需要经历选择假设、确定实验范围、确定要度量的相关度量标准和通知组织4个步骤。

混沌工程不仅可以用来在生产中注入故障，还可以被看作一段"旅程"，一段通过打破受控环境中的"东西"来学习的旅程。不管混沌工程是运行在本地开发环境、类生产环境，还是在生产环境中，我们都可以通过精心设计的实验建立对应用程序的信心。其中，建立信心是关键，因为它是工程文化转变的重要因素，是成功运作混沌工程的必要条件。从小事做起，慢慢在团队和组织中建立信心。

实验阶段重要的事情之一就是了解实验的潜在爆炸半径并将其最小化，同时询问自己以下问题。

- 有多少客户会受到影响？
- 哪些功能受损？
- 哪些地点受到影响？

尝试使用一个紧急停止按钮或方法来停止实验，以尽快回到正常的稳定状态。一个较好的实践是通过金丝雀发布来减少失败的风险。在进行混沌工程实验时，可以先选择一个数量较少的用户子集（小部分用户）进行测试，然后慢慢地回滚整个基础设施到稳定状态，如图8-33所示。

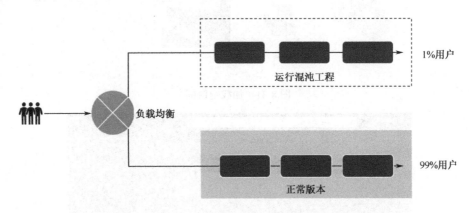

图8-33 混沌工程实验要先对小部分用户测试

最后牢记一点，对于修改应用程序状态（缓存或数据库）或不能轻松回滚的实验要小心，这些状态造成的后果往往是不可逆的。

（4）学习和验证。

为了进行学习和验证，我们还需要对实验结果进行量化。量化一般从测量实验各阶段耗时开始，使用混沌工程实验来测试监视和警报系统，包括：

- 检测时间。
- 通知时间。
- 升级时间。

- 发布时间。
- 优雅降级时间。
- 自我修复时间。
- 恢复时间（部分和全部）。
- 解除警报并恢复稳定时间。

故障的原因并不是孤立的，大事件总是由多个小失败累积而成，这些小失败又累积成更大的事件。对每个实验都进行事后分析，事后分析的输出被称为错误纠正（Correction-of-Errors）文档，简称 COE 文档。使用 COE 文档从错误中学习，无论这些错误是来自技术、流程，还是来自组织中的缺陷。使用 COE 机制可以帮助解决根本的错误并推动持续改进。在这一过程中，取得成功的关键是对出错的地方保持开放和透明。编写一个好的 COE 文档的重要指导原则之一是免责，即避免由个人承担所有责任。COE 文档由以下 5 个主要部分组成。

- 发生了什么事（时间轴）？
- 对我们的客户有什么影响？
- 为什么会出现错误（5 个 Why 原则）？
- 你学到了什么？
- 你将如何防止它在未来再次发生？

为了形成完整的 COE 流程，我们可以通过每周开展度量评审会议来持续检查 COE 文档。

（5）改进和修正。

此处最重要的实践是，当我们从混沌工程实验中发现了一个弹性问题，我们需要优先修复该问题，而不是开发新功能。让高层管理人员来执行这个过程，并且相信解决当前的问题比继续开发新功能更重要，因为如果不及时修复，很可能会造成更大的影响，届时所要付出的代价将大得多。

4. 混沌工程的价值

混沌工程存在多方面的价值，其中以下 2 点尤其重要。

（1）混沌工程能够帮助发现系统中的未知因素，并且能让我们在正常工作时间对其进行修复，避免牺牲休息时间。

（2）一个成功的混沌工程实践总会产生比预期多得多的变化，在这些变化中最重要的是免责文化从"你为什么那样做"自然演变成"我们如何避免在未来这样做"，这会让团队更快乐、更高效，也是其黄金价值所在！

8.3.3　生产环境测试

生产环境测试，顾名思义，是指在生产环境中进行的测试。通过生产环境测试可以更加快速地获取系统在真实环境中的表现，从而更加主动地发现系统存在的缺陷并接收系统的真实反馈，减少缺陷暴露给最终用户的可能性。从测试目的来讲，生产环境测试可以分为两类：一类是上线后测试，另一类是线上巡检。

1. 上线后测试

上线后测试是指当版本发布到生产系统，但还没有正式提供给最终用户使用之前的测试，其主要目的是检查新版本部署后是否正常、是否存在重大和明显的问题等。

为什么在上线前做了那么多测试后，还要在上线后再做一轮验证呢？主要是为了避免测试环境和生产环境的差异可能带来的风险。一方面，在上线前测试时使用的一些配置文件或脚本是根据测试环境进行设置的，有些时候，当我们把这些配置文件或脚本发布到生产环境时，可能会因为疏忽而忘记对其进行更新，导致在生产环境部署时出现问题。另一方面，当测试不充分的时候，有些需求在测试环境测试没有问题，但是到了生产环境，问题就可能会暴露出来。例如，性能问题，有些查询在上线前测试时因为没有专门识别出来做性能测试，而测试环境的数据量又比较少，所以根据当时的测试结果发现不了问题，一旦发布到生产环境中，表记录存量非常大，这时，查询的性能问题就凸显出来了。

2. 线上巡检

线上巡检是指在日常的运营中，需要经常对系统进行相关测试，以此主动发现潜在的问题。线上巡检非常必要，因为即使应用已经通过了上线前的测试，但是由于很多时候没有全面考虑实际的生产场景，在上线后如果出现一些比较特殊的业务或数据，之前没有考虑到的问题就有可能暴露出来。一般来说，我们会定期执行线上巡检，如每天一次或每周一次，通过主动发现的方式来查看系统的稳定性和业务的正确性，从而获取系统的反馈。

对于生产环境测试，我们需要注意以下3个方面。

（1）避免"脏数据"。

由于是在生产环境进行测试，所以不可避免地会产生一些测试"脏数据"或日志，稍不留神就有可能会影响实际的情况，例如，报表统计把测试数据也统计进去了。避免"脏数据"的方法有两个：一是我们的测试尽量不要有插入、更新和删除的操作，避免生产数据变化，同时，测试操作应以查询为主，因为上线后测试的时间相对较紧迫，没有充足的时间做完善的测试，所以可以通过简单的查询操作来检查系统是否正常，或者在测试订单流程时不完成最后的付款步骤，避免产生真实订单。二是针对测试数据打标签，把测试数据和生产数据通过一些标识进行区分，以便在最后做统计时过滤测试数据。这种方法相对麻烦，需要将流程中的相关模块也进行相应改造，以便于区分。一般来说，线上巡检更多会采用为数据打标签的方式，时下比较流行的全链路压测或全链路功能测试也是采用类似原理实现的。

（2）尽量使用自动化测试。

在生产环境测试中，尽量使用自动化测试是非常有必要的。一方面，我们的上线后测试时间有限，一般只有几个小时，所以需要通过自动化测试加快测试速度；另一方面，人工测试因为时间紧迫或人会疲倦等因素，总会出现人为失误，而自动化测试只要在第一次测试时检查自动化测试脚本并确认其正确性，之后每次执行就都不会出错，这也是机器执行和人工执行相比的优势所在。

（3）测试范围主要考虑核心业务。

虽然可以在生产环境中进行测试，但是受环境和安全等条件限制，生产环境无法像测试环境那样自由，因此不需要把所有的业务都放在生产环境中测试，只将一些关键的核心业务放在生产环境中进行自动化测试即可。请记住，生产环境测试的主要目的是保障系统的正常运行和关键功能的可用性，而不是保证所有的功能都没有问题。

8.4 DevOps

随着敏捷软件开发的影响越来越深入，敏捷软件开发的原则也开始影响软件运维领域，于是，DevOps 运动因势而生。DevOps 是 Development（开发）和 Operations（运维）的缩写的组合，其重视软件开发人员和运维人员的沟通合作，通过自动化流程使软件构建、测试、发布更加快捷、频繁和可靠。本节将针对 DevOps 和软件测试的影响进行简要介绍。

8.4.1 DevOps 的由来

DevOps 一词来源于 2009 年在比利时根特市举办的首届 DevOpsDays，这是一个为期 2 天的线下技术社区活动，汇聚了全球的 IT 专家，他们围绕影响开发和运维合作时存在的矛盾和阻碍进行了分享和探讨。2009 年后，DevOpsDays 便在全球各国家和城市开展起来，至今已举办了上百场，影响了全球的 IT 行业发展。

在很多组织中，开发人员和运维人员分别属于 2 个不同的部门。开发部门的目标是产出更多的软件功能，运维部门的目标是维持生产系统的稳定。更多的功能会导致更多的变更，从而使生产环境变得不稳定，于是就产生了"开发-运维"矛盾。软件开发日益敏捷，运维就成了阻碍变更的瓶颈，因此，需要通过一系列管理实践和工具解决这个瓶颈。

从本质上来说，DevOps 是对软件质量要求的丰富和延伸，即通过将生产环境的质量要求传递到软件开发上游来提高软件开发的质量的基线，保证软件系统能够低风险、高频率快速部署和发布，及时响应客户需求，为客户和企业创造更多价值。

根据 DevOps 的理念产生了很多软件和概念，云原生、微服务、Docker、Kubernetes、基础设施即代码（IoC）等都是实现 DevOps 的工具。然而，仅有这些工具还不够，只有采用持续集成、持续部署、持续反馈等实践才能让这些工具和理念发挥最大的价值。

8.4.2 DevOps 三步工作法

DevOps 三步工作法作为 DevOps 的基础原则在《DevOps 实践指南》中被详细阐述，但三步工作法其实来源于《凤凰项目：一个 IT 运维的传奇故事》这本书，书中还衍生了 DevOps 的行为和模式。DevOps 三步工作法如图 8-34 所示。

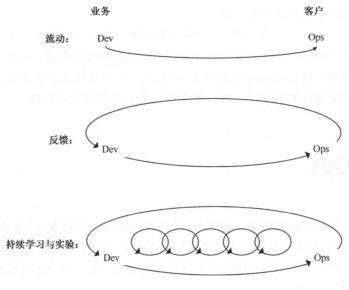

图 8-34　DevOps 三步工作法

DevOps 三步工作法的第一步是流动，也就是将开发到运维的工作实现从左向右的快速流动。而为了实现快速流动，我们需要采取诸如限制在制品数、减少批量大小、减少交接次数、持续识别和改善约束点、消除价值流中的浪费，以及使工作更加透明等实践。当我们把看板延伸至运维一侧，并将软件的最终发布作为 DOD 后，就完成了第一步。

DevOps 三步工作法的第二步是反馈，也就是在从右向左的每个阶段都应用持续快速的工作反馈机制。如何更快速地得到反馈？我们需要建立能发现并解决问题的遥测系统，同时分析遥测数据，从而更好地预测故障和实现目标，将 A/B 测试融入日常工作，同时建立评审和协作流程以提升当前工作的质量等。当看板的每个阶段都通过自动化的方式建立了持续集成部署流水线，第二步就完成了。

DevOps 三步工作法的第三步是持续学习与实验，也就是需要建立具有创意和高可信度的企业文化，支持动态的、严格的、科学的实验。为此，我们需要建立公正和学习的文化，并将学习融入日常工作，同时培养不指责他人的文化。我们需要将局部经验转换为全局改进，还需要预留组织学习和改进的时间等。针对每次发布中发现的问题，团队不断总结、优化，不断改进整个交付流程，就做到了第三步。

作为 DevOps 的基础原则，DevOps 三步工作法构建了一个较好的采纳模型，为践行 DevOps 提供了较好的指导。

8.4.3　DevOps 与测试

DevOps 这个词由 Dev 和 Ops 组成，表示开发和运维的融合，于是就有不少人认为，这里面没有测试什么事了，因为在这个体系中，测试很少被提到。这也是让很多测试人员感到恐慌的原因，感觉 DevOps 是开发人员和运维人员的事情，测试人员从中找不到自己的位置。

关于这一点，Katrina Clokie 在 *A Practical Guide to Testing in DevOps* 一书中提到，在 DevOps 中之所以很少提到测试，是因为这些社区的组织者并不是测试背景出身，但这并不意味着测试就被弱化了，相反，测试应该作为重要的活动融入整个开发过程。敏捷专家 Dan Ashby 在个人文章 *Continuous Testing in DevOps* 中表示："你可以看到为什么人们很难理解在这样一个根本没有提到测试的模型中，测试处于这样的位置。对我来说，测试适用于 DevOps 模型的每一个环节。" Dan Ashby 还画出了如图 8-35 所示的 DevOps 双循环活动示意图，用来表示测试存在于 DevOps 的每个环节。

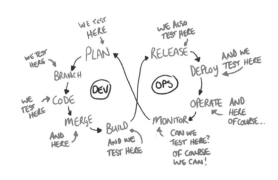

图 8-35　DevOps 双循环活动示意图

无论是 DevOps 还是敏捷，测试都不像瀑布模型那样存在一个独立的测试阶段，测试已经融入了整个开发过程，所以，DevOps 中的 Dev 不只指代码开发，还包括测试在内的整个开发过程。作为测试人员，我们不应该对此感到恐慌或迷茫，而是应该积极地拥抱敏捷和 DevOps 潮流，学习与敏捷相关的知识，从而为敏捷测试转型做好准备。

8.4.4　DevOps 与敏捷测试的集成指导原则

敏捷测试与 DevOps 相辅相成，DevOps 的能力离不开敏捷测试这个重要的部分，而敏捷测试需要集成在 DevOps 的各环节中。下面通过 5 个聚焦领域来探讨敏捷测试与 DevOps 的集成指导原则，并且给出这些领域存在的一些常见陷阱，如表 8-1 所示。

表 8-1　敏捷测试和 DevOps 的集成指导原则及常见陷阱

序号	聚焦领域	描述	常见陷阱
1	质量工程	扩大质量保证的范围和作用，从而促进和推动质量成为整个 DevOps 过程的副产品，而不是作为确认产品输出的手段	• 自动化单元测试不是标准方法 • CI/CD 不到位或非常有限的构建和部署自动化 • 在 CI/CD 中，代码质量分析不是自动化的
2	Sprint 内测试领域	测试的角色名称可能有所不同，但是在 Sprint 中嵌入测试功能和活动是 Sprint 团队成员职责的一部分，这一点很重要	• 在开发开始之前，产品负责人、开发人员和测试人员不会评审验收标准，并且没有达成一致意见 • 自动化验收测试不是标准 • 用户故事只在 Sprint 后期进行测试，而不是在 Sprint 中尽早开始测试

续表

序号	聚焦领域	描述	陷阱
3	跨 Sprint（集成）测试领域	需要对同一团队多次 Sprint 的结果集成测试，也需要对同一次 Sprint 中多个团队的交付物进行集成测试	• 只能在 Sprint 内测试功能，不能跨 Sprint 集成测试 • 在用户故事开发的 Sprint 后没有发布/集成/回归的环节
4	高水平的测试自动化，分布在整个技术栈中	• 以可持续的方式自动化构建，并且专注于业务关键领域。手工测试主要是探索式测试 • 自动化通过应用程序栈（UI、API 和后端）实现适当分布，并且以高标准的单元测试自动化覆盖率作为基础	• 没有已定义的自动化测试策略和治理方案 • 低水平的单元测试自动化 • 低水平的验收和集成/回归自动化，或者只关注 UI 自动化测试
5	测试/质量参与整个交付过程	• 从用户故事开发的初始阶段到产品部署，需要扩展测试人员参与度 • 技术债务保持在最低限度；在无法避免的情况下，需要把为了降低技术债而补救的用户故事添加到待办列表（Backlog）中	• Sprint 内测试工程师和集成/回归测试人员不参与梳理用户故事或定义验收标准 • 由测试人员提出的缺陷和问题通常没有被及时处理，而被放到待办列表中推迟处理

8.5 本章小结

敏捷测试在整个敏捷交付过程中无法被单独或抽离出来实施，而是应该贯穿整个敏捷交付过程，这样才能更好地发挥价值，因此，本章内容主要是敏捷测试的延伸实践，具体内容如下。

（1）持续集成（CI）是每天数次将所有开发人员的工作副本合并到共享主干上的实践。

（2）持续集成可以分为提交阶段和自动化验收阶段 2 个过程。

（3）持续集成与测试相关的实践包括：

- 提交前在本地运行所有的提交测试。
- 待提交测试通过后再继续工作。
- 不要轻易将失败的测试注释掉。
- 若测试运行变慢，则让构建失败。
- 若出现编译警告或存在代码风格问题，则让测试失败。

（4）持续部署（CD）的实践包括自动化部署、各环境部署脚本尽量一致，以及把部署流程集成在 CI/CD 中。

（5）持续反馈可以通过 A/B 测试、混沌工程和生产环境测试更快速地获得。

（6）无论是在敏捷中还是在 DevOps 中，测试都不会作为一个独立的阶段存在，而是存在于每个环节。

第 4 篇
敏捷测试案例

第 9 章　小型敏捷团队的测试实践案例

敏捷团队的人数一般不超过 10 人，如果超过了这个数量，就需要将其拆分为多个敏捷团队。与此同时，为了避免团队间形成依赖，还会调整工作内容，甚至调整软件架构，防止团队间相互阻塞。如果团队间的工作产生了依赖，并且团队总人数较多（50 名以上成员，或由 5 个以上的小型团队构成），则需要考虑采用规模化敏捷框架。相关案例请参考第 10 章。

9.1　项目背景

公司 A 是国内一家大型消费类电子产品制造企业，其总部设在北京。公司 A 收购了深圳的公司 B，公司 B 是一家全球化的电子产品制造企业，在各国设有工厂，其大型工厂主要分布在中国深圳、菲律宾和巴西。公司 B 有个可以把订单转化为物料清单（Bill of Material，BOM）的遗留系统。该系统可以建立机器模型（Machine Model，MM），将客户的机器订单转化为相应的 BOM，并且验证 BOM 是否可以正常生产，以及在哪个工厂生产和运输的成本最低。随后，把订单对应的 BOM 下发到最适合的工厂生产。在生产完成后，按照订单上的地址交付机器。

公司 A 需要把自己的订单系统与公司 B 的系统集成，将自己的订单转化成公司 B 的订单格式，使该系统能够识别并生成 BOM。这个项目的难点在于公司 B 的订单复杂程度远超公司 A 数倍，而且公司 B 的订单转化系统没有提供源代码，只提供了文档和历史订单，以及对应的 BOM。

因此，这个项目有 4 个里程碑。

（1）通过新系统处理公司 B 的原有订单。

（2）通过新系统使用公司 B 的物料设计新的机型，并且可以投入生产制造。

（3）通过新系统使用公司 A 的物料设计新的机型，并且可以投入生产制造。

（4）公司 A 的订单可以使用机器模型转化为新系统可识别的格式，并通过"Order to BOM"系统进行处理。

没有人知道这个项目需要多少预算、需要进行多长时间，于是，公司 A 通过招标选择供应商。公司 A 使用 3 个历史订单和 BOM 作为 PoC 测试案例，希望新系统能够将这 3 个订单准确转化为同样的 BOM。同时，希望在梳理业务规则时就开始开发系统，而不是等设计好之后再开发。

我们公司的相关团队做出了一个 PoC，通过了客户的 3 个案例，而其他供应商没有做出来。于是，我们公司得到了这个项目，并且负责完成后续的开发。

9.2 团队成员

此时，公司 A 和公司 B 相关部门的成员已组合到一起开始合作整理订单业务规则，以下分别简称为客户（北京团队）和客户（深圳团队），而我们的团队则需要和他们组建成联合的敏捷软件开发团队。

9.2.1 团队角色和组织

敏捷软件开发团队的角色和人数分布如图 9-1 所示。

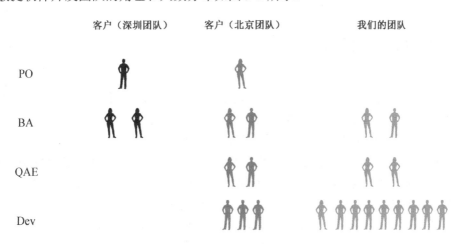

图 9-1 敏捷软件开发团队的角色和人数分布

（1）产品负责人（Product Owner，PO）：在团队中，主产品负责人来自客户（北京团队），副产品负责人来自客户（深圳团队）。副产品负责人每两周来一次北京，把深圳工厂等的测试情况与团队同步。

（2）业务分析师（Business Analyst，BA）：客户（北京团队）提供 2 名，客户（深圳团队）提供 2 名，我们的团队提供 2 名。客户的业务分析师帮助解释业务规则，而我们团队的业务分析师负责把业务规则转化为业务流程。

（3）质量保证工程师（Quality Assurance Engineer，QAE）：客户（北京团队）提供 2 名，我们的团队提供 2 名。在团队中，质量保证工程师要监督团队的工程实践质量，同时还要完成测试的工作。我们团队的质量保证工程师负责 UAT（用户验收测试）前的测试工作，客户的质量保证工程师则负责 UAT 阶段的测试工作。

（4）软件开发工程师（Developer，Dev）：团队的人员构成可以多样化，但首先要尽可能保证团队可以独立交付用户故事和测试用例。在我们的团队中，软件开发工程师不分前端和后端（那还是一个不分前后端的时代），包括我在内一共有 9 名。

> **小技巧**：从测试工程师到质量保证工程师
>
> 不同于传统的测试工程师，质量保证工程师除了要交付软件对客户的质量（即常规的功能性质量和非功能性质量），还要交付在交付过程中形成的产出物的质量和活动的质量，包括：
> - 需求分析文档的质量和活动的质量。在需求分析阶段，质量保证工程师也要参与其中，并且对需求分析的结果进行把控。
> - 在开发过程中，针对质量活动（如 TDD、结对编程、代码评审）的执行结果和质量，质量保证工程师需要能够辅导软件开发工程师使用正确的极限编程测试实践。
> - 提出代码质量（静态检查）要求并通过工具实现自动化检查。质量保证工程师要能够根据团队的能力制订合适的自动化检查门槛。
> - 功能性质量（是否满足需求、是否处理边界场景），这点和测试工程师的工作内容一致。
> - 非功能性质量（主要是性能、稳定性、安全性等），这点和测试工程师的工作内容一致。

9.2.2 价值交付责任人

一个用户故事是一个小型敏捷软件开发团队在一次迭代内交付的单元，用户故事是需求的场景化描述，可以独立交付价值。正如第 4 章所述，衡量一个用户故事是否能够被拆分的标准，就是拆分后的用户故事是否具备独立的价值。

在项目中，一个用户故事就是一个独立的订单。纵然完成一个订单可能会经历十几个，甚至几十个步骤，但如果单拆分后无法单独交付价值，那么其也是不可拆分的。

产品负责人既是用户故事价值交付的责任人，也是整个用户故事的负责人。在每个用户故事的交付过程中，每个阶段都有不同的负责人。从承诺的角度讲，产品负责人或业务分析师向客户承诺交付价值。在团队的产品负责人承诺价值后，质量保证工程师负责交付验收结果。

- 第一责任人：产品负责人或业务分析师。
- 第二责任人：质量保证工程师。
- 第三责任人：软件开发工程师。

需要注意的是，如果团队内的软件开发工程师分前端与后端，那么前端工程师负责前端验收，后端工程师负责后端验收，运维工程师负责上线验收。

9.3 测试策略和测试流程

在这个项目已开展了两个月，即将进入第三个月时，前任项目技术负责人提出离职，我接替他进入项目，发现了以下 3 个问题。

（1）客户并没有和我们的团队建立快速反馈的沟通机制，而是通过项目周例会进行沟通，会上并不提出和解决问题，只通报项目进度，沟通成本较高。

（2）竞标项目的 PoC 完成后，原先的开发团队解散了，为了节约开发成本，新员工和外包方加入了项目，遗留知识未能很好地传递下来。

（3）项目在启动一个月后就降低了质量要求，持续集成成了摆设，即便测试失败，团队也不关心，这导致后续在开展工作时需要花费更多的时间回归之前的问题，也在一定程度上使我们失去了客户的信任。

我进入项目一个月就发现团队现在的产能无法满足按期交付给客户的要求，而且出现了新的质量问题，使客户对项目渐渐失去信心，要求团队加班赶上项目进度。同时，客户发现目前的开发进度远无法实现项目最开始的目标，对此感到非常焦虑。于是，团队和客户建立了质量规约。

> **小·技巧：建立质量规约**
>
> 由于在项目管理中，交付时长、项目范围、成本（项目预算）三者不可能同时固定，对于一个"黑箱"的软件系统，团队需要在开发的过程中学习，而在项目交付时长和成本固定的情况下，不可避免地会遇到项目范围扩大而引发的质量问题。
>
> 软件开发项目的项目范围具有 2 个特点。
>
> （1）软件开发的初始范围是模糊的，需要在开发过程中通过获得软件和客户的不断反馈逐渐规划清晰，等软件设计完整之后再开发是不可接受的。在项目初期不可能估算出清晰的开发范围和所需要的成本，明确项目范围是一个不断沟通的过程。
>
> （2）很多需求在交付前后的价值并不一致。在交付期间，外部环境和内部认知都会发生变化，此时的需求价值仅能通过估算得出，到了交付的时候，这个需求的价值与最初的期望就会存在差距。
>
> 在交付时长和成本有限的情况下，只能在质量和项目范围中择其一。质量是承诺给客户的价值，如果不能交付客户认可的质量的软件，就相当于没有交付价值，因此我们能够选择的就是延长交付时长，或者减少项目范围。
>
> 所以，质量规约就是与客户对交付的质量标准达成一定共识，双方同意在有限的资源下愿意放弃的条件，例如，延长交付时间或缩减项目范围。这个规约越早建立越好。
>
> 缺乏经验的产品负责人会"满足所有需求"，而不关注产品的发展和需求的价值，导致项目范围不断扩大，造成客户和用户的不满。

在该项目中，主产品负责人是项目管理出身，缺乏产品规划经验。所以，当她接收到"覆盖所有案例"的命令后，不打算与上级讨论沟通，也没有和多个合作方建立质量规约，而是在项目连续 3 个月明显落后于预期进度后，才接受"先覆盖 90%的主要场景，剩下 10%的复杂场景延期覆盖"的建议，建立了减少项目范围的质量规约。

从短期来看，我们减少了项目范围。但从长期来看，我们延长了完整项目范围交付的时间。

9.3.1 测试用例策略

首先,将 PoC 代码作为基线保存;其次,根据现有的测试案例进行分析。基于客户的订单数量和测试用例组合关系,团队与客户确定了主场景,同时将原机型系列 1 的 PoC 作为测试用例拆分出多个主场景,其分析示意图如图 9-2 所示,图中每个场景都对应一个机型。

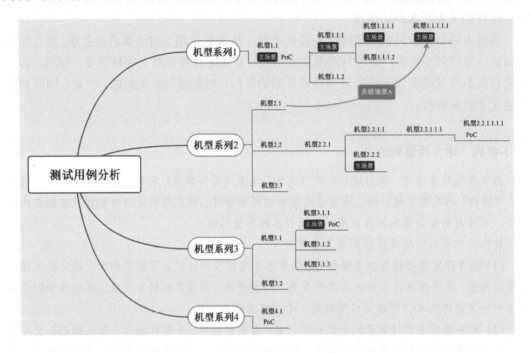

图 9-2 测试用例分析示意图

在项目开始前,客户先为竞标方发放了 PoC 测试案例,将场景划分为 4 类。我们拿到 PoC 测试案例后进行了 PoC 开发,一共通过了 3 个案例,分别是:机型 1.1、机型 3.1.1、机型 4.1,机型 2.2.1.1.1.1 没有通过。

机型 2.2.1.1.1.1 可以被看作最复杂的机型测试用例,只要它能通过,剩下的测试用例均可以通过。结合业务发现,机型 2.2.1.1.1.1 虽然最为复杂,但是这类订单的业务量并不大,预计占比不到全年业务量的 0.1%,反而是和它相近的机型 2.2.2 的业务量较大,占全年业务量的 13%左右。因此,从机型 2.2.1.1.1.1 中拆分出机型 2.2.2 作为主场景。

同理,机型 4.1 虽然被列为 PoC 必须通过的案例,但其业务量占比不足 5%,这类场景是客户应对未来发展的需要所建立的新机型。

本项目采取的客户策略是先维持和去年一样的业务,打通订单到生产的端到端的环节。如果要面对未来的业务,那么场景优先级可能就会发生变化。

需要注意的是,在图 9-2 中还有个关联场景 A,这是客户发现消费者在购买机型 1.1.1.1 时会同时购买机型 2.1。如果同时购买 2 种机型,就可以享受折扣,所以存在这样 1 个场景。

9.3.2 ATDD 流程

我在项目结束后才了解什么是验收测试驱动开发（ATDD），回顾整个项目，发现其实就是在做 ATDD。当发现测试用例的场景不清晰、定义不准确的时候，软件开发工程师会询问业务分析师和产品负责人，如果他们也不清楚，就进一步询问客户。

通过开展多次敏捷回顾会进行讨论与调整，我们形成了如图 9-3 所示的测试流程。

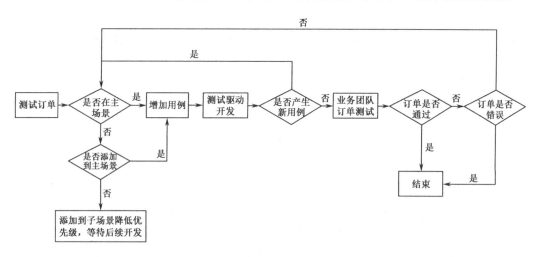

图 9-3　测试流程

首先，副产品负责人每两周会带一批待测试的订单来北京供团队测试，业务分析师和质量保证工程师会根据业务逻辑梳理和拆分测试用例，并将测试用例分为高优先级（主场景，在 6 个月后能够生产）和低优先级（在 9 个月以后才需要生产），由产品负责人、业务分析师和质量保证工程师确认场景，排列优先级，并且按照不同优先级放入开发待办列表。随后，与客户针对优先级达成一致看法，并且按优先级顺序进行开发。在整个项目的开发过程中，在大部分情况下客户都认可了团队的优先级安排，只有在个别情况下（印象中有 3 次）客户调整了优先级。

其次，软件开发工程师根据测试用例进行 TDD，将测试用例转变成自动化测试用例，然后编写代码。在开发完成后，质量保证工程师验收软件开发工程师提交的自动化测试，再针对一些自动化测试难以覆盖的场景增加相应的人工测试。在开发过程中可能会发现新的测试用例，这时，软件开发工程师就需要向业务分析师和质量保证工程师提出新的测试场景的业务逻辑，待业务分析师和质量保证工程师补充测试用例后，再次进入开发流程。

在开发测试完成后，在 UAT 进行一次发布，由公司 A 与公司 B 的用户进行测试。如果测试中出现了问题，就需要进一步分析根因，判断是订单出错还是实现有问题，以此进一步丰富测试用例，不断进行增量开发。

9.4 持续集成策略

在整个质量实现中，持续集成在提高研发效率的过程中发挥了关键作用。我们在项目一开始就使用 Jenkins 建立了持续集成。

我们将 PoC 的代码和 PoC 的测试订单保存下来作为基线，这样，每次代码发生变动，我们都能捕获新的代码对现有的测试用例产生了何种影响。如果通过的测试用例执行失败了，那么一定是新提交的代码出现了问题，我们就可以进行针对性修复。自动化测试的运行和回归能够帮助团队维护好已有的交付成果。

我们并没有基于主干开发，而是针对每个案例单独建立一个代码分支，在开发完成并经过质量保证工程师测试后，再将主干代码合并到分支，在处理完冲突后再合并到代码主干，这就是合并前处理冲突。这个分支模型的优点是多个不同的机型可以同时独立开发，并以最快速度分别独立交付客户；缺点是当测试完毕后再将分支合并到主干，需要较长时间处理合并冲突。

在代码合并到主干后，Jenkins 就会执行全面的自动化测试和静态检查，我们使用 SonarQube 检查代码中存在的问题并设置一定的质量门禁，待通过质量门禁后，再进行构建打包。我们使用了 Gradle 而非 Maven，因为 Gradle 具有更简明的语法和更丰富的插件，可以帮我们很好地构建持续集成中的各种任务。

在完成自动化构建后，将构建制品（war 包）人工发布在 UAT 环境（客户不允许将其自动化部署到 UAT 环境）中，供用户进行测试。待用户测试通过后，删除原来的分支，并且在主干代码上进行一些重构。

> 👍 **小技巧**：如何提出重构和何时重构

重构对客户来说是一件不增加任何业务价值的活动，但能够带来更清晰的架构和逻辑。重构能够起到的作用就是帮助降低代码的维护成本，并且减少未来在修复测试中查阅遗留代码的时间。

但是，对于客户来说，团队的投入产出比较低。代码的可维护性并不在他们的考虑范围内，合同里最多提一个"代码可维护性好"的要求，但这条要求应如何执行和验收却存在很大主观性，如果客户认可重构的价值，那么就比较幸运。

虽然我提倡及时重构（TDD 本身就包含重构这项活动），但高层次的架构重构无法及时发现"坏味道"，而是需要积累一定量的代码才能识别出。这个积累过程需要一定的时间，特别是当多人在同一个代码库上工作时，相应的重构也需要花费额外的时间。虽然有经验的软件开发工程师在一开始就知道正确的做法，但这样的经验积累也需要时间。

一般来说，如果发现同样大小的故事点的交付周期变长了，例如，从一个故事点 1 天增加到了一个故事点 3 天，可能就要考虑是否应该重构，否则代码的维护成本可能就会增加。

9.5 本章小结

这个项目前后做了五期,我参与了第一期,起因是项目开始后的第三个月,原技术负责人离职,需要我接替他。我在完成了第一期的目标(覆盖 90%场景)后就离开了项目,剩下 10%的场景花费了 2 个人 1 年的时间。负责项目的团队成员人数在我离开后的 2 个月内缩减了一半。

需要承认的是,这个项目的进展不是一帆风顺的,在我加入项目的时候遇到了以下 5 个挑战。

(1)客户没有和我们建立快速反馈的沟通机制,而是采用项目周例会的形式,并不提出和解决问题,只通报进度,沟通成本很高。

(2)在 PoC 结束后,原先的开发团队就解散了,为了节约成本采用新员工加入项目,遗留知识并未很好地传递下来。

(3)新加入项目的成员没有经历过 TDD 和经受过重构的训练,这导致 PoC 后的代码缺乏自动化测试覆盖。

(4)在项目开始后的 1 个月内降低了质量要求,持续集成变成了摆设,即便测试失败,团队也不关心,这导致后续在开展工作时需要花费更多的时间回归之前的问题,失去了客户的信任。

(5)质量规约构建得比较晚,我加入后才建立了质量规约。客户在第三个月发现项目进度落后于预计进度,增加了 1 个产品负责人,然后进行了妥协,才建立了质量规约。

在这个项目中,有以下 5 点值得学习和参考。

(1)在项目开始构建持续集成,让 PoC 的成果得以保留。

(2)不断通过敏捷回顾会改进团队的表现和工作方式。

(3)建立质量规约,客户中途换了一个愿意妥协的产品负责人,为团队减轻了很多压力。

(4)制定测试策略,为测试用例建立优先级。

(5)建立 ATDD 的流程。

第 10 章 规模化敏捷软件开发团队的测试实践案例

在第 9 章中，我们介绍了小型敏捷团队的测试案例。敏捷软件开发方法原本是适用于小型团队的轻量级方法，因此敏捷软件开发团队一般是指不超过 10 人的小型团队。常见的团队结构由 5 个结对的软件开发工程师组成，其中不包含产品负责人和 Scrum Master。

若团队成员超过 10 人，则要分裂成多个小团队。当这种规模的团队数目超过 5 个，或者总人数超过 50 人时，团队的组织、沟通和协调会更加困难。这时，我们就需要通过规模化的敏捷软件开发实践来解决这些问题。

敏捷软件开发团队的规模化一直是敏捷社区内经久不衰的话题，随之也诞生了许多规模化敏捷框架，例如，SAFe、LeSS、Nexus、Scrum@Scale 等。

规模化敏捷框架（SAFe® for Lean Enterprises，SAFe）是我实践过的有效的规模化敏捷软件开发框架，其沿袭了小型团队所使用的看板、Scrum 和 XP 等敏捷实践，又提出了敏捷发布火车（Agile Release Train，ART）这样的跨团队沟通机制，使不同的敏捷软件开发团队之间可以保持独立开发，并且按照统一的节奏发布，从而使多个敏捷软件开发团队间的沟通和协作变得更加高效。

SAFe 不仅解决了敏捷软件开发中的规模化问题，而且解决了企业在数字化转型中遇到的战略规划、投资组合管理等业务上的敏捷问题。

本章的案例源自我实践 SAFe 的真实案例，在写作过程中已对案例涉及的与企业、产品相关的内容进行了简化，旨在突出 SAFe 框架的质量内建原则的落地，以及相关的测试实践，以帮助测试人员参与规模化敏捷的质量内建和质量改进活动。

关于 SAFe 的详细内容请参考官方网站，若本书介绍的内容与 SAFe 官方网站有所出入，请以 SAFe 官方网站为准。

10.1 规模化敏捷框架简介

SAFe 是一个规模化敏捷实践框架，其将敏捷社区中的很多敏捷实践串联起来，形成了一张如图 10-1 所示的精益敏捷实践地图。

第 10 章 规模化敏捷软件开发团队的测试实践案例

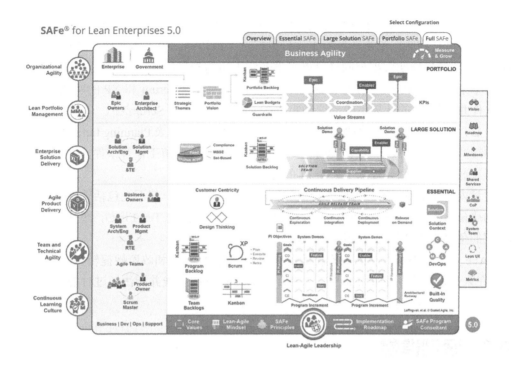

图 10-1　SAFe 敏捷实践地图

SAFe 的转型不只针对软件开发团队，同样涉及数字化企业敏捷运营的方方面面。

首先是企业战略层面的敏捷，从企业战略到投资组合的管理都要敏捷化，其中涉及战略主题、价值流、精益画布、商业模式画布等实践，并且采用投资组合看板进行管理，其核心是根据不同投资组合（创新、增长、稳定、淘汰）动态分配不同的预算，以减少项目制下的年度预算申报和项目审查的时间。这是企业实现整体敏捷的第一步，即让预算"适应"企业战略的变化，并且根据实际投入产生的效果定期调整预算分配比例，减少新项目的前置等待时间。这就是投资组合级别（Portfolio Level）的敏捷配置。

其次，如果想让投资组合中的内容落地，就要规划该投资组合下的软件产品路线图，并以计划增量（Program Increment，PI）的方式增量交付。PI 是一个容器，其中包含在接下来 4～6 次迭代中需要开发完成的特性。在 SAFe 中，每次迭代的周期固定为 2 周，因此，一个 PI 的周期常为 2～3 个月。

规划 PI 交付计划的会议是计划增量规划会（PI Planning），又称 PI 规划会，这是一个为期 2 天的规划会议，在这个会议上需要明确该 PI 的开发计划，同时解决团队在未来 4～6 次迭代中可能会出现的依赖问题，使各团队可以独立开发，相互之间不受影响。

此外，PI 的开发计划并非固定不变，其可以在迭代中根据企业的最新变化实时调整。当然，这一过程需要整个敏捷发布火车的产品负责人、Scrum Master 和架构师共同参与。

如果敏捷软件开发团队的规模大于 150 人，就需要使多列敏捷发布火车形成一列解决方案火车（Solution Train），此时的管理规模可以上升至千人以上，这一级别的敏捷配置被称为大型解决方案级别（Large Solution Level）的敏捷配置。如果敏捷软件开发团队的规模为 50～150 人，就可以构建一列敏捷发布火车，这是一种跨敏捷软件开发团队的协调机制,可以从宏观上协调各团队的开发进度。如果敏捷软件开发团队小于50人,那么只需要创建多个敏捷团队,不需要针对工作量进行过多地协调,也不需要使用SAFe。不过,SAFe的团队级敏捷实践框架同样可以提供非常不错的参考。

接下来,每个10人左右的敏捷软件开发团队可使用"Scrum和XP的实践",按迭代交付软件并根据PI的计划集成,这种实践在SAFe中被称为ScrumXP。

最后,在PI结束时,将"创新和规划迭代"(Innovation & Planning Iteration)作为PI之间的缓冲,用来完成一些诸如创新、培训、回顾、处理遗留工作等事件,并在该迭代结束后再次通过PI规划会规划下一个PI的开发计划。

质量内建是SAFe的四大核心价值(Core Values)之一,其不光包括软件开发的过程结果的质量,还包括过程本身的质量,具体表现为测试优先(Test First),即任何环节都要以测试的角度来思考如何进行测试。

SAFe是一个不断发展的规模化敏捷框架,随着全球企业和政府敏捷转型的不断深入,SAFe在未来还会不断更新和调整,不断纳入社区内好的实践并淘汰掉过时的实践。

10.2 案例背景

本案例中的企业(即客户)原本是一家进口贸易企业,通过进口国外优质的工业产品供应国内的工业企业,其采用SAP的ERP系统管理上下游订单和库存。随着企业业务不断增长,传统的线下业务运营成本高昂,企业规模将会随着运营成本同步增长,直至达到上限,只有通过高度数字化的组织方式才可以实现突破。

该企业以当前ERP系统中的数据作为基础,开发了面向客户的互联网工业制品采购平台,并且率先利用互联网交付客户的订单,将自己打造成一家互联网工业品超市。随着互联网流量带来的规模化效应,该企业原有的研发模式面临巨大的挑战,企业自己总结出以下3点。

(1)缺乏需求评估机制。约70%的带宽被投入临时需求而非重点规划项目上。临时需求的紧急上线要求产品团队设计临时方案,当方案投入生产时,如果缺乏质量保证机制,就会产生技术债务。与此同时,企业还缺乏对需求投入产出比的量化评估。

(2)缺乏团队间的协作机制。团队各角色分工不清晰,协同效率低,特别是各角色的职责边界模糊,各角色参与的敏捷活动和交付内容因此出现重叠,产生冲突,需要花费额外的时间调解。尤其是到了测试阶段,团队之间缺乏对依赖的识别,缺乏统一规划,难以按期交付,此时临时需求再紧急插入,将导致重点项目延迟。

(3)缺乏足够的系统集成。需求侧、研发侧、运维侧、运营侧的系统没有集成,若要打通系统之间的数据,则会带来额外的协同工作,20%的研发工作都将浪费在环境配置上。同时,自动化率较低,线上问题多。

这家企业已拥有200多名研发人员,根据内部系统结构将其划分为10个团队。除了按照软件系统划分的开发团队,还有UX、运维等共享团队。有的团队不足10人,有的团队甚至超过 20 人。尽管每个团队都声称自己采用了敏捷软件开发实践,但我在访谈后发现了以下 3 方面的问题。

1. 团队协作方面

(1)团队没有全职 Scrum Master,这一岗位由团队的技术负责人兼任。
(2)有些团队会定期召开每日站会,有些团队则不会,而且回顾会也不是每个团队都召开。即便召开,也是很简单的形式,没有积累下知识。
(3)有的团队有全职测试人员,而有些测试人员则要兼职测试不同的产品。
(4)缺乏全功能团队,团队按照职能划分为 UX、前端、后端、运维。团队之间如果出现依赖,就会引起工作停滞,延迟测试和交付。
(5)没有使用燃尽图或燃起图进行度量,团队缺乏改进的依据。
(6)团队之间的迭代周期为 1~8 周不等,相互之间在协调优先级时十分困难。

2. 产品规划和需求方面

(1)产品没有规划路线图,其按照业务部门需求紧急程度的排序演进,多以被动响应为主,精力很难投入到主要的战略方向上。
(2)缺乏对需求价值的评估和对运营的评估,无法衡量各需求的价值高低。研发投入不断增加,却很难见到效果。
(3)采用 PRD(Product Requirement Documents)而非用户故事,而且用户故事成为需求规格说明书和详细的变种。产品负责人负责编写 PRD,而 PRD 在编写的过程中缺乏对需求提出人的引导和对产品的设计。
(4)用户故事不满足 3C 原则和 INVEST 原则。
(5)开发团队计划好的工作经常被临时性的工作干扰,开发进度出现延迟。
(6)没有采用故事点,而是采用人天来估算用户故事的大小,缺乏对细节的说明,导致估算差异较大。

3. 敏捷工程实践方面

(1)团队没有任何敏捷软件开发实践,如 TDD、结对编程,但是会进行代码评审。
(2)团队没有进行自动化功能测试,只进行了一些自动化压力测试。
(3)开发人员很少进行自动化测试,这类工作都留给了测试人员。
(4)缺乏持续集成、持续部署等实践,人工测试的工作占大多数。
(5)测试人员数量较少,测试压力较大。
(6)自动化测试覆盖率较低(几乎没有)。
(7)测试资源不足,发布等待时间较长。

基于上述组织痛点和预算限制,我们计划使用 SAFe 作为研发体系的转型框架。SAFe 的优点是速度快,缺点是会给组织带来较大变化,使组织在短期内生产力下降。

我们选取了一个计划开发的"一站式客服"系统作为敏捷转型的试点项目。客户的电商客服部门在业务增长中起了重要作用,但随着业务规模的扩大,电商客服部门的客服人员需要反复登录多个内部管理系统,才可以搜索到与客户订单相关的全流程数据,单个客户的服务成本大大提高。因此,为了提升电商客服部门的效率,同时降低运营成本,需要使用一个统一的"一站式客服"系统集成后台的多个管理系统。由于这是一个全新的项目,所以对客户的业务冲击较小。

我们基于 SAFe 质量内建的理念进行了如下 3 方面的改变。

(1) 根据 SAFe 需求模型重新梳理需求,提升需求质量。

(2) 建立各级别需求的管理组织和看板流转机制,逐级分解质量要求。

(3) 启动敏捷发布火车,让各粒度的需求在各自的反馈周期中完成质量内建,并且形成闭环。

10.3 根据 SAFe 需求模型重新梳理需求,提升需求质量

在软件开发中,需求是质量的起点,需求的质量决定了软件的质量。需求是需求提出人对软件的期望,软件若能实现需求提出人期望的需求,其质量就是合格的,若没有实现,则质量不合格。

对任意需求的分析和设计都是从模糊到清晰的渐进过程,这个过程需要反馈周期。对于小规模的敏捷软件开发团队来说,一个用户故事的粒度不超过一次迭代,如果粒度过大,就需要继续拆分成多个用户故事,直到能够匹配一次迭代。我们可以采用用户故事地图的方式将一个粗粒度的史诗故事细化为可以按迭代交付的用户故事。

而大型的规划很难通过用户故事进行表达,如企业战略、产品重构等。如果过早地将大型规划拆分成用户故事,现有的开发模式就会因为较多拆解和分析工作退化成瀑布模式。当系统有多种用户及较多的用户故事(超过 100 个)时,软件交付就会面临困境。小规模的产品研发可以采用用户故事地图来管理用户故事的交付,但如果软件系统存在多种用户,有多种用户旅程和业务场景,那么开发团队就会迷失在用户旅程中,无法看到产品的全貌。因此,我们需要从产品管理的角度重新组织不同粒度的需求。SAFe 提供了一个软件需求模型来解决上述问题,如图 10-2 所示。

在 SAFe 中,需求粒度最大的是史诗(Epic)。SAFe 中的史诗是一个投资规划容器,与项目不同,史诗没有固定的需求范围,也没有固定的周期,只有固定的目标及度量方式。

在 SAFe 中,每个软件系统的开发和维护都源自一个史诗。一个史诗要对当前"最小可用产品"(Minimal Viable Product,MVP)进行开发或维护,这里的 MVP 指的是能够为用户提供价值的特性集合。每一个 MVP 都包含一至多个能力(Capability),每个能力又包含多个特性(Feature),每个特性由一组故事(Story)来描述,通过故事对史诗的特性进行增量式软件开发。

当一个史诗开发完成并进入运营阶段后,就要监控这个史诗的运营指标,检查其是否满足当初的创建目标,并且以此决定追加投资还是放弃。如果要追加投资,就要通过创建一个新的史诗对 MVP 进行增量开发,这样就可以通过史诗不断规划产品的特性增量,并

且根据目标对产品进行调整。当史诗不再提供价值或不再符合企业的战略时，就可以规划系统下线。

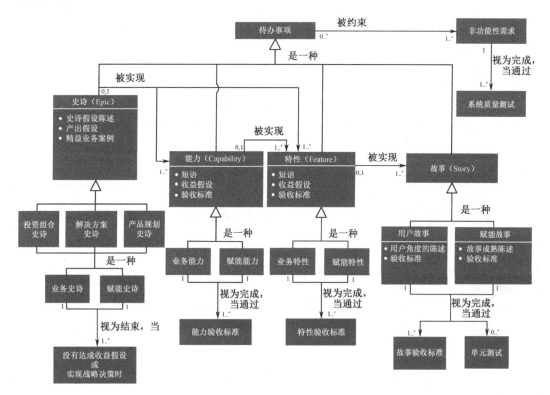

图 10-2　SAFe 软件需求模型

每个粒度的需求都分为业务（Business）和使能（Enabler）2 类。业务类需求面向的是客户/业务价值的需求；使能类需求主要用来支持架构扩展，以提供未来业务功能所需的必要技术活动，其中包括探索、架构、基础设施和合规性的需求。例如，微服务架构的演进、DevOps 平台的搭建和迁移、数据迁移。

使能类需求的细化程度不同，其描述方式和颗粒度都有所不同。例如，"使用 DevOps 平台"就是一个使能史诗（Enabler Epic），"使用 Jenkins 作为持续集成"也可以是一个使能史诗，而"采用 Jenkins 管理流水线"就是一个使能能力（Enabler Capability）；"创建一条持续交付流水线"就是一个使能特性（Enabler Feature），而"创建一条流水线的步骤（如自动构建）"却可以是一个使能故事（Enabler Story）。在 SAFe 中，使能故事和用户故事（User Story）统称为故事（Story），代表一个完整的价值交付的最小粒度。

上述不同粒度的需求都是不同级别看板系统中的一个待办项（Backlog Item），每个待办项都有对应的非功能需求（Non-Functional Requirement，NFR）及相应的非功能性测试，每类需求都会包含相应的测试和验收标准。需求和测试是相伴相生的，这是 SAFe 质量内建的基础。从产品的设计、规划、需求到研发结束，产品的整个生命周期都有不同的需求承载机制和内容，它们在不同的阶段承担不同的质量职责。

下面我们将分别介绍不同粒度需求的质量要点。

10.3.1 史诗及其质量要点说明

正如前文所述，Epic 可被译为史诗，但其与敏捷中传统的史诗用法有所不同。SAFe 的史诗是一个投资规划容器，而不只是粗粒度的用户故事，其用来代表投资组合中的投资，如表 10-1 所示为一个标准的史诗模板。

表 10-1 一个标准的史诗模板

史诗编号	
史诗提出时间	提交到史诗看版的时间
史诗标题	能描述史诗的简短词语
史诗负责人	可以由产品经理或项目经理担任
史诗描述（使用电梯演讲模板进行描述）	使用清晰简洁的方式（如"电梯演讲"）描述该史诗，如果描述得较为复杂，就说明想法不够精准 对于：<我们的目标客户/用户> 他们想：<目标客户的痛点或希望> 这个：<产品名称> 是一个：<什么样的产品类型（平台？工具？）> 它可以：<通过什么样的功能，为用户带来什么样的价值> 不同于：<市场上的竞品及其特点> 其优势是：<我们产品的独特价值>
业务产出	可以进行度量的结果，如果能够达成这个产出，就能证明这个史诗的正确性，否则要进行调整或放弃
领先指标	在史诗的早期就能够识别出的指标。与业务产出不同，这些指标将用于说明趋势
非功能需求	与该史诗相关的需求，如性能、合规、SLA 等

史诗的质量主要取决于领先指标和业务产出的可验证性，以及提出的非功能需求。一个史诗的主要质量控制点是史诗的描述、领先指标和非功能需求，避免出现不可验证收益或度量成本很高的史诗。描述史诗的目的是能够明确该项的投资客户、内容范围、业务假设及其价值，描述内容不宜过长和详细。我们可以按照用户故事的方式描述史诗内容，也可以采用"电梯演讲"模板描述史诗。

"电梯演讲"是一种固定的表述格式，可以帮助史诗提出人提炼史诗的核心内容，是用来梳理愿景的一种工具或手段，只有厘清了产品愿景，才能真正开发出有用、有特色、独一无二的产品并提供给用户。

1. 关注领先指标和非功能需求的可测试性

史诗的领先指标用来在史诗内容开发的初期判断史诗是否按照预期发展，并且用来辅助决策是否继续追加相关投资。对测试人员来说，史诗的领先指标就是未来特性的测试点。为了使产品能够达到预期的目标，史诗会包含一系列的能力和特性。测试人员要关注这些领先指标的可度量性和可测试性。

在实际中，史诗的一个测试点是要将一种感受，如快、慢、多、少进行量化，通过度量确定一个用于比较的基准。在本案例中，"一站式客服"系统这个史诗的一个领先指标就是"客户订单处理耗时的占比下降"，另一个领先指标则比较简单直接，即"登录系统的次数从 11 次降低至 1 次"。

史诗的另一个测试点是非功能需求，例如，操作响应时间、性能、合法合规、安全举措等。在本案例中，"一站式客服"系统的非功能需求有以下 2 点。

（1）页面操作响应时间不超过 3 秒，读取等待时间不超过 60 秒。

（2）若页面超出 30 分钟没有响应，则需要退出，重新登录。

对这些具体指标内容的理解和确认是测试人员的职责，所以测试人员需要参与对史诗的评审。

2. 避免使史诗成为一个项目申报模板或一份商业投资计划书

需要特别注意的是，不要把史诗当作项目，其与项目之间存在 6 点不同。

（1）史诗建立在一个成熟且稳定的价值流上，通常由一个全功能的产品团队共同维护，而传统项目的团队是临时的，在项目完成后就会解散，产品研发过程中积累的知识就会遗失。

（2）史诗没有固定的起止时间且范围存在变动，而项目有固定的开始和结束时间且范围固定，所有项目范围内的需求都必须完成。

（3）史诗的执行进度以价值假设的产出情况进行度量，如果产出满足价值假设，就可以停止执行史诗，没有必要完成所有的开发需求。史诗是否继续执行取决于是否业务产出得到了满足，如果史诗不再产生价值，就进入生命末期。而对项目进度的度量则取决于任务完成的数量。

（4）史诗的验证基于价值假设的定义，而项目则基于详细的商业计划和投资回报率。

（5）史诗的实现遵循"构建—度量—学习"的精益创业循环，而项目则通常按照阶段或顺序执行流程，例如，瀑布模型。

（6）史诗在精益商业案例通过后将持续演进，而项目则在完成项目范围内的工作后就会终止。

史诗的优先级、成本在短期内无法估算得出。因此，我们可以快速开始，以最小的成本构建出"可市场化特性"（Minimal Market Feature，MMF），这种方式可以避免等待较长的时间再安排开发计划和优先级。史诗也可以被分解为不同的史诗，但前提是其中涉及的指标也都可以分别进行验证。

在本案例中，我们识别了 4 个史诗，分别是"一站式客服"系统、DevOps 平台、SAP 解耦，以及官网。其中，"一站式客服"系统是新的史诗，因为客户准备投资开发一个新的产品，而 DevOps 平台和 SAP 解耦都是使能史诗，分别用来创建一个新的DevOps 平台和进行 SAP 的架构调整，官网则是用来维护现有产品的史诗。每一个史诗都有其对应的产品。

> **小技巧**：通过 BAU 史诗的领先指标度量系统运维质量
>
> 每个产品都会创造价值，同时也需要进行日常维护，这类工作又被称为 BAU（Business

As Usual),即日常维护类需求。这类工作的特点是随机性强,而且每天都要进行。

在本案例中,官网这一史诗就是 BAU 史诗,其作用是维护官网已上线功能的可用性和可靠性。因此,我们会把官网的可用性指标作为这个史诗的验收标准,把故障响应、缺陷修复、补丁升级和技术债务清理工作放入史诗中并视为成本。这个史诗一般以财年作为结算单位,精益投资组合管理委员会在规划时会安排一部分预算用于 BAU 史诗,用来不断监督和优化产品的运营和维护成本,同时也可以此来度量产品的质量。质量好的产品,其 SLA 不会降低,但维护运营成本一定会不断降低。

对于需要新建的系统,目标应设置为快速开发一个 MVP;对于已经存在的系统,则应将目标设置为对当前特性进行调整或增强。所以,在和客户高管梳理完史诗及其对应的产品后,我们就要进一步和各产品经理梳理各产品的能力和特性。

10.3.2 特性及其质量要点说明

特性是对史诗的进一步细化,当我们认为史诗确实值得投资时,才会开始逐步将其细化。此外,很多与用户和市场相关的知识都是在产品运营中获得的,我们不能浪费在这一过程中学到的知识,同时也需要将知识记录在史诗和特性上。项目制就很难实现这样的知识管理,一旦项目解散,知识就不再更新了。

一个史诗包含对一到多个产品能力或特性的创建、调整和删除。一个产品也可以被看作产品能力或特性的聚合,最初的史诗创建了 MVP 的能力和特性,后续的史诗将不断调整和维护 MVP 的能力或特性。

每个特性均需要填写如表 10-2 所示的特性模板。

表 10-2 特性模板

特性名称:	
特性描述:	收益假设:
非功能需求:	验收标准:
用户价值:	延迟成本:
时间紧急度:	工作量大小:
风险降低和/或机会价值:	带权最短任务优先(WSJF):

首先是特性名称,最好使用"动词+名词"的格式进行描述,例如,创建订单、修改订单、取消订单、支付订单等。其次是特性描述,可以通过一些句子表述特性,最好使用多个用户故事进行描述,便于与其关联。

1. 采用"动词+名词"作为特性名称

当我们使用"动词+名词"的统一格式描述特性后,我们可以把对象(名词)及其行为(动词)分开。在进行面向对象的设计时,这种方式可以较好地展现对象、对象的行为、对象的状态,可以帮助开发人员快速识别软件开发的组件,也便于采用"领域驱动设计"(Domain Driven Design,DDD)进行领域模型设计。此外,如果是微服务或微前端的架构,我们就可以将 API 聚合在一个对象上,以便划分微服务或应用模块。

> **小技巧**:采用修饰性前缀拆分子特性或测试场景
>
> 在本案例和实际开发过程中,特性往往不会像前面介绍的那样简单,因为"订单管理"是一项非常复杂的业务。对特性的描述越具体,越接近实际情况,就越能帮助团队理解业务的上下文和需求,因此,可以将订单划分为大客户订单、标准订单、子订单等,这些额外增加的修饰词指明了相应的业务场景。不同的修饰词代表在处理业务时需要遵循不同的规则,通过词汇所包含的属性进行分类、组合,就可以识别出一系列测试场景及测试条件。

特性还可以进一步拆分为子特性,例如,创建大客户订单包括拆分子订单、创建子订单(将订单中的货品按要求进行拆分并分发给对应的仓库发货)、创建售后客服订单 3 个子特性,而非大客户可能没有售后客服订单。

特性不仅可以进行拆分,还可以进行聚合。能够围绕同一对象展开多种操作被视为拥有一个能力(Capability)。在实践中,我们会使用"×××管理"命名一组特性,例如,前面提到的"订单管理"就是一个能力,而订单的创建、撤销、拆分都是"订单管理"这个能力下的特性,所以,能力可以看作一组同类特性的聚合,而软件系统可以看作一组能力和特性的聚合。在微服务架构中,一个能力往往对应一个微服务。

在本案例中,"一站式客服"系统这个产品包含订单管理、寄送管理等多个能力需求。在"订单管理"这个能力需求下又包含了诸多特性需求,例如,创建订单、修改订单、取消订单等,相应地,就存在一个"订单管理"的微服务。

特性的质量要点包括收益假设、非功能需求、验收标准和带权最短任务优先数(WSJF)。特性的收益假设和非功能需求来自对史诗的领先指标和非功能需求的细化和拆解,这部分工作需要开发团队和测试人员共同完成。

在本案例中,我们将减少客服的登录次数作为"单点登录"这个能力的收益假设,而"单点登录"又会衍生出不同相关系统的集成特性的收益假设。例如,在"单点登录"中存在一个"与工单系统集成,可以避免登录工单系统"的特性,其收益假设包括"减少 30 秒登录工单系统的时间"和"减少 4 个操作步骤"。

验收标准是特性描述中最关键的部分,这点与故事具有一致性,只不过特性的验收标准是多个故事的验收标准的总和或概括。只有一个特性所包含的所有故事均通过了验收测试,该特性才会验收通过。故事的验收标准也可以来自特性的验收标准。

测试人员需要考虑这些验收标准是否与收益假设具有一致性,同时需要考察验收标准是否能够验证收益假设。可以这样认为,收益假设是业务的验收标准,验收标准是技术的验收标准。在交付特性时,要满足其技术的验收标准,而对于特性能否下线,则要通过业务的验收标准进行判断。因此,收益假设在产品生命周期中和史诗一起被不断验证。

> **小技巧**:根据特性的价值假设"修剪"软件系统
>
> 我们把软件系统看作一个"种子"(最初的设想),其经过史诗"浇灌",生长成为"树","树"上的分支就是能力,而"叶子"就是特性。所有的"树"都会向"太阳"(收益)生长,以吸收更多"阳光"(收入)。如果缺乏修剪,那么一棵树就会长坏。软件系统也是一样,史诗中的收益假设和特性的领先指标就是修剪"树"的依据,符合价值假设的特性就保留,不符合的就删去,否则一个产品的维护成本将会因超过其所能带来的价值而失去生命力。
>
> 软件系统产品和特性的维护需要投入成本,当有些特性不能创造价值且已支付了过高的成本时,就要将其删去。要根据产品的领先指标和运营数据引导对产品特性的增减,因为特性的开发和维护都需要投入资金、人员和时间。

当存在很多特性的时候,我们很难排列出特性开发的优先级,因此,SAFe 使用带权最短任务优先排序特性开发的优先级。

2. 使用带权最短任务优先排序特性开发的优先级

带权最短工作优先(Weighted Shortest Job First,WSJF)是一个公式,其通过使用延迟成本(Cost of Delay)中不同因素的权重除以工作量(Job Size),得出优先级排序的参考值。

延迟成本由用户业务价值、紧急度、风险的减小或新机会带来的期望投资回报率(RR/OE Value)3 部分组成。与用户故事的估点相同,首先为每一列找到一个值最小的特性,将其设置为 1,其次使用斐波那契数列计算其他特性和这个最小特性的相对数值,最后将三者数值相加,所得出的结果就是延迟成本。

工作量估算的是从需求分析到用户验收测试整个过程的全部工作量,并从中选择一个工作量最小的特性,将其设置为 1,再将其与其他特性的工作量进行比较。

如表 10-3 所示为 WSJF 计算表格。

表 10-3 WSJF 计算表格

特性	用户业务价值	紧急度	期望投资回报率	延迟成本	工作量	WSJF
特性 1	1	1	2	4	1	4
特性 2	3	1	3	7	5	1.4
特性 3	2	2	1	5	8	0.625

(1)每个变量列都采用斐波那契数列(1,2,3,5,8,13,20)进行特性间的比较。
(2)先完成每一列的比较,而非每一行。
(3)每列中至少有一个 1,先从 1 开始。
(4)WSJF 最高的特性,优先级最高。

需要注意的是,此处提到的工作量不仅包括开发的工作量,还包括完成设计、测试、发布的总体工作量，因此，测试人员要参与 WSJF 的制订或评审。为了保证质量，测试人员对测试工作量的评估不应受到任何外界因素干扰。

当真正开始为每个特性编写故事并完成估点后，随着时间的推移，团队对工作量的估算水平及其技能熟练程度都会不断提高，经过几次估算，工作量会相对精准许多，WSJF 也会更加精确。

在本案例中，我们根据 WSJF 排序特性开发的优先级，这对需求提出者来说也为研发资源的分配提供了优先级。每个提出需求的利益相关方总想最大限度地占用有限的研发资源，优先完成自己的需求，WSJF 在排序特性优先级的同时，也为不同的利益相关方在资源分配时提供了参考。当不同特性的 WSJF 出现相等或产生分歧的时候，可以由精益投资组合管理委员会（LPM）进行最终仲裁。在计算 WSJF 的过程中，可以对表格中不同列的值进行比较，从而转移对单个需求的单方面关注，这样计算得出的优先级往往能反映出对多个维度的考量，使得出的结论更具说服力。

在开发后，特性会随着产品运营逐渐显现出其真实价值。开发出来的特性也有可能不被用户接受或认可，此时团队就需要进一步反思 WSJF 的评估过程。而未进入开发的特性，其 WSJF 会在下个 PI 会重新再计算，因为用户业务价值、紧急度、RR/OE Value 会随着史诗的变化而变化，我们要根据最新的市场情况重新评估其价值。特性很有可能已经发生了变化，那么这时就需要有针对性地舍弃或降低其开发优先级。

10.3.3　故事及其质量要点说明

SAFe 中的故事同样可以分为两类：一类是用户故事，其中包含用户使用系统的场景描述；另一类是使能故事，其描述了某个改进技术的使用场景。用户故事与小团队敏捷中的用户故事在质量要点上并无较大区别，同样遵循 INVEST 原则和 3C 原则；而使能故事则不同，其验收方多为企业内部。因此，使能故事的验收标准主要面向内部用户。

1. 使能故事的质量要点

使能故事往往不体现直接的业务需求，而是体现一些技术需求，不会直接贡献业务价值，而是为贡献业务价值的软件系统提供架构跑道（Architecture Runway），使软件系统更敏捷、更稳定、更安全且更高效。例如，帮助完成持续交付流水线、API 网关、容器集群、清理技术债务、软件包升级、打安全补丁等工作。我们可以参考用户故事的格式编写使能故事，只不过用户会有所变化，例如：

作为软件开发工程师
我想要持续交付流水线
以便建立统一的构建规范

作为 API 用户

我想要 Open API 规范
以便根据规范完成接口开发

2. 用户故事是重要的软件设计资产

在部分敏捷软件开发团队的实践中,用户故事经常被作为开发任务的管理工具并使用,在迭代结束后,用户故事就被废弃了。

用户故事是最能描述用户需求和产品价值的原始文档,建议把用户故事作为代码中的"资产",使其作为测试代码的一部分成为描述测试用例上下文的"活文档",同时在需求管理系统上将其与对应的特性关联,根据需求和代码的变更同步更新,这样,不仅开发人员在接手代码时能够快速理解需求,而且需求的变更记录和代码的变更记录也被共同记录下来。

3. 使用用户故事描述特性

在本案例中,我们使用用户故事描述特性。一个特性可以通过不同的用户故事进行描述,因而产生用户不同的用户故事。此外,我们会将特性或子特性写在用户的"我想要"后面,作为"我想要"的宾语,使特性和用户故事之间形成关联,例如:

作为客服人员
我想要单点登录
以便减少在不同系统之间切换

在这个用户故事中,"单点登录"就是特性。而这个特性可以拆分出子特性及其用户故事,例如:

作为客服人员
我想要自动登录工单系统
以便快速找到客户服务工单

"自动登录工单系统"是"单点登录"这一特性的子特性,相应地,其"以便"后面的内容也更加详细,可以帮助测试人员进一步了解产品和需求。

此外,测试人员也可以通过测试场景帮助产品经理和开发团队拆分子特性和用户故事。相关方法请参考第9章,本章不再赘述。

在本案例中,作为顾问的我们无法帮助所有团队梳理所有的需求。需求从史诗到故事的拆分过程也是各粒度需求的管理组织及流转机制建立的过程。我们在梳理了最初的史诗后,接下来就要帮助各粒度需求的管理组织梳理剩下的需求,并且将质量要求逐级分解到各故事中。

10.4 建立各粒度需求的管理组织和流转机制，将质量要求逐级分解

在我们导入需求模型后，客户的高管和产品经理对整个公司的各项投资及需求结构已建立了基本的认识，之后将分别形成不同的需求管理组织，并且按照需求模型整理需求，建立各粒度需求的流转机制。

首先，我们成立了精益敏捷卓越中心，其主要任务是组建公司各级别的需求管理组织，并且提供培训和辅导。精益敏捷卓越中心由客户的 CEO 和 COO 共同管理，组成人员为企业敏捷转型的主要负责人和外部顾问。

作为精益敏捷卓越中心的外部顾问，我们帮助客户组建了精益投资组合管理委员会，并且根据公司的战略、业务流程为客户建立了价值流和投资组合。随后，与客户的高管及产品经理一起把公司正在进行的和处于筹备阶段的项目纳入史诗，并且按照前面介绍的质量要求完成了对史诗的梳理、编写和评审。

其次，我们组建了产品和解决方案管理委员会（Product and Solution Management），并且重新梳理了各史诗中相关产品的能力、特性及相应的用户故事。在这个过程中，我们再次按产品拆分了史诗，并根据 WSJF 对重新排序的产品的特性制订开发计划。当梳理出足够一个 PI（3 次迭代，1.5 个月）交付的需求后，就把需求相互关联的开发团队召集起来组建成敏捷发布火车，并启动了第一个 PI 规划会。

最后，在 PI 的执行过程中，我们通过相应的质量实践协助各级别团队交付高质量的特性和用户故事。在整个需求流转的过程中，测试人员最重要的工作就是对需求验收标准的评审及对工作量的估算。

在上述过程中出现了许多委员会，整个 SAFe 几乎都是通过虚拟组织运转的，以避免遭受调整实体组织结构带来的阻力，从而逐步完成从以"职责为核心"到"客户为核心"的转变。

以上就是规模化敏捷转型的全部过程，本节主要介绍需求管理组织和需求流转机制，以及测试人员参与整个过程的方式。

10.4.1 从精益敏捷卓越中心开始

缺乏企业高管的支持和以身作则是很多敏捷转型失败的原因，很多敏捷转型都是企业高管的"知道"，而非"做到"。如果企业高管没有形成敏捷的工作习惯和思维意识，特别是质量和测试的意识，仅基层团队采用敏捷的实践，运作方式、组织结构和角色职责均不做出改变，那么敏捷转型的效果将十分有限。企业高管缺少时间和精力管理一线的工作，因此需要通过一些培训让他们理解规模化敏捷的原理，并且参与企业敏捷转型的各项工作。

在本案例中，客户需要通过一个组织协调各部门的敏捷转型，同时贯彻对质量和测试的要求，所以，企业需要通过一个外部组织引入这些组织流程变化，同时孵化出整个敏捷研发体系。这个最开始的敏捷转型组织就是精益敏捷卓越中心（Lean-Agile Center of Excellence，LACE）。作为敏捷转型的起点，LACE 是一个由外部 Scrum Master 和内部关键角色组成的敏捷转型组织，其主要职责是提供敏捷培训、敏捷辅导和教练资源，帮助企业高管和团队进行转型。

LACE 是一个伴随敏捷转型不断演化的组织，在整个组织敏捷的演进过程中，其职责不断发生变化。随着时间的推移和转型的深入，LACE 会逐渐演变为敏捷规划管理办公室（Agile Program Management Office，APMO），除了继续提供内部的敏捷培训和教练资源，其还具有组织和监督内部各组织敏捷活动的职能。在敏捷转型后期，外部敏捷专家会逐渐退出 APMO，由企业内部人员运作，并且构建出自己的精益敏捷专家团队和运作机制。

在本案例中，我们成立了价值实现办公室（Value realization Office，VRO）。VRO 承担了最初 LACE 的职责及中后期 APMO 的职责。各产品经理、系统架构师和测试负责人均加入了 VRO，以保证开发流程各阶段的过程执行质量，而不只是各阶段结果的质量。

此外，VRO 的工作方式就是采用敏捷的方式进行敏捷转型。我们将客户的 COO、企业架构师、产品经理纳入 VRO，同时帮助企业高管以敏捷的方式参与转型工作，让他们学会以敏捷的方式工作并参与产品交付的各项活动。

> **小技巧**：用敏捷的方式交付敏捷转型
>
> 我们在 VRO 建立了敏捷转型看板和 Scrum 的工作方式，对整个 SAFe 转型中所要做的事项进行管理。在与客户的高管共同制订了中期（3 个月）敏捷转型目标后，我们编写了初步的敏捷转型故事，其中包括培训、制度的建立、平台的建立、文档模板的建立和对团队的指导等，并且与落实敏捷转型故事的中层管理人员讨论，制订出细节和优先级。每次迭代也都会请客户的董事长和高管验收阶段性转型成果并收集反馈。
>
> 敏捷不但可以交付软件项目或产品，而且可以交付其他类型的项目或服务。通过这种方式让相关利益方，特别是企业高管参与敏捷活动，比单纯开展敏捷培训的效果要好得多。

在成立 VRO 后，我们就开始按照需求模型构建各级别的需求管理组织，以及相应的需求管理看版。

10.4.2 成立精益投资组合管理委员会并形成史诗看板

首先要成立的是精益投资组合管理委员会（Lean Portfolio Management，LPM）。LPM 不是一个单独的部门，而是一个决策机制，这个机制由战略和投资决策委员会、精益投资组合运营委员会和精益治理委员会 3 个虚拟组织构成，分别用来规划、执行和监督整个公司的敏捷运作。每个委员会会指定 1 名委员长作为主要负责人，委员会由不同的执行部门和负责人共同组成。LPM 的结构如图 10-3 所示。

第 10 章 规模化敏捷软件开发团队的测试实践案例

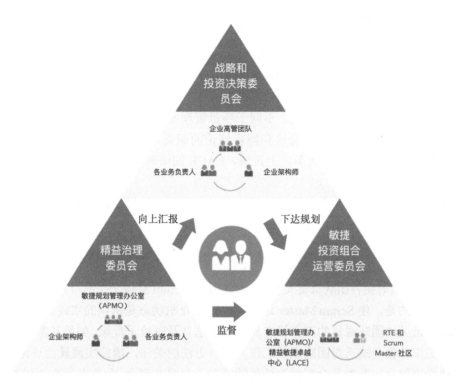

图 10-3 精益投资组合管理委员会（LPM）的结构

1. 战略和投资决策委员会

战略和投资决策委员会根据企业战略进行投资决策规划，将企业未来的发展方向和当前的客户价值对齐，同时，评估投资组合中的各史诗是否按照公司的战略和规划进行，并且是否取得了预期的效果，保证当前各项投资的方向正确，并且根据周期性的史诗收益报告决定是否继续追加投资。此外，战略和投资决策委员会是最高的仲裁组织，在执行过程中，很多艰难的决策由其确定并给出最后的仲裁。

战略和投资决策委员会一般由企业高管团队、各业务负责人和企业架构师组成。其中，企业架构师需要为实现战略规划设计业务架构、应用架构、信息架构、技术架构等，其可以由一个团队担任，也可以设置为一个职责轮换的角色。

在本案例中，战略和投资决策委员会由客户的 COO 担任委员长，由客户高管和客户的业务负责人共同组成。他们在我们的引导下共同梳理了企业的战略、价值流、当前项目，并且编写和评审了最初的史诗。

2. 敏捷投资组合运营委员会

敏捷投资组合运营委员会的职责是制订投资规划并执行具体的产品研发计划，其主要职责是确保各团队能够正确执行规划，并且及时根据出现的变化和团队的状态给出调整建议。如果出现的影响较大，那么可以申请由战略和投资决策委员会仲裁和决策。

敏捷投资组合运营委员会由 Scrum Master 专业社区（Scrum Master Community of Professional）和 APMO 或 LACE 组成。

Scrum Master 专业社区主要由 Scrum Master 和发布火车工程师（Release Train Engineer，RTE）组成，RTE 可以被看作首席 Scrum Master。Scrum Master 专业社区是一个企业内部的敏捷交流社区，除了能够为 Scrum Master 提供分享经验和解决问题的平台，还能够积累和沉淀组织内的敏捷实践。

APMO 可被看作一个常设机构。不同于项目管理办公室（PMO），APMO 肩负着协调和引导敏捷转型中各委员会举行会议和同步结论的职责。这个组织的职责一开始可以由 LACE 肩负，但随着敏捷发布火车走上正轨，LACE 的培训辅导职能会弱化，协调管理的职能会强化。

敏捷投资组合运营委员会在敏捷转型初期仅作为一个监督 Scrum Master 的组织存在，但在敏捷转型后就成为一个协调机构，其通过 Scrum Master 执行来自战略投资和投资决策委员会的计划和决策。

在本案例中，VRO 承担了初期的 LACE 和后期的 APO 两项责任，而敏捷社区的各 Scrum Master 则暂时由各团队负责人兼任，RTE 由各 Scrum Master 在不同 PI 之间轮流担任。

需要注意的是，使 Scrum Master 这一岗位保持兼职状态是错误的实践。Scrum Master 的主要职责是关注团队成员的工作状态和工作方法并及时给予反馈，如果其参与了具体的开发测试工作，就会缺乏对团队成员工作方式、方法的关注，敏捷实践就会逐渐退化。

敏捷投资组合运营委员会在每次迭代的第一天会召开例会，分享在上次迭代的回顾会上发现的问题，以及平时担任 Scrum Master 的心得，同时针对各团队的共性问题统一给出解决办法。

3. 精益治理委员会

精益治理委员会的职责是监督史诗和特性的交付和运营情况，并且及时地反馈给战略投资委员会和敏捷软件开发团队，确保执行结果和战略方向一致。此外，精益治理委员会也负责对团队执行过程的审计与合规，以及费用预测和支出管理。

精益治理委员会由各业务负责人、APMO 和企业架构师共同组成，其中，APMO 和企业架构师负责统计各史诗的交付和运营情况，业务负责人负责针对运营情况给予反馈。当出现无法决策的问题时，就将其提交给战略和投资决策委员会进行决策。

在本案例中，各产品经理实际上就是各史诗的业务负责人。每次迭代的第一天会召开例会，各产品经理反馈上次迭代的系统演示效果，并且和 APMO 及企业架构师共同讨论问题的初步解决方案，在这一过程中可能会生成新的需求，也可能会对当前的需求进行调整。此外，我们邀请测试负责人也加入精益治理委员会，以便就质量相关的问题进行说明并给出建议。

这 3 个委员会的会议节奏不同，因此需要定期同步会议讨论结果和在会上达成的决议。有些成员（如产品经理和架构师）要参加所有的会议。

在本案例中，战略和投资决策委员会每月召开一次例会，在会上审议并听取精益治理委员会对各史诗执行情况的汇报，同时对重要事项进行决策。敏捷投资组合运营委员会和精益治理委员会则在每次迭代中召开一次例会。

一开始，VRO 以 Scrum 的方式运作，每天都有时间沟通和同步，但到了中后期，VRO

的沟通次数会减少到每周一次。而精益治理委员会则保持每迭代开一次例会的节奏，并且会在战略和投资决策委员会开会之前准备好需要决策的材料。

很多组织往往对质量缺乏一致的认识，同时也缺乏对质量的多层次和多维度的认识。在 SAFe 中，通过 LPM，整个公司对质量的看法将不断对齐和调校，避免出现因质量认识不一致导致质量不合格。

在本案例中，我们强调"质量是对客户需求的承诺"。战略和投资决策委员会根据战略对齐投资，保证史诗与战略相符，并且形成足够的指标来验证其产出，这是质量的起点，也是目的。然后，由精益治理委员会把控交付结果和过程结果的质量，由敏捷投资组合运营委员会保证交付过程中活动的质量，从而使整个组织对质量达成一致的认识。

4. 史诗看板及其生命周期

我们在整个史诗的梳理和 LPM 的运作过程中使用了如图 10-4 所示的史诗看板。

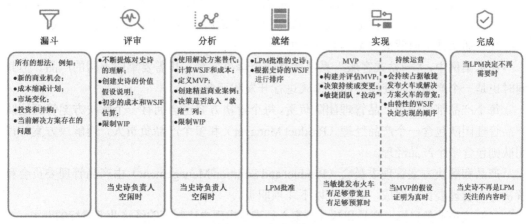

图 10-4 史诗看板

史诗在看板上呈现的生命周期的内容如下。

（1）每个人都可以提出史诗，每个史诗都会被放入投资组合看板的"漏斗"列。史诗可以是针对新系统提出的创意想法，也可以是针对现有系统的增强或维护。列入"漏斗"列的史诗需要进一步过滤。

（2）当史诗负责人拥有空闲时间时，就会从"漏斗"列选取史诗放入"评审"列，并对史诗进行初步检查和判断，主要包括检查相应的史诗编写是否符合规范，同时对史诗的 WSJF 进行粗略估算，以此初步决定是否需要对其进行详细分析。

（3）如果初步判断史诗具有继续分析和开发的价值，就将史诗放入"分析"列并对其展开进一步分析，这一过程涉及对 MVP、WSJF 及成本的详细分析报告。产品经理、企业架构师和测试负责人需要共同制订验收标准、领先指标、设计特性，以及估算特性的 WSJF，并将分析报告上报至 LPM 决定是否投入资源开发该史诗。

（4）当 LPM 的评审通过后，史诗就被放入"就绪"列并根据其 WSJF 排列优先级，待资源充足后开始开发。

（5）在拥有足够的开发资源后，就组建敏捷发布火车，并进入"实现"阶段。如果史诗代表一个新创建的产品，就放到"MVP"列，如果是对现有产品的增强或维护，就放入"持续运营"列。在 MVP 达成领先指标后，也将其转入"持续运营"列。

（6）如果决定放弃 MVP 或史诗已完成其使命，就将其放入"完成"列。

整个史诗看板根据迭代进行更新，APMO 会持续关注史诗的进展并形成报告，同时在 LPM 和精益治理委员会召开的例会上同步给相关负责人。

10.4.3 成立产品和解决方案管理委员会并建立产品开发看板

在设置了相应的史诗管理机制后，接下来根据战略和 WSJF 将资源分配给各史诗。资源是有限的，但需求是无限的，因此，我们要使用有限的资源优先完成 WSJF 更高的需求。

如果史诗包含多个产品，那么这些产品可以构成一个解决方案。产品和解决方案的区别和联系在于，产品是面向通用领域的解决方案，而解决方案则是面向特定领域的产品。产品具有通用性，而解决方案具有唯一性。

在本案例中，"一站式客服"系统就是一个解决方案，其需要集成不同的产品。但其同时也是一个产品，将使用产品的模式进行开发和运营。

每个产品都由一个产品管理团队负责，每个解决方案也会拥有一个解决方案管理团队。产品管理团队包含一个产品经理（Product Manager）和多个产品负责人，而解决方案管理团队则包含多个产品经理。

产品和解决方案管理委员会（Product and Solution Management）由产品管理委员会和解决方案管理委员会组成，其具有以下 4 项职责。

（1）实现业务目标。产品和解决方案必须满足实现史诗制订的经济业务目标的要求。

（2）构建产品。产品经理与敏捷发布火车和解决方案火车协作，构建所需的软件系统。

（3）产品发布。在企业内部，产品经理与 IT 部门协作，确保解决方案部署给内部客户和用户；在企业外部，产品经理与一组业务利益相关方协作，向市场交付产品。

（4）支持维护。产品经理确保其产品已经获得支持并得到强化，可以持续创造价值。

产品管理委员会的一个很重要的职责是实现业务目标，所以，产品管理委员会需要经常与业务负责人、用户或客户沟通，确保三方对于企业战略、客户诉求及用户感受达成一致。产品管理委员会既是一个协调组织，又是一个设计规划组织。

产品负责人既要和测试人员、企业架构师一起根据公司的战略和史诗制订产品的愿景和产品路线图，又要负责产品最初的能力、特性，以及故事的设计。由于在需求模型上所有的功能需求和非功能需求都有对于可测试性的要求，所以测试人员也要参与产品管理委员会的各项活动。

产品管理委员会要根据企业战略设计产品路线图，将需求主动规划到产品的路线图中，而不是被动地响应各干系人提出的软件开发需求。

产品管理委员会要维护一个或多个产品特性交付看板，如图 10-5 所示。

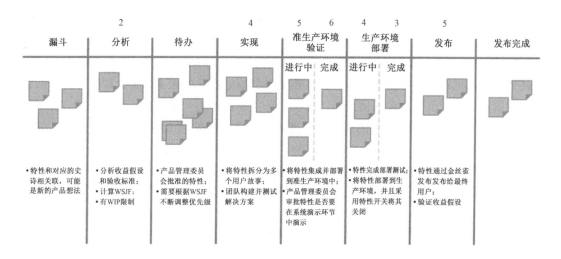

图 10-5　产品特性交付看板

产品特性交付看板的运作流程如下。

（1）特性源自对史诗的分解和细化。在史诗进入评审阶段时，团队可以使用精益用户体验（Lean UX）的方法，通过用户故事地图（User Story Mapping）设计出用户故事并归纳其特性。与史诗看板的"漏斗"列相同，在产品特性交付看板"漏斗"列中的特性也需要过滤。在"漏斗"列中的特性需要关联未经评审的新史诗，而非已经经过评审的史诗。

（2）产品经理在空闲时就从"漏斗"列中选取特性并根据史诗的领先指标进行分析，对其进行设计、修改或废弃，同时，业务负责人、产品架构师、测试负责人初步估算出特性的 WSJF，将其列入史诗的报告并交由 LPM 审批。所以，史诗的分析阶段也是特性的分析阶段。

（3）当史诗通过了 LPM 的审批，特性就会被安排到相应的 PI 中开发。特性也和史诗一并被移动到了"待办"列。这时需要注意，如果特性有必要调整优先级并调入当前正在开发的 PI 或迭代，就需要与 APMO 共同商议，同时与 PI 中已规划但还未开发的特性进行替换，否则会影响开发中的特性。

（4）通过 PI 规划会确定的特性将被放入"实现"列，开发团队会把根据特性拆分出的用户故事进一步细化和估算,这时就需要测试人员和开发团队一起细化特性和用户故事的测试验收标准，然后，根据细化后计算得出的 WSJF 排列优先级并放入各敏捷团队的"待办"列，并且按迭代交付。

（5）每次迭代交付的特性要放入"准生产环境"进行用户验收测试。在进行用户验收测试之前，测试人员要先自己测试一遍。

（6）在通过用户验收测试后，要在迭代的系统演示会和敏捷发布火车的演示会中收集反馈，然后通过持续交付流水线部署到生产环境，按照计划通过金丝雀发布发布给最终网户。

（7）发布后将特性移入"发布完成"列。

产品特性交付看板中的特性是通过产品或解决方案管理产品交付进度的一个重要的可视化手段。需要特别注意的是，任何一个特性都要有相应的可关联的史诗，否则就要新建一个史诗或调整未经过 LPM 审批的史诗，使之与特性关联。没有通过评审的特性不会被开发，这可以避免开发"夹带需求"。如果将新的特性纳入当前的史诗，就需要请 LPM 审批，并且与当前史诗中已有的特性进行替换。不能随意扩大 PI 的交付范围和交付计划。

产品经理、产品架构师和测试负责人的时间有限，怎么有时间又做规划、又做交付呢？我认为，上述产品管理委员会成员的最重要工作是规划产品的未来，其次是辅导各团队的产品负责人、技术负责人和测试人员，最后才是完成具体的一线交付工作和管理工作。但这并不意味着产品管理委员会的成员要脱离一线的交付和管理工作，形成一个独立的管理部门。

在本案例中，由于产品经理、架构师和测试负责人需要负责未来 2～3 个版本的执行工作，我们帮他们梳理了各自的工作事项优先级，并且协调好当前的交付计划，逐渐降低了一线交付和管理工作在总工作量中的占比。此外，在产品开发后期，我们从其他团队抽调了 3 名测试人员和测试负责人共同组建了 4 人共享测试团队，以协调"一站式客服"系统的跨团队集成测试和管理测试用例。

10.4.4 组建敏捷发布火车、解决方案火车和各敏捷软件开发团队看板

敏捷发布火车同样也是一个虚拟组织，由 50～125 人组成。敏捷发布火车的重要任务是交付一个 PI 中的特性。

火车是对多个串联的迭代的隐喻。每次迭代都可看作一个车厢，每次迭代都有一些用户故事需要交付。车厢的大小是固定的，因此迭代容量也是固定的，能调整的只是车厢里的"货物"，即每次迭代交付的用户故事内容。每完成一个迭代，一节车厢就"到站卸货"，交付一批用户故事，同时，余下车厢的用户故事也会进行调整。所有车厢的"货物"都运达目的地后，所有的特性就都交付完毕了，一个 PI 就结束了，团队开始休整并规划下一次交付的用户故事和特性。

敏捷发布火车由多个敏捷软件开发团队组成，每个敏捷软件开发团队的人数为 5～10 人（不含产品负责人和 Scrum Master），一列敏捷发布火车就是一个跨功能团队（Cross-functional Agile Team），其可以独立维护产品而不依赖外部计划，敏捷发布火车示意图如图 10-6 所示。

在敏捷发布火车上存在如下关键角色。

（1）业务负责人（Business Owner）：业务代表或相关利益方。

（2）系统架构师（System Architect）：系统架构师或工程师，从技术角度为整个产品的架构设计和技术选型提供支持。

（3）产品管理团队（Product Management）：负责产品路线图的规划，以及与客户、利益相关方沟通。

（4）发布火车工程师（Release Train Engineer，RTE）：负责协调这些团队，其也是首席 Scrum Master，负责指导或教导敏捷发布火车内的 Scrum Master，同时负责引导敏捷发布火车的各种活动。在项目中，我们戏称 RTE 为"火车司机"。

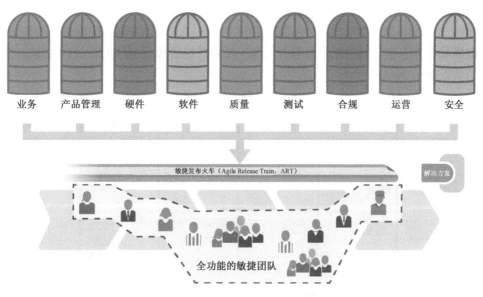

图 10-6　敏捷发布火车示意图

在本案例中，客服部门的主管指派了 2 名业务负责人代表，公司的产品架构师兼职系统架构师，同时负责若干个其他领域产品的架构设计，产品经理带领自己下属的各产品负责人组成了产品管理团队，自己则身兼史诗负责人。我们让敏捷团队中的 Scrum Master 轮流担任 RTE。在 VRO 的辅导下，所有人共同完成敏捷发布火车的各项活动。

1. 通过工作项依赖识别敏捷发布火车的团队

在敏捷发布火车启动前，需要先识别哪些团队的需求是相互依赖的，只有相互依赖的团队才需要接受敏捷发布火车这样的团队协作机制，否则团队就可以独立运作，不需要加入敏捷发布火车。

敏捷发布火车是相对稳定的。每个产品增量都受特性影响需要其他团队加入，同时也可能存在团队离开的情况，但大部分的团队是相对固定不变的。

在本案例中，由于"一站式客服"系统、DevOps 平台、SAP 解耦所涉及的敏捷团队间存在相关依赖，所以我们将各团队召集到一起。我们也希望新的"一站式客服"系统能够在 DevOps 平台上发布，因此，我们也纳入了相关的共享运维团队，形成了一列敏捷发布火车。此时这列火车上有 8 个团队，由于各团队所负责的产品规模不同，团队最少有 5 人，最多有 18 人，大部分团队都为 8~10 人，每个团队负责一个模块或一个独立的产品。到了开发后期，有些团队没有开发任务，就脱离敏捷发布火车。敏捷发布火车固定成员在 80 人左右。

> 📝 **小技巧**：可增长的敏捷发布火车
>
> 敏捷发布火车具有人数上限，因此在最初阶段可以先设定一个最小可发布火车，使机制可以运转。在加入敏捷发布火车之前，所有的敏捷团队都要完成为期 2 天的培训，通过培训理解敏捷发布火车是如何运作的，以此理解即将面对的工作计划。因此，在产品增量规划中的特性就显得十分重要。

2. 敏捷发布火车中各敏捷软件开发团队的看板

敏捷发布火车除了要关注产品特性看板，还要关注各敏捷团队的看板。敏捷软件开发团队的看板如图 10-7 所示。

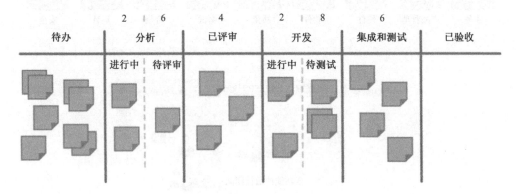

图 10-7 敏捷软件开发团队的看板

在 SAFe 中，敏捷软件开发团队的看板和小规模敏捷软件开发团队的有所不同，其故事的生命周期如下。

（1）在 SAFe 中，敏捷软件开发团队在看板的"待办"列所填写的是 PI 中规划的故事，这也意味着敏捷软件开发团队的看板在召开 PI 规划会前是空白的。在 PI 规划会结束后，PI 中的特性所对应的故事才会放入"待办"列。

（2）在迭代开始后，产品负责人会根据故事的优先级给出满足 INVSET 原则的描述，并且将其放入"分析"列的"待评审"列中。

（3）团队定期评审"待评审"列中的故事，确保其符合 INVSET 原则。否则，产品负责人需要重新修改故事描述。评审通过的故事会放入"已评审"列，等待开发。

（4）当团队处于空闲状态时，会根据优先级选取"已评审"列中的故事进行开发，并把该故事放入"开发"列的"进行中"列，在开发完毕后将其移入"开发"列的"待测试"列。

（5）测试人员根据自己的工作带宽与测试任务的依赖关系，从"分析"列的"待评审"列中选取满足条件的故事进行测试。

（6）在测试完毕后，产品负责人再次进行验收，确保故事满足最初的设计要求。

（7）在迭代即将结束时，业务负责人、用户或客户会通过迭代评审会对故事进行评审，若评审通过，则将其移入"已验收"列。

10.4.5 各级别需求看板的级联流转机制

在对需求进行梳理的过程中，我们也同步建立了需求管理组织和看板系统，形成了一个三层的根据需求拆解的 SAFe 看板系统级联结构，如图 10-8 所示。

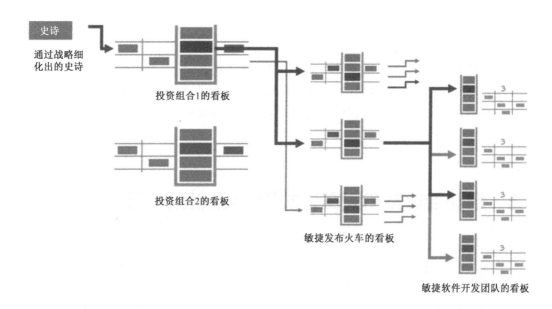

图 10-8　SAFe 看板系统级联结构

在本案例中，我们花费一个月的时间梳理了当前所有粒度的需求。

首先，我们根据客户的在建项目识别出 4 个史诗，分别是"一站式客服"系统、DevOps 平台、SAP 解耦及官网。其中，"一站式客服"系统是新产品，因此，这是一个史诗，DevOps 平台、SAP 解耦都是使能史诗，分别用于优化原有产品。而官网的维护是现有产品的史诗。

"一站式客服"系统这个史诗源于对客户运营目标的分解，我们可将其拆分为多个能力，其中包括订单管理、发货单管理、报价管理、优惠管理。每个能力又包含多个特性，每个特性由一组用户故事描述，这些不同粒度的需求构成了完整的产品特性树。

其次，我们组建了产品管理委员会，与各团队粗略估计出整个"一站式客服"系统的故事点。在这个过程中，我们识别了应该加入敏捷发布火车的团队。

我们要求各团队的负责人担任 Scrum Master，并且轮流担任 RTE。他们帮助各团队梳理了产品的能力和特性，以及对应的故事，并且估算了最初的 WSJF。

在相关特性的故事点满足一个 PI 后，才启动敏捷发布火车进行交付。需要注意的是，在估算特性的故事点的过程中，不需要将其细化到用户故事点，使用"T 恤尺寸法"粗略估计特性工作量即可。例如，XS 代表一个团队在一次迭代中的工作量，S、M、L、XL 分别代表 2 次迭代、3 次迭代、5 次迭代和 1 个 PI 的工作量，若工作量超过了 1 个 PI，则是 XXL，需要被进一步拆分。每一次拆分都会讨论出更清晰的需求。具体的故事点在可以 PI 规划会中细化，否则就需要设计出细节，使其成为瀑布式。

实际上，团队对点数的估计都过于乐观，忽略了其他工作带来的干扰。因此，我们根据经验给客户初步估算的故事点乘上了 1.5 的系数。其实 1.5 也过于乐观，因为团队第一次适应 SAFe 还需要一个学习的过程。

另外，还需要注意的是，测试人员会迫于交付压力，妥协开发工作量。在敏捷转型过程中，我们有意避免要求实际交付的团队给出产品上线的时间，而是根据团队估计的实际工作量不断调整管理层的预期并拿出可行的解决方案，包括降低某些特性的优先级，将特性放到下一个 PI；增大工作量估算系数，从 1.5 提升到 2.0；帮助管理层设计针对交付延期可能带来的影响的解决方案等。

在敏捷转型过程中，不可能所有事情在一开始都能做到完美，我们要在实践的过程中持续反馈和学习，这才是采用敏捷的方式交付敏捷转型的过程。因此，虽然一个月的时间没有完成对所有需求的梳理，但我们还是启动了敏捷发布火车，让团队在实践中学习并解决问题。

10.5 启动敏捷发布火车，构建质量的反馈闭环

从上述建立需求梳理和需求管理组织的过程中可以看出，在 SAFe 中，需求从无到有、从模糊到清晰。在这个过程中，需求的规格和内容也被不断细化。

我在这里要重申自己的质量观：质量是对客户需求的承诺，需求的质量决定了软件的质量。因此，软件开发所面临的最大风险就是预期的质量和开发的结果相去甚远。

敏捷软件开发方法通过更短的反馈周期修正和深化软件开发团队对需求和业务的认知。不同的敏捷软件开发方法具有不同的反馈周期，如图 10-9 所示为极限编程（XP）的反馈周期环，其中包含从几秒钟的结对编程反馈到数月的版本发布反馈等多种反馈周期。

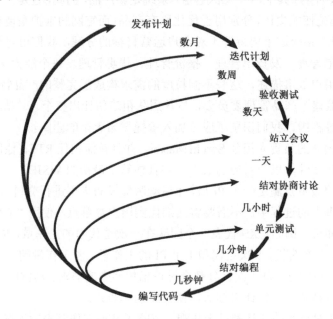

图 10-9 极限编程（XP）的反馈周期环

而 SAFe 强调的是业务价值的交付，因此，在 SAFe 中，不同粒度的需求，其业务价值反馈周期也不同。一个史诗的业务价值的反馈可能长达数月，而一个用户故事的反馈周期可能是几天。在理想情况下，SAFe 的交付模式应当是持续部署、按需发布。通过使用 DevOps 相关技术可以形成更快的反馈周期。

在建立了各级别需求的管理组织及看板流转机制后，接下来通过敏捷发布火车交付规划中的需求。SAFe 构建了 3 层质量反馈周期，并通过相应的活动帮我们进行及时调整，如图 10-10 所示为不同级别反馈环的活动图。

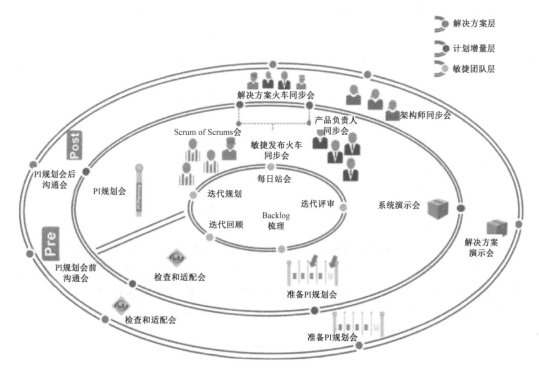

图 10-10　不同级别反馈环的活动图

每一层代表不同需求及相应交付团队的反馈周期，从内向外分别表示了反馈周期从短到长，这 3 层分别是敏捷团队层、计划增量层和解决方案层。

处于核心的是敏捷团队层，敏捷团队以 2 周为一次迭代交付故事粒度的需求，在一次迭代中进行的活动就是我们熟悉的迭代规划、每日站会、Backlog 梳理、迭代评审和迭代回顾。

处于中间的是计划增量层，敏捷发布火车以 4～6 次迭代为一个 PI 交付特性或能力粒度的需求。一个 PI 包含以下 5 项活动。

（1）PI 规划会：每个 PI 召开一次，一次 2 天，用来规划下个 PI 的开发计划。对于解决方案来说，PI 规划会以敏捷发布火车为单位召开。注意，在解决方案层没有 PI 规划会，但在 PI 规划会前后会召开沟通会。

（2）敏捷发布火车同步会（ART Sync）：每周召开一次，其中包括 Scrum Master 的 Scrum of Scrums 会和产品负责人同步会。会议的主要内容是每周定期同步团队的状况，以便及时调整整个敏捷发布火车的交付安排。产品负责人同步会将沟通每个团队的待办列表（Backlog）并同步产品的实践。Scrum of Scrums 会主要同步团队在敏捷实践上发现的问题，让 Scrum Master 可以互相帮助并实现整个敏捷发布火车的敏捷实践能力的提升，这 2 个会可以合并（我强烈建议合并，减少会议）。

(3)系统演示会(系统 Demo):每个 PI 召开一次。系统演示会和敏捷团队中的 Review 有所不同,系统演示会展示的是产品特性而非故事。

(4)准备 PI 规划会:在本 PI 中需要为下个 PI 的 PI 规划会做好准备,就像在迭代交付时也需要为下一次迭代梳理 Backlog,这是一个持续性的而非一次性的活动。

(5)检查和适配会(Inspect & Adapt):这是在整个 PI 规划会结束后召开的全体会议,可以看作敏捷发布火车级别的回顾会。相较于团队级别的回顾会,检查和适配会更注重评估每个团队的产出的可预测性及敏捷发布火车存在的共性问题。

处于最外层的解决方案层,同样通过一个 PI 交付特性或能力。不同的是,多个敏捷发布火车之间还额外存在 5 个同步会议。

(1)PI 规划会前沟通会:在 PI 规划之前分配敏捷发布火车的特性,避免敏捷发布火车之间因存在依赖相互阻塞。

(2)PI 规划会后沟通会:同步敏捷发布火车之间的 PI 规划结果,并做出相应调整。

(3)解决方案火车同步会(Solution Train Sync):RTE 之间同步敏捷发布火车之间存在的敏捷实践落地问题。

(4)架构师同步会(Architect Sync):不同敏捷发布火车的系统架构师同步技术方案。

(5)解决方案演示会:为期一天。在 PI 结束的时候,整个解决方案也可以在各敏捷发布火车的系统演示会之外再额外安排解决方案演示会(解决方案 Demo)。

在本案例中,我们只建立了一列敏捷发布火车。因此,接下来主要介绍敏捷发布火车的各会议对软件交付质量造成的影响。

10.5.1 PI 规划会

PI 即计划增量,是指产品的增量变更周期。一个 PI 一般为 4~6 次迭代,其中包括敏捷发布火车的全体成员在这个周期的工作时间。

在启动敏捷发布火车前,我们需要保证 PI 有足够的需求被交付。产品管理委员会可以在看板上根据 WSJF 梳理待开发的特性,并以此估算出大致工作量。当敏捷发布火车即将空闲且有足够多的工作量需求时,就启动一个 PI 交付这些需求。

启动 PI 交付的活动就是 PI 规划会,这个会议用于规划将在 PI 中交付的特性,以及故事的节奏和顺序,使各团队能够确认需求质量和识别交付风险,同时制订各需求的开发和发布计划。

PI 规划会为期 2 天,由 RTE 主持,是一个 PI 开始的标志,其日程安排如图 10-11 所示。

第一天上午,首先由 LPM 中的战略和投资决策委员会向整个敏捷发布火车上的团队介绍当前公司的战略执行状况和经营状况。随后,产品管理委员会和产品架构师会向团队介绍本 PI 要达成的产品愿景及相关特性、产品架构规划及技术改进的相关内容。在所有团队均理解交付背景后,就开始为每个团队分配在下次迭代准备开发的特性。

第一天下午,每个团队会被分配即将开发的特性,每个团队将根据自己团队的容量(工作占用的故事点)制订自己的 PI 目标,并且列出可能存在的风险。在各团队完成对工量的估算后，PI 规划的第一个版本就形成了。随后，LPM 根据各团队暴露的风险和问题进行调整。

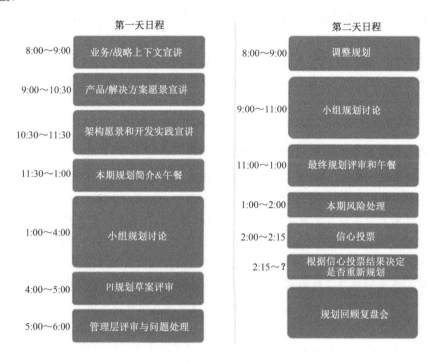

图 10-11 PI 规划会的日程安排

1. 通过不承诺的 PI 目标让团队完成承诺

在 PI 规划的过程中，团队需要制订 PI 的交付目标。PI 的交付目标分为承诺和不承诺两部分。团队评估出不承诺的目标是为了更好地完成承诺的内容，这需要通过故事点来估算工作量，而不是根据截止期限实事求是地估算。

Scrum 的价值观有一条是承诺。承诺会让团队更有信心，但 Scrum 同时也有另一个价值观——勇气，用来拒绝一些无法承诺的事情。

不承诺的目标也会带来工作量，团队在给出承诺时要谨慎，这样才可以管理好客户和管理层的期望，实现团队的承诺和形成团队与其之间的信任关系。

2. 计算迭代容量

迭代容量是一个团队可以用于开发故事的工作量总和。一般来说，我们会在被分配的特性中找到最小的故事，并将其完成（包含设计开发测试，具体取决于对完成的定义）。将其设置为 1 点，并给予其与此对应的人天数，以此估算所有的故事。这时，我们会扣除 Scrum 会议所需的时间。

（1）迭代计划会：每次迭代的第一天上午召开，一次 2~3 个小时。

（2）每日站会：每天召开，每次约 15 分钟。迭代第一天和最后一天不召开站会，因此总共召开 2 个小时。

（3）评审会：每次迭代的最后一天召开，每次约 1 个小时。

（4）回顾会：每次迭代的最后一天召开，每次 1~2 个小时。

所以，如果按 1 天工作 8 小时来计算（实际上只有 6 小时），1 次迭代的可用时间为 8~9 天。将团队所有成员的可用工作时间汇总起来，就可以估算出团队能开发的最大故事数。

在本案例中，我们将 1 人天能交付的故事设置为 1 点。如果找不到这样的故事，就从最小的故事中拆分出 1 个 1 人天能交付的故事，将其设置为 1 点，并以其为基准估算其他故事的工作量。

📝 **小技巧**：在计算迭代容量时，不单独估算测试人员的工作时间

在估算故事工作量的时候，我们不会单独估计测试所需的时间，因为团队的角色虽然可以分开，但是交付的内容无法分开。团队的目标是按照验收标准交付用户故事。在敏捷团队中，成员掌握的技能有所不同，此时需要以团队整体的产量而不是个人的产量来估算用户故事的工作量，这可以帮助团队提升自测比率，也能让团队成员之间相互支持和帮助。

在本案例中发生了这样一个故事，在我们开始进行规模化敏捷转型前，一个核心系统产品团队在估算工作量时使用了新的需求模型，但在按照故事点估算后，发现工作量超出了团队的 PI 容量。受到来自管理层的压力，团队负责人没有勇气拒绝，承诺了不切实际的工作量和内容，使团队持续加班。而加班是一种失败的借口——即便没达成目标，至少团队尽力了。

通过加班来掩饰自己的失败和能力不足是一种通常的做法，但这样会导致管理层产生过高的期望和实际的失望，并且让管理层对团队产生不好的印象。团队的压力非常大，士气也很受挫，交付心情和交付质量受到很大影响。此外，在持续加班 8~10 周后，团队的工作效率会出现显著下降。

当然，我很理解他的两难处境。其实，管理层更容易接受外部顾问的建议，这就是为什么在敏捷转型中需要外部顾问。

后来，我们在第二个 PI 规划会上让团队负责人减少承诺，集中有限的资源优先完成关键的、有价值的需求，把不重要的需求归入不承诺的目标中。团队一下子轻松很多，并且减少了加班的时间（取消了"大小周"，工作日的加班时间从 22:00 降到 20:30）。不承诺的目标帮助团队负责人有效地调整了管理层的期望，也使其获得了进一步认可。因此，只有实事求是地面对工作量和团队真实的交付容量，才能够解决问题。

在第一天完成对工作量的估算后，各团队会将各自特性或故事的开发计划排列到敏捷发布火车的迭代依赖规划墙上，如图 10-12 所示。

图 10-12 左侧列出了每个团队的名称，最上面一行是每个 PI 及其迭代，例如，迭代 1.1 就是第一个 PI 的第一次迭代，迭代 1.4 就是第一个 PI 的第四次迭代。第二行是计划的关键发布节点和里程碑，除非迭代的交付计划确实会带来风险，否则不会调整里程碑的时间。

接下来是各敏捷团队的各迭代开发计划，如果特性或故事间存在依赖，我们就需要用线将依赖进行关联，待各团队将各迭代的交付依赖标记出来后，管理层要根据团队之间的依赖和各团队列出的风险对开发计划进行调整。有时可能需要将某些计划推迟到下个 PI

第 10 章 规模化敏捷软件开发团队的测试实践案例

再开发,有时可能要调整优先级,有时也可能要调整团队的工作内容,甚至延后里程碑。

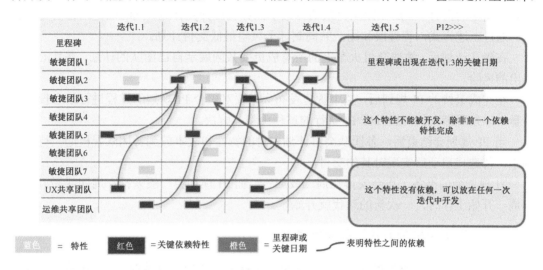

图 10-12 敏捷发布火车的迭代依赖规划墙

为了保证团队之间不形成阻塞,我们要将存在依赖的工作分配到不同的迭代中,以更低的风险达成目标。如果存在特别的里程碑,例如"双十一""六一八年中大促"等特殊场景,就要提前规划好前期的开发工作。通过依赖项的倒排找到高优先级的关键任务并调整团队的交付计划,为测试工作预留更多时间,这就是我们在前面介绍的"测试计划驱动开发计划"。

有的团队会有很多依赖项,这样的团队一般会成为开发的"瓶颈"。这个团队的工作要分配给其他团队完成,避免依赖导致阻塞。有时还会发现在一次迭代中存在较多依赖,此时就要将依赖的特性或故事移动至前一次迭代或后一次迭代,分散团队之间因为依赖而形成的阻塞。

📝 **小技巧**:将敏捷开发团队和系统解耦

我们希望开发人员的技能可以复用,而不是绑定到一个产品或应用系统上,这会使开发人员掌握的技能单一,如果出现人员离职,那么其所带来的损失和风险在短期内无法弥补。

SAFe 鼓励不同的团队都能维护不同的系统,这存在以下 3 点好处。

(1)在团队轮换维护的过程中,需要传递的特定知识会被反复交接,这一过程会降低产品对人的依赖。

(2)能够识别出每个产品、系统、模块所需要积累的知识。

(3)使员工得到全方位发展,让员工在企业中接触新的知识和技能,实现个人提升。

员工在一开始需要通过扮演某个系统的 A/B 角来适应不同工作内容的变化,这会给员工带来新的机会和挑战,同时提升他们的热情。无论是测试人员、开发人员,还是运维人员,在交接中都会通过工作提高自己的知识积累程度,每次轮换都是一次模拟离职交接的过程,这可以使交付能力相对稳定。

在管理层调整完开发计划后,这一天就结束了。第二天一开始,管理层就要告诉各团队昨天调整的内容,然后让团队再次估算故事点并调整开发计划,同时确定最终的交付计划。通过上述方式,管理层和团队共同制订了风险最低交付计划。

在确认计划后,敏捷交付火车上的所有成员要共同展示自己团队的计划,并且汇总暴露出的风险。

在完成最终的 PI 规划后,整个敏捷发布火车要对整个 PI 规划的过程进行信心投票和复盘,以发现潜在的问题并在 PI 执行的过程中将其解决。

当 PI 规划会结束后,各团队会将计划交付的特性和故事放到各团队看板的"待办"列中,待迭代启动后实现对其的交付。

PI 规划会的准备工作会安排在周二或周三,而 PI 规划会一般安排在周四或周五。当下周一开始工作时,一次新的迭代就开始了。

3. 使用 ROAM 的方式识别交付风险

软件交付风险一般是指延迟,这是信息不对称或认知受限导致的。解决风险不是要消灭风险,而是在出现风险的时候,我们应该掌握应对的措施。越早识别这些风险,就能越早应对。

在 PI 规划会中,有 4 种处理风险的方式,分别是 Resolved(解决)、Owned(承担)、Accepted(接受)、Mitigated(缓和),它们的首字母组合就是起来 ROAM。

各团队在公示自己的交付计划时,还要公示已知的交付风险。RTE 会将各敏捷团队识别的已知风险告知整个敏捷发布火车,从而及时处理这些风险。各敏捷团队在交付风险时会按照如下方式进行标记。

- Resolved:风险已经得到处理,有敏捷团队可以处理这个风险。
- Owned:在敏捷发布火车上的其他敏捷团队愿意认领并处理这个风险。
- Accepted:这是已知的事实或潜在的风险,无法处理,只能接受,需要针对该风险制订应对方案。
- Mitigated:这个风险可以在 PI 中通过一些工作减轻。

在所有团队对已知的风险都标记完成后,这些风险,特别是标记了 Owned 和 Mitigated 的风险,将会带来新的工作任务,需要被加入各敏捷团队的迭代计划。这些风险需要引起测试人员的关注,对风险的漠视是导致产品质量和交付质量不足的原因之一。

4. 交付信心投票

在结束对风险的处理后,还要对 PI 的目标交付信心进行投票。打分范围为 1~5 分,大家可以同时伸出手指给出自己的分数。

一般来说,分数为 3~4 分比较正常。如果低于 3 分,就需要考虑调整交付的内容,避免因无法完成目标而降低团队士气。同时,也要避免出现太多 5 分,使目标缺乏挑战性。

在投票后,一定要问缺失的分数缺在哪里,例如,如果大家投票为 3 分,那么就要询问为什么会缺失 2 分。在这缺失的 2 分中可能存在没有表明的风险,我们需要对此有所警觉。

5. 规划会结束和 PI 规划会回顾

在完成交付信心投票后，PI 规划会就结束了。接下来，RTE 要和 PI 规划会筹备团队对 PI 规划会进行复盘，并且提出改进建议，同时，各敏捷团队将各自的迭代计划录入团队的看板，准备开始执行 PI。

整个 PI 规划的核心是识别并降低接下来 4～6 次迭代的交付风险。正如前面所介绍的，交付风险就是在固定的时间内无法达成承诺给客户的软件质量。因此，测试人员在 PI 规划和 ROAM 会议（ROAM 是 PI 规划会的一个阶段，也是会议的形式）上要充分暴露风险，避免团队盲目乐观地估算并给予管理层过高的期待。毕竟，测试人员代表的是用户——软件价值的最终受益者。

10.5.2　PI 执行中的发布火车同步会

大的规划也要能够及时响应变化，而不是拒绝变化。在 PI 的执行过程中，难免会出现需要调整迭代交付计划的情况，因此，在每次迭代中，敏捷发布火车需要召开跨敏捷团队的 Scrum of Scrums 同步会和产品负责人同步会，以及时响应发生的变化。

各团队的产品负责人和 Scrum Master 每周都会召开一次同步会，从而发现并解决整个敏捷发布火车上的共性问题。在同步会上，产品负责人和 Scrum Master 可以相互交流发现的问题并寻找出解决方案。如果出现的问题已影响到当前的规划增量和迭代计划，就要及时对 PI 进行调整。需要注意的是，这样的会议不能占用太多时间，否则会影响真正用于交付的工作时间，陷入"会议定义"。RTE 和 Scrum Master 要共同识别问题，同时提升同步的效率和质量。

在本案例中，VRO 将产品负责人同步会和 Scrum of Scrums 同步会都放到每周一的下午召开，时长约 2 个小时，这就意味着每次迭代会将举行 2 次会议。我们拟定了会议提纲，同时要求产品负责人或 Scrum Master 提前做好准备，从而使会议讨论更加高效。

敏捷发布火车同步会的提纲一般包括以下 3 个问题。

（1）各团队是否按照计划交付故事和特性？如果出现进度延迟，造成延迟的原因是什么？

（2）各项敏捷实践和质量要求是否执行到位？如果没有，那么原因是什么？

（3）是否存在对整个敏捷发布火车上的其他团队造成影响的事件？

针对以上问题的回复，我们可以讨论出解决的方法。如果难以达成一致，就需要由战略和投资决策委员会进行决策。

10.5.3　PI 的系统演示会

PI 的系统演示会将在每次迭代的各敏捷团队的评审会之后、各团队的回顾会之前召开。RTE 会在各团队评审会得出的结果的基础上进行系统演示，同时邀请各业务负责人、史诗负责人和企业高管参加，这样可以得到对整个产品而非部分产品的反馈，对于整个敏捷发布火车来说，这也是一次进行及时调整的机会。

无论是敏捷团队的迭代评审会，还是 PI 的系统演示会，都践行了敏捷软件开发宣言中"可工作的软件是进度的首要度量标准"这一原则。我们会选择质量合格的故事进行演示，而不会选择半成品，这样我们就有了质量较高的产品基线，同时也可让开发团队更加注意交付的质量。

在本案例中，最初由于各团队还不熟悉整个敏捷团队的各项活动，我们花费了更多的时间准备评审会和 PI 系统演示会。我们在每次迭代的第二个周四下午举行各敏捷团队的评审会，并在第二天，即迭代的第二个周五上午举行敏捷发布火车的 PI 系统演示会。当团队理解并熟悉整个敏捷软件开发团队的各项活动后，我们就可省去召开各敏捷团队内部评审会的环节，转而采用 PI 系统演示会代替，毕竟不必把同样的内容在不同的时间重复 2 次，这也促进了各敏捷团队的工作内容的持续集成。

10.5.4 准备 PI 规划会

在 PI 中，最后一次额外迭代不会用来做项目交付工作，而是专门用于做创新和 PI 规划，这次迭代让企业和团队能够进行创新和"充电"。这次为期 2 周的迭代会做一些和交付迭代不同的事情，如创新迭代的第一周可以进行一些培训和创新活动（例如，黑客马拉松）也可以完成一些落后的工作（例如，发布前的最后检查），同时，为下个 PI 规划会做好准备。第二周就要召开下一个 PI 的规划会。创新和规划迭代使整个敏捷发布火车在 2 个 PI 之间拥有了一段"充电"期，使团队能够重整旗鼓。另外，在召开下一个 PI 规划会之前，还需要召开一个为期半天的检查和适配会，作为上一个 PI 结束的标志。

在本案例中，我们最初的一个月在梳理需求的过程中对质量的要求较高，因此梳理出来的符合需求质量规格的需求较少，使得我们的 PI 只够启动 2 次迭代交付，所以，我们舍去了创新活动，只预留了一周的时间用来召开检查和适配会及 PI 规划会。

10.5.5 检查和适配会

检查和适配会（Inspect & Adapt，I&A）是整个敏捷发布火车全员都要参加的会议，也是 PI 结束的标志。在会上我们要完成以下 4 件事。

1. 检查敏捷发布火车是否完成了既定的 PI 目标

检查和适配会的第一项活动就是回顾各团队是否都达成了在 PI 规划会上设定的 PI 目标，包括承诺的和不承诺的目标，并且让业务负责人针对每个初始目标评判当前实际的业务价值。团队可以回顾最初设定的 PI 目标的业务价值，看看哪些目标达成并实现了相应的价值。当然，在 PI 规划会上估算的业务价值和在检查和适配会上反馈的业务价值可能会有所不同。

在本案例中，精益治理委员会将领先指标的数据作为对业务价值的补充，这样可以限制需求提出人提出一些低价值的软件开发需求。通过对业务价值的确认和度量，我们可以让需求提出人也从中学习如何提出价值更高和质量更高的需求。

我们往往会遇到需求提出人高估了迭代目标的实际价值的情况，并因此浪费了时间和开发资源。当然，也会存在 PI 目标的价值被低估了的情况。我们无法获取充分的信息来判断市场，只能通过低成本、快速迭代 MVP 来尝试和学习。在这一过程中，即便没有达成商业目标，也产生了价值。

2. 做整个敏捷发布火车的系统演示

检查和适配会的第二项活动就是召开 PI 的系统演示会，这与迭代内的系统演示会有所不同。迭代内的系统演示会演示的是特性下的所有故事，而检查和适配会演示的是整个 PI 所交付的完整特性。

3. 通过定性和定量分析度量团队的"靠谱程度"

检查和适配会的第三项活动是对整个 PI 的目标执行情况进行定性和定量分析，这是在度量每个团队的"靠谱程度"。我们可以采用敏捷看板系统度量每个敏捷发布火车和每个敏捷团队的目标达成情况，以及形成各自的燃起图。这种方式可以让我们理解团队的期望和现实存在的差距，帮助敏捷发布火车和团队做出风险更低的决策。

通过定性和定量分析，我们可以看到团队间存在的差距，团队通过数据很快就能认识到存在的问题，这种方式可以促进团队之间相互学习，也能为下一个 PI 规划会需要承诺的目标做好准备。

4. 对整个敏捷发布火车的执行过程进行回顾

检查和适配会的第四项活动，也是最后一项活动，就是问题解决工作坊。问题解决工作坊可以被看作整个敏捷发布火车的 PI 回顾会。通过前面三项活动的输入，我们对整个敏捷发布火车关注的问题形成了一些认识。在问题解决工作坊上，我们会通过鱼骨图、"5 个 Why"和"帕累托分析法"找出问题的根因并找到解决方案，这些解决方案会放在下一个 PI 规划会中讨论。

> **小技巧**：将检查和适配会和 PI 规划会间隔一天作为缓冲
>
> 在检查和适配会结束后，团队成员会获得很多信息，这些信息有很多对下一个 PI 的调整有所助益，因此在会后需要为团队留出一天时间进行消化和调整。同时，这一天也可以用来准备第二天的 PI 规划会所用到的场地、文具等。
>
> 创新迭代是在 PI 之间进行承前启后的阶段。这个阶段能够让团队在一个季度内得以休息和调整，并且为下一次迭代做好准备。在经历了一个 PI 后，团队对如何保证质量将有更深刻的认识和更好的实践，因此也可以利用这一天对此进行总结并将其纳入下一个 PI 的规划。

10.6 规模化敏捷团队的测试策略和转型建议

在本案例中,为了落地 SAFe 中的质量内建和测试"左移"的思想和实践,除了构建需求模型及相应的管理组织和流程,我们还在整个规模化敏捷的转型过程中采取了如下 5 条测试策略,以应对转型过程中存在的阻力。

10.6.1 让企业高管参与提升软件质量的相关活动

敏捷测试转型不仅能使测试人员的技能得到提升和使其工作方式发生改变,还会让企业高管的认知和思维模式发生改变。只有企业上下持有一致的质量观念,才能促进软件质量的提升。所以,测试人员除了要保证其测试工作的专业性,更要理解企业高管们的目标和企业的运作机制。同样地,高管也要尊重测试人员的专业性,理解质量和测试带来的价值。否则,管理人员无法理解和接受为高质量而付出的成本,测试人员也不了解管理层降低质量背后的考量。

企业高管更关注软件质量的投入产出比。相较于产出,估算投入更加容易,因此建立质量成本及其收益的指标看板是一种量化质量的方式,毕竟,企业高管不会亲自参与一线的测试工作。但是,对投资组合和史诗的梳理,以及质量数据的呈现能够让企业高管更直接地理解质量和业务价值的关系。此外,在 PI 规划会上对业务价值的估算和实际价值的确认,以及在检查和适配会上对质量的度量,都是度量质量投入产出比的有效方式。

当高管建立了质量意识且不认同降低质量标准的行为后,他们会苛求需求的价值及其延迟成本,并且希望开发人员能够将更多的时间投入到更有价值的事情上,从而进一步提升软件质量。

10.6.2 采用 BDD 作为开发流程

BDD 是 SAFe 推崇的开发流程,但其落地是一件非常困难的事情,对人员和软件基础设施都有较高的要求。我们在 6.3.4 节中描述的 3 种实施 BDD 的方式就是通过本案例总结得出的。BDD 带来的显著影响就是为产品责任人和开发人员又增加了新的工作内容,这会引起他们的不满。但 BDD 降低了测试人员的工作量,提升了一次性测试的通过率,因而受到测试人员的强烈支持。

测试人员的工作内容从之前的先开发后测试转向了开发前先进行测试设计、开发后再进行验收测试,这样,一名测试人员就相当于半个产品负责人,有时测试人员甚至比产品负责人更熟悉产品和业务。测试人员职业发展的一个方向就是产品负责人。

在本案例中,我们采用了第三种实施方式建立了 BDD 流程并明确了责任和分工,具体的内容可以参考 6.3.4 节。由于研发资源有限，我们仅帮助客户使用 Cucumber 做了 Java 版本的 BDD 完整示例，同时在对"一站式客服"系统中负责对部分界面进行开发的团队进行了实践，没有在整个公司推广。

此外，BDD 更适合有用户界面的产品和需求，像 API 这样的后台系统则应采用本书第 6 章提到的 ATDD 流程，并且采用 Robot Framework 进行重点接口功能的自动化测试。

10.6.3 维持敏捷团队中测试人员的占比，促进测试"左移"

在本案例中，当第一个 PI 进行到第一次迭代的第二周时，通过敏捷团队的看板可以发现测试环节成为交付瓶颈——"待测试"列有大量故事积压。

很多组织发现流程出现瓶颈的第一个反应就是增加处理瓶颈的资源，要么增加更多测试人员，要么增加更多测试阶段，要么延长测试时间，或者三者兼有之。此外，如果软件的质量仅由测试人员负责，因为缺乏考核机制没有让开发人员同步负责，那么又为出现代码质量低下的情况创建了理由。如果测试团队的规模持续增长，那么说明这个团队的开发质量低下，同时效率也低下，因为测试人员发现缺陷并反馈给开发人员的周期较长。

然而，瓶颈是相对的，测试速度相对较慢，意味着开发速度相对较快。解决这个相对瓶颈的一个办法是增加测试资源，另一个办法是让开发人员也投身于测试工作。

在本案例中，我也碰到了这个瓶颈，但我们没有增加测试人员，而是维持了测试人员在敏捷团队中的占比，同时重新界定了开发人员和测试人员的职责范围。

首先，测试人员与产品经理合作定义特性和故事的验收标准和测试用例。其次，要让开发人员理解这些验收标准和测试用例，以这些测试用例的通过作为衡量开发完成的标准。最后，测试人员通过检查这些用例的执行情况进行验收，这样就减少了许多烦琐的测试工作。

如果团队实施 BDD 和持续集成，那么自动化测试就可以作为一个故事的转测试条件，由持续集成强制执行，需求的一次性测试通过率就会提高很多。我认为，只有开发人员经历过测试工作，才能更加理解质量和自动化测试的价值和意义，否则，开发工程师就要不断重复枯燥的测试工作。

在高成熟度的敏捷团队中，测试人员和开发人员的比例可以达到 1:20，而在低成熟度的团队中，比例为 1:3。测试人员越少且工作越没有积压，软件的质量就相对越高。

10.6.4 组建共享测试团队，并使其参与产品管理委员会

在本案例中，"一站式客服"系统有很多跨系统的测试工作，如果将测试人员固定在某个敏捷团队中，那么很难顾及跨系统的测试工作。因此，随着开发人员承担了部分测试工作，我们将部分测试人员从各敏捷团队中抽调了出来，组成了一个 4 人共享测试团队，并且规定了共享测试团队的职责，主要有以下 6 点。

(1) 管理"一站式客服"系统的测试用例树。
(2) 参与"一站式客服"系统的特性和故事的验收标准评审。
(3) 提出"一站式客服"系统的特性的非功能需求,并拓展故事的测试用例。
(4) 进行跨产品的解决方案测试。
(5) 掌握自动化测试技巧,调研自动化测试工具,并为开发工程师赋能。
(6) 制订质量标准和研发规范。

同时,我们把共享测试团队看作产品管理委员会的一部分,使产品经理能够及时了解产品的质量状况,同时能够及时调整 PI 计划并验收特性和故事。

10.6.5 通过 DevOps 流水线维持单元测试覆盖率基线

在整个质量管理的过程中,工具是保证软件质量的最后一道门槛。产品单元测试覆盖率参差不齐,端到端的自动化测试还处于空白阶段。因此,我们制订了一个原则:无论之前是什么样的,每次提交后的自动化测试率不能比上一次更低。

我们让所有的开发人员将负责的项目都迁移到阿里云的云效平台上,并且为每个项目都建立了流水线,以监督单元测试覆盖率。如果单元测试覆盖率低于上一次提交的单元测试覆盖率,那么下一个环节就无法启动,以此迫使每名开发人员都要增加自动化单元测试代码,无论其是否采用 TDD 的方式进行开发。这也会使他们在每次提交单元测试覆盖率时,都对系统的正常运行增加一份信心。

以上 5 条策略是我们在落实 SAFe 的质量内建时,在接连方面碰到的问题及对应的解决方案,其中很多做法没有严格遵照 SAFe 推荐的方式,仅作为在大型敏捷转型中实施测试的一些参考。

10.6.6 调整度量考核体系

为了保证上述措施得以执行,我们还需要改变度量和考核方式,这是一个很大的挑战。对于较大的组织来说,需要度量的指标越少越好。

在本案例中,我们重点关注 2 个指标:一次性测试通过率和燃起图符合程度。

一次性测试通过率指的是需求到 UAT 测试阶段没有发现缺陷且通过验收的需求数量,比率越高,整个流程的质量内建效果越好。通过对该指标在不同阶段的缺陷根因数量进行统计,可以继续将缺陷分类为需求阶段缺陷、开发阶段缺陷和基础设施缺陷。通过统计这个数据就可以了解团队的缺陷根因并提出改进措施。

燃起图的实际与预期的符合程度越高,团队的可预测性就越好,故事的粒度拆分就越得当,交付风险就越小。

我们对整个团队而非个人的表现进行考核。在 SAFe 中,团队的关注点应当是共同达成 PI 的目标。我们通过燃起图来度量整个团队是否按照预期的计划交付,而不是考核具体的开发人员、测试人员,所以团队如果要提升自己在燃起图上的表现,就要自发进行团队内部的自我改进，这同时也能激发团队内部的凝聚力，避免团队内部相互"甩锅"。

如果想要做到这一点，就需要通过工具诚实记录数据。我们使用阿里云的云效平台来记录这些数据，并在检查和适配会上通过让团队之间"比学赶超"来达到这样的效果。

此外，为了避免遭遇古德哈特定律，作为外部顾问的我们会监督各团队对敏捷实践的执行情况，避免考核导致行为"走样"。

10.7 本章小结

本章通过我实施 SAFe 的案例介绍了 SAFe 的需求模型，以及不同类型需求的管理组织和流转机制。同时，通过敏捷发布火车介绍了不同粒度需求的质量反馈流程，其中很多做法没有严格遵照 SAFe 官方推荐的方式，而是结合客户的现状进行了调整，仅作为在大型敏捷转型中实施测试实践的一些参考。

参考文献

[1] ANDERSON D J. 看板方法：科技企业渐进变革成功之道[M]. 章显洲，译. 武汉：华中科技大学出版社，2020.

[2] BECK K. 测试驱动开发：实战与模式解析[M]. 白云鹏，译. 北京：机械工业出版社，2013.

[3] CRISPIN L, GREGORY J. 敏捷软件测试：测试人员与敏捷团队的实践指南[M]. 孙伟峰，崔康，译. 北京：清华大学出版社，2010.

[4] GARTNER M. 验收测试驱动开发：ATDD 实例详解[M]. 张绍鹏，冯上，译. 北京：人民邮电出版社，2013.

[5] HUMBLE J, FARLEY D. 持续交付：发布可靠软件的系统方法[M]. 乔梁，译. 北京：人民邮电出版社，2011.

[6] KIM G, BEHR K, SPAFFORD G. 凤凰项目：一个 IT 运维的传奇故事[M]. 成小留，译. 北京：人民邮电出版社，2018.

[7] KIM G, HUMBLE J, DEBOIS P, et al. DevOps 实践指南[M]. 刘征，王磊，马博文，等，译. 北京：人民邮电出版社，2018.

[8] KNASTER R, LEFFINGWELL D. SAFe4.0 精粹：运用规模化敏捷框架实现精益软件与系统工程[M]. 李建昊，等，译. 北京：电子工业出版社，2018.

[9] KOSKELA L. 测试驱动开发的艺术[M]. 李贝，译. 北京：人民邮电出版社，2010.

[10] LARMAN C, VODDE B. 大规模 Scrum：大规模敏捷组织的设计[M]. 肖冰，译. 北京：机械工业出版社，2018.

[11] RUBIN K S. Scrum 精髓：敏捷转型指南[M]. 姜信宝，米全喜，左洪斌，译. 北京：清华大学出版社，2014.

[12] WHITTAKER J, ARBON J, CAROLLO J . Google 软件测试之道[M]. 黄利，李忠杰，薛明，译. 北京：人民邮电出版社，2017.

[13] 史亮，高翔. 探索式测试实践之路[M]. 北京：电子工业出版社，2012.